《軟體架構原理》讚譽

Neal 與 Mark 不只是傑出的軟體架構師,也是超凡的老師。透過《軟體架構原理》,他們嘗試將四散的架構主題凝聚成簡潔的論述,以反映他們數十年的經驗。不管是剛當上、或是已有多年經驗的架構師,本書能幫你在工作上表現得更好。我只期望在我的工作生涯過程中,這些書能早些出現就好了。

——*Nathaniel Schutta*
架構師即服務,*ntschutta.io*

Mark 與 Neal 共同完成了一項艱鉅的目標——闡明在軟體架構上達到卓越所需的眾多、分層次的基本原理——他們完成了這項探索。軟體架構師領域不斷演進,這個角色需要令人生畏的知識及技能廣度與深度。本書能在許多人往軟體架構精進的路上前進時作為引導。

——*Rebecca J. Parsons*
技術長,*ThoughtWorks*

Mark 與 Neal 為技術人員提供實際的建議,以驅動架構卓越性的實現。透過確認常見的架構特性及驅動成功所需的取捨,他們做到了!

——*Cassie Shum*
技術處長,*ThoughtWorks*

軟體架構原理
工程方法

Fundamentals of Software Architecture
An Engineering Approach

Mark Richards、Neal Ford 著

陳建宏 譯

O'REILLY®

前言：失效中的公理

公理

　　一個被視為已被確定、接受，或不證自明為真的敘述或主張。

數學家以公理為基礎建構理論，而公理便是那些真實性無可爭辯的假設。軟體架構師也在公理之上建構理論，但軟體世界卻比數學柔軟多了：基本原理仍快速演變——包含那些作為理論基礎的公理。

軟體開發的生態系恆常處於動態平衡的狀態：雖然在某個時間點處於平衡狀態，但長期而言仍具有動態的行為特性。關於此生態系本質一個很好的現代範例就是容器化的興盛以及伴隨的一些改變：像 Kubernetes（*https://kubernetes.io/*）這種工具十年前還不存在，但現在卻有許多這類的軟體會議完全用來服務相關的使用者。軟體生態系的變化就跟混沌一樣：一個小變化導致另一個小變化——如此重複數百次後，新的生態系便誕生了。

架構師還有項重要的責任——那便是質疑前個世代遺留下來的假設與公理。許多有關軟體架構的書籍是在與當今情況相似處很少的時代下撰寫的。事實上，本書的作者們相信：我們得基於雖然混亂，但卻達成動態平衡（這正是架構師與開發人員日復一日工作所處的狀況）的所有事物——包括改善後的工程實務、運維相關的生態系、軟體開發程序，來規律且定期地質疑這些公理。

細心觀察軟體架構隨時間變化的觀察者能夠親眼目睹功能方面的變化。從工程實務的極限程式設計（*http://www.extremeprogramming.org*），接著是持續交付、DevOps 革命、微服務、容器化，現在還有雲端資源——所有這些創新導致了新功能的出現以及各種取捨。當功能有所變化，架構師對產業的視角也會隨之改變。多年以來，人們開玩笑地把軟體架構定義為「之後難以改變的事物」。不久後微服務架構這類風格出現了，**改變**變成其最高的設計考量。

每個新時代都需要全新的實務、工具、測量、模式、以及其他一缸子的改變。本書容納過去十年所有的創新，以現代觀點檢視軟體架構，並論述許多適合今日全新結構與視角的全新指標及測量。

本書的副標題是「工程方法」。長久以來，開發人員一直希望軟體開發能從像技巧高超的工匠完成一次性作品那樣的**工藝層級**，轉變成為一門**工程學門**——這也暗示著可重複性、嚴謹、以及有效的分析。雖然軟體工程與其他工程學門相比落後甚多（說句公道話，軟體與大部分其他工程類型相比，仍然是個很年輕的學門），但架構師已對其做出巨大的改進了，這點我們會在以後討論。特別一提的是，現代的敏捷工程實務，已經讓架構師設計的各類系統，得以邁開大步前進了。

我們也會談及非常重要的課題——**取捨分析**。作為軟體開發人員，很容易迷戀某特定的技術或方法。但是架構師得清醒地評估每項選擇的好壞或醜陋之處，實際上現實世界沒有東西能提供簡單的二元選擇——所有事情都是一種取捨。在此務實的視角下，我們努力不去做技術本身的價值判斷，而是專注在分析各項取捨，讓讀者在選擇技術時能具備分析的眼光。

本書不會讓你在一夜間成為軟體架構師，畢竟這是一個有許多面向的微妙領域。我們希望提供現任及快速成長的架構師們，一個良好、有關軟體架構及其從結構到軟技巧等諸多面向的現代概觀。本書涵蓋許多廣為人知的模式，但我們採取不同的方法論述——依靠學來的教訓、工具、工程實務、以及其他的來源。我們還會提及許多軟體架構現存的公理，並在現代的場景下，透過目前的生態系及設計架構對公理重新思考。

本書使用慣例

本書使用下列排版慣例：

斜體字（*Italic*）

用來指示新術語、URLs、電子郵件、檔名、延伸檔名。中文以楷體表示。

定寬字（`Constant width`）

在程式列表，以及在段落中參考程式元素時（例如變數或函數名字、資料庫、資料型態、環境變數、敘述、以及關鍵字）使用。

定寬粗體字（**Constant width bold**）

　　顯示使用者逐字鍵入的命令或其他文字。

定寬斜體字（*Constant width italic*）

　　顯示應該以使用者所提供、或從上下文判斷得到的值來取代掉的文字。

 此元素指示訣竅或建議。

使用程式範例

補充材料（程式範例、練習等等）可以在 *http://fundamentalsofsoftwarearchitecture.com* 下載。

如果有技術方面或程式範例使用上的問題，請以電子郵件聯繫 *bookquestions@oreilly.com*。

本書的目的是協助讀者完成工作。通常如果書本有提供範例程式，讀者可以在自己的程式或文件上使用。除非使用到很大一部分的程式碼，否則無須從我們這兒獲得許可。例如，一個使用了本書好幾段程式碼的程式並不需要得到許可，但是販賣或流通 O'Reilly 書籍的範例就需要得到許可。引用本書內容及範例程式來解答問題不需要得到許可，但是納入本書很大一部分的範例程式在您的產品文件上，則需要得到許可。

雖然感謝，但一般情形下我們不要求詳細的引用來源說明。來源說明通常包含標題、作者、出版商、以及國際標準書號（ISBN）。例如：「*Fundamentals of Software Architecture* by Mark Richards and Neal Ford (O'Reilly). Copyright 2020 Mark Richards, Neal Ford, 978-1-492-04345-4.」。

如果讀者覺得範例程式的使用超出正常使用、或在上述獲得許可的狀況之外，請隨時與我們聯絡：*permissions@oreilly.com*。

致謝

Mark 與 Neal 想感謝所有參加過我們課程、工作坊、會議、使用者群組聚會的參與者，以及所有其他聽過本素材各個版本的人所提供的寶貴回饋。也要感謝 O'Reilly 的出版團隊，他們讓寫書成為不那麼痛苦的一項經驗。另外要感謝 No Stuff Just Fluff 的主任 Jay Zimmerman 創造一系列的會議，讓好的技術內容得以增加及散播，還有其他與會的講者令人感動的回饋。也要謝謝一些令人頭腦保持清楚、激發想法的隨興聚會，像是 Pasty Geeks 及 Hacker B&B。

Mark Richards 的致謝

除了前述的感謝，我還想謝謝可愛的另一半——Rebecca。妳打理家中所有其他事情，也犧牲自己工作的機會才讓我得以從事額外的諮詢，以及在更多的會議及訓練課程講課。我也才有機會實務操作及完善本書的內容。妳是最棒的。

Neal Ford 的致謝

Neal 想感謝他的大家庭——ThoughtWorks 全體，以及裡頭個別的 Rebecca Parsons 和 Martin Fowler。作為一個非凡的組織，ThoughtWorks 在設法為客戶創造價值的時候，仍敏銳地關注事物運作的原由以對其做出改善。ThoughtWorks 以許多方法支持本書的實現，並讓持續追求挑戰及充滿靈感的員工得以成長。Neal 也要感謝鄰近的雞尾酒俱樂部，讓我能從日常工作中喘口氣。也謝謝妻子 Candy，對於像我的寫書及會議演講等事務無限容忍。數十年來，她讓我保持平衡及神智清楚地活得像個人。作為我生命中的摯愛，希望在未來的數十年她仍能持續支持我。

目錄

第一部分　基礎

第二部分　架構風格

第三部分　技巧與軟技能

第一章

介紹

「軟體架構師」這項工作在許多全球最佳工作的列表中,都是排在最前面的。但是如果讀者看看列表上的其他工作(例如照護人員或財務經理),他們都有條很清楚的職涯路徑。為什麼軟體架構師沒有這樣的路徑?

首先,業界本身對軟體架構師缺乏一個好的定義。在教授基礎課程時,學生常詢問有無軟體架構師職責的簡明定義,而我們很堅持地拒絕給出一個定義——我們不是唯一這麼做的人。在有名的白皮書「誰需要架構師啊?」(*https://oreil.ly/Dbzs*)中,作者 Martin Fowler 眾所皆知地拒絕嘗試去對其做出定義,反而是求助於一個有名的引言:

> 架構就是跟重要的東西有關的事,不管它是什麼。
>
> —Ralph Johnson

如果被逼急了,我們就會打造像圖 1-1 的心智圖——雖然很不完整,但仍表達了軟體架構的範圍。事實上,我們稍後會給出我們對軟體架構的定義。

其次,如心智圖所示,軟體架構師的角色體現在其背負著眾多且範圍廣大的責任——且仍在持續擴張中。十年前,軟體架構師只處理架構的純粹技術面向,例如模組化、元件、模式。從那時起,由於利用更多面向之能力(像是微服務)的新型架構風格出現,軟體架構師的角色也跟著擴張。我們在第 11 頁的「架構與…的交集」會談及架構與組職其他部分的許多交集。

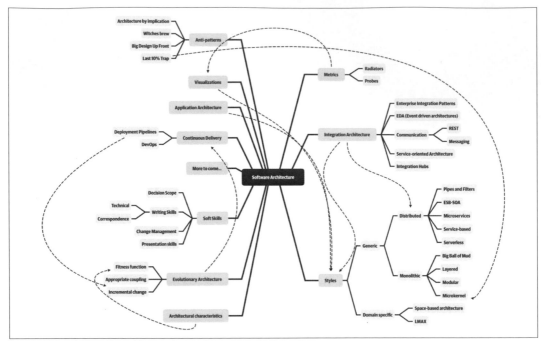

圖 1-1 軟體架構師的責任包含技術能力、軟技巧、了解實際運維、以及許多其他方面事項等

第三，因為軟體開發生態系的快速演化，軟體架構是個恆常移動的目標。今日關於它的任何定義都將註定在幾年後顯得過時。維基百科對軟體架構的定義（*https://oreil.ly/YLsY2*）提供了一個合理的概觀，但是許多敘述也過時了，例如「軟體架構即是做出與基本結構有關、且一旦實作後再行更改將極其昂貴的決策。」然而架構師在設計具有現代架構風格——比如說像是微服務時，腦中想的卻是增量式構築的概念——在微服務中進行結構性改變不再是那麼昂貴的一件事。當然，這種能力代表綜合其他考量後的取捨，例如耦合等。許多軟體架構的書把它當作一個靜態的問題，一旦被解決就可妥當地對其忽視。但我們在這整本書中，認清了軟體架構的動態本質——包括定義本身也都是動態的。

第四，許多軟體架構的資料僅只表達了歷史上的相關性。維基百科的讀者一定注意到一大堆令人感到撲朔迷離的縮寫，以及相關的龐大知識之間的交叉引用。但是許多這類的縮寫已被視為過時或失敗的嘗試，即使幾年前全然有效的解決方案到今日也不靈了——因為背景已然改變。軟體架構的歷史充斥著架構師嘗試過的各類事物，最後卻只能了解其各種有害的副作用。本書會談及許多這一類的教訓。

為什麼現在要寫一本軟體架構原理的書？軟體開發領域中，並非只有架構才會不斷變化。還有新的技術、技巧、功能等等…。實際上，找出過去十年沒變化的要比列出所有改變過的簡單得多。架構師必須在此不斷改變的生態系中下決定。既然所有事物，包括決策的基礎都在改變，架構師應重新檢視早期軟體架構文獻中的一些核心公理。例如，早期軟體架構的書籍並未考慮 DevOps 的衝擊，因為它在這些書籍寫作時還不存在。

研究架構時讀者必須記得：架構就像許多藝術一樣，必須在考慮背景之下才能對其有所了解。架構師做的許多決定乃基於其所處的真實環境。例如，20 世紀晚期關於架構的一項主要目標包含針對共享資源的最有效利用，這是因為當時所有的基礎設施既昂貴、也都是營利本位的 —— 像是作業系統、應用伺服器、資料庫伺服器等等。想像漫步走入 2002 年的資料中心，然後告訴運維主管：「嗨，我有個很棒的想法，與革命性的架構有關 —— 讓每個服務在各別機器上執行，還有其專屬的資料庫（也就是現在所知的微服務）。所以這樣就得準備 50 套 Windows 授權，另外 30 套應用伺服器授權，以及至少 50 套資料庫伺服器授權。」在 2002 年嘗試打造像微服務這樣的一個架構，花費之高是難以想像的。然而在這些年間，隨著開放原始碼的到來，再加上透過 DevOps 革命帶來的工程實務更新，我們已經可以以合理的方式打造上述的架構了。讀者得記得：所有架構都是背景環境的產物。

定義軟體架構

整體而言，業界一直努力想精確定義所謂的「軟體架構」。有些架構師把軟體架構稱為系統的藍圖，其他人則將其定義為開發一個系統的路線圖。這些常見定義的問題是：得了解藍圖或路線圖真正包含了什麼。例如，當架構師分析架構時，到底在分析些什麼？

圖 1-2 說明一種思考軟體架構的方法。在此定義中，軟體架構由系統結構（以支撐架構的厚黑線表示）、再加上系統必須支援的架構特性（「各項能力」）、架構決策以及最後的設計原理所組成。

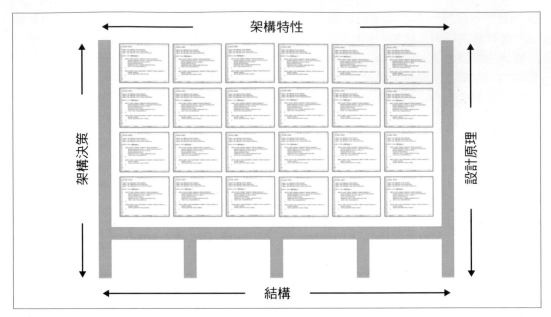

圖 1-2　由結構、架構特性（「各項能力」）、架構決策以及設計原理構成的架構

系統**結構**如圖 1-3 所示，指的是系統實作採用的架構風格型態（例如微服務、分層式、或微核心）。只以結構來描述無法全然說明一種架構。例如，假設架構師被要求說明一種架構，而架構師回應「這是一種微服務架構」。此處架構師只談及系統的**結構**，而非系統的**架構**。要完全了解系統架構，還需要有關架構特性、架構決策、設計原理的知識。

架構特性是定義軟體架構（圖 1-4）的另一個維度。架構特性定義了一個系統的成功準則，且通常與系統的功能無關。注意所有列出的特性與系統功能無關，但得有這些特性才能讓系統功能運作正常。架構特性是如此地重要，所以本書有好幾章專門對其進行討論，以了解及定義架構特性。

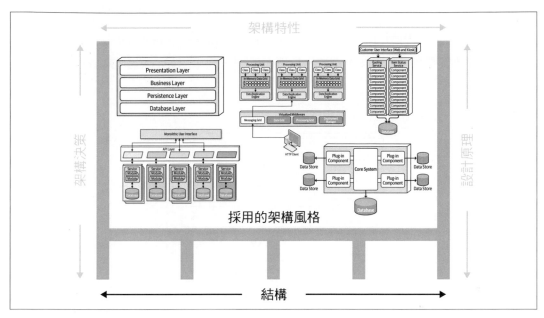

圖 1-3　結構指的是系統採用的架構風格型態

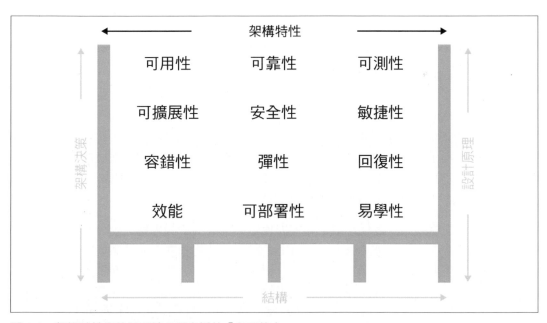

圖 1-4　架構特性指的是系統必須支援的「各項能力」

下一個定義軟體架構的因素是**架構決策**。架構決策定義了系統如何建構的規則。例如在分層式架構中，架構師可能決定只有業務與服務層能存取資料庫（圖 1-5），並且限制展示層不能直接呼叫資料庫。架構決策形成系統的限制，也指導開發團隊哪些可做哪些不行。

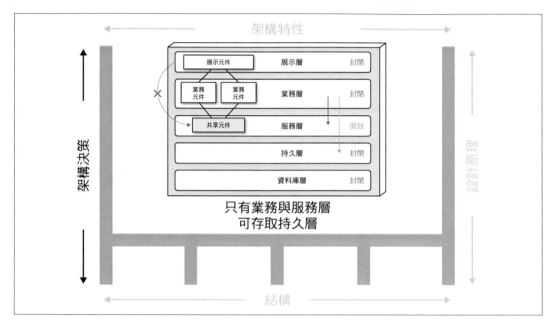

圖 1-5　架構決策即是系統建構的規則

如果因為某種情況或其他限制，導致特定的架構決策無法實作成系統的一部分，則該決策或規則可透過稱為變異（*variance*）的方式進行拆解。大部分組織都有變異模型，讓架構評審會（ARB）或主架構師得以利用。這些模型描繪對某特定標準或架構決策找尋變異時所需進行的程序。針對特定架構決策的例外由 ARB（或主架構師——如果沒有 ARB 的話）進行分析，並且依照其理由與取捨而被同意或否決。

最後一個定義架構的因素是**設計原理**。設計原理與架構決策的差異在於設計原理是個指導方針，而非不可改變的規則。例如圖 1-6 的設計原理指出在微服務架構中，開發團隊應在服務間利用非同步傳訊以提高效能。一項架構決策（規則）無法涵蓋服務間通信的各種情況及選項，所以設計原理能作為採用較受青睞方法（在此例中即為非同步訊息）的指導，讓開發人員在特定情況下選擇更適當的通信協定（例如 REST 或 gRPC）。

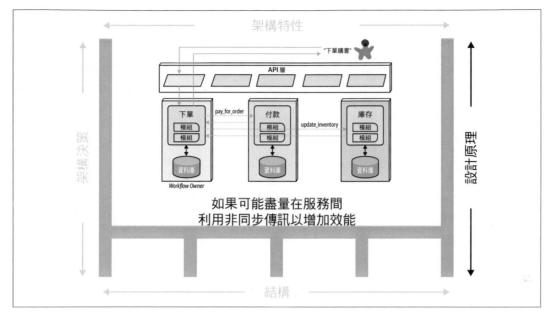

圖 1-6 設計原理是建構系統的指導方針

對架構師的期望

要定義軟體架構師的角色，就跟定義軟體架構一樣困難。其定義可以從一位專家級的程式設計師，到為公司定義策略技術方向等不一而足。所以為避免像傻子般浪費時間嘗試定義該角色，我們建議專注在對架構師的**期望**是什麼。

不管角色、頭銜、工作職責是什麼，人們對軟體架構師主要有 8 個期望：

- 做出有關架構的決策
- 持續分析架構
- 跟上最新的趨勢
- 確保遵守決策
- 實踐及工作經驗的多樣性
- 擁有業務領域的知識

- 處理人際關係的技能

- 能了解並駕馭辦公室政治

軟體架構師角色之有效性與成功的首個關鍵，在於了解並實現上述的每個期望。

做出有關架構的決策

人們期望架構師能夠定義架構決策以及設計原理，藉以指導團隊、部門、或整個企業的技術決策。

在第一個期望中，指導是關鍵的操作字眼。架構師應當指導，而非指定技術方面的選擇。例如，架構師可能做出在前端開發使用 React.js 的決定。在此情況下，架構師做的是技術方面的決定，而不是能幫助開發團隊做選擇的架構決策或設計原理。相反地，架構師應該指導開發團隊在前端網站開發上採用反應式框架，因而指導開發團隊在 Angular、Elm、React.js、Vue、或其他反應式網站框架之間做出選擇。

透過架構決策與設計原理來指導技術方面的選擇並不容易。做出有效架構決策的關鍵在於這樣的問題：架構決策是幫忙指導團隊做出正確的技術選擇，或是替他們做選擇？儘管如此，架構師偶爾還是得做些特定的技術決策，使特定的架構特性得以保留——例如可擴展性、效能、或可用性。在此例中，雖然指定了特定的技術，但仍被認定是個架構決策。架構師常得掙扎找出正確的界線何在，所以第 19 章整章會討論跟架構決策有關的事。

持續分析架構

人們期望架構師持續分析架構及現今的技術環境，然後推薦改善方案。

此種對架構師的期望指的是架構活力，也就是評估三年前或更早的架構，在經歷商業與技術的變遷後，到了今天其可行性是否仍在。依照我們的經驗，把力氣專注在持續分析現有架構的架構師並不多。結果大部分架構都會遭遇結構性衰退——發生在開發人員更改程式或設計，以致於影響了所需要的架構特性，例如效能、可用性、以及可擴展性。

此期望常被架構師遺忘的其他面向，還包括測試與發布環境。程式修改具備敏捷性的好處顯而易見，但如果需要團隊花數個禮拜測試這種修改、以及數個月來發布，那麼整體架構就達不到架構師所要求的敏捷性了。

架構師必須全面地分析技術與問題領域的變化，以判定架構是否健全。雖然這類考量很少寫在工作職位的要求上，但架構師必須得能滿足這種期望，才算是搆得上邊的工作應徵。

跟上最新的趨勢

人們期望架構師跟上最新的技術與業界趨勢。

開發人員每天都得跟上、使用最新的技術，才算是合格（以及不被辭退）。對於架構師則還有一個更重要的要求，就是得跟上最新的技術與業界趨勢。架構師的決策傾向於更具持續性，以及難以更改。了解並跟上關鍵趨勢能協助架構師為未來做好準備，並做出正確的決策。

追蹤並跟上趨勢並不容易，特別是對軟體架構師來說。第 24 章會討論相關的各種技巧及資源。

確保遵守決策

人們期望架構師能夠確保架構決策與設計原理得到遵守。

確保遵守的意思是：架構師得常常確認開發團隊遵守架構師定義、書寫、以及傳達的架構決策與設計原理。考慮一個場景，其中架構師在分層式架構中，決定限制只有業務與服務層（展示層不包含在內）可以存取資料庫。也就是就算只要發出最簡單的資料庫呼叫，展示層得經過架構中的所有層才能進行。使用者介面開發人員可能不同意此決定，並為了效能因素直接存取資料庫（或持久層）。但是架構師乃因特定因素而作此決定：要控制變動。藉由封閉某些層，資料庫的變動就不會影響到展示層。如果不能確保遵守架構決策，像這類的違規便會出現，架構就無法滿足所需的架構特性（或「各種能力」），應用程式或系統便無法如預期般地運行。

在第 6 章，我們會對利用自動化的適應度函數與工具，來測量合規程度有更多的討論。

實踐及工作經驗的多樣性

人們期望架構師對多樣性的技術、框架、平台、及環境都接觸過。

此期望並非要求架構師必須在每種框架、平台、語言上都是專家，而是必須至少熟悉多樣技術。目前大部分環境都是異質性的，架構師至少得知道如何在多個系統與服務間介接——不管那些系統或服務是以什麼語言、平台、技術寫成的。

擴展舒適圈是架構師滿足此期望的最好方法之一。只專注在單一技術或平台是個避風港。稱職的架構師應該積極尋找在多種語言、平台、技術上獲得經驗的機會。滿足此期望的一種好方法是專注在技術廣度，而非技術深度。技術廣度包含那些你有些了解（但還不到了解細節的程度），再加上那些你懂很多的東西。例如，架構師如果熟悉 10 種不同的快取產品、以及每種產品的優缺點，這會比只精通其中一種產品來得有價值。

擁有業務領域的知識

人們期望架構師有一定程度的業務領域專長。

稱職的軟體架構師不只了解技術，也了解有關問題的業務領域。如果沒有業務領域的知識，就很難了解業務相關的問題、目標、需求，使得要設計滿足業務需求的有效架構很困難。想像在一家大型金融機構身為架構師，卻不了解常用的金融術語，例如平均方向指標、射倖（aleatory）契約、利率回升、甚或是非優先債。如果沒有這些知識，架構師無法跟利益相關方及業務使用者溝通，將會快速失去其信譽度。

就我們所知，最成功的是那些擁有廣博的實務技術知識，再加上在特定領域有豐富知識的架構師。這些架構師——藉由使用利益相關方知道及理解的領域知識與語言，得以與首席高官們及業務使用者進行有效地溝通。這樣能讓架構師產生強大的信心，知道他們正在做些什麼，並勝任愉快地創造出有效且正確的架構。

處理人際關係的技能

人們期望架構師有非凡的人際關係技能，其中包含團隊合作、推動、以及領導力。

擁有非凡的領導力與人際關係技能，對大部分開發人員與架構師都不是件容易達成的期望。身為技術工作者，開發人員與架構師喜歡解決技術問題，而不是人的問題。然而就像因這段話而聞名的 Gerald Weinberg（*https://oreil.ly/wyDB8*）所言：「不管別人告訴你什麼，總是跟人有關的問題。」人們期望架構師不只提供團隊技術指導，也要引領開發團隊通過架構的實作。領導技能至少占了稱職軟體架構師所需條件的一半——不管架構師的角色或頭銜為何。

軟體架構師充斥著整個業界，彼此競爭數目有限的架構相關工作。架構師如果擁有強大的領導力與人際關係技能，會是一個與其他架構師產生差異化、並脫穎而出的好方法。我們知道許多架構師是優秀的技術工作者，但卻不是稱職的架構師——因為無法領導團隊、教練與指導開發人員，也不能有效地溝通概念、架構決策、與設計原理。不用說，那些架構師要保有其職位或工作是有困難的。

能了解並駕馭辦公室政治

人們期望架構師了解企業的政治氣氛，並且予以駕馭。

在一本有關軟體架構的書中，談及交涉與駕馭辦公室政治似乎有些奇怪。要說明交涉技能有多重要與必要，考慮以下場景：開發人員決定利用策略模式（*https://oreil.ly/QG3RQ*）來降低複雜程式特定片段的整體循環複雜度。誰在乎呢？我們可能稱讚開發人員懂得利用這種模式，但幾乎在所有情況下開發人員做這樣的決定並不需要尋求同意。

現在考慮這樣的場景：負責大型客戶關係管理（CRM）系統的架構師，因為太多其他系統使用 CRM 資料庫，遇到了這樣的問題——控制其他系統的資料庫存取、保全特定客戶的資料、以及任何資料庫綱目的修改。架構師因此決定創建所謂的**應用程式穀倉**，其中每個應用程式資料庫只會讓擁有該資料庫的應用程式存取。此決策讓架構師對客戶資料、安全性、及變動控制擁有更高的控制。但是跟前面開發人員的場景不同，此一決策會受到公司內幾乎每個人的挑戰（當然可能 CRM 應用團隊除外）。其他應用程式會用到客戶管理資料。如果那些應用程式不再能直接存取資料庫，它們必須向 CRM 系統索取，所以需要透過 REST、SOAP、或其他一些遠端存取協定進行遠端存取呼叫。

這裡的重點是**架構師的幾乎每個決定都會受到挑戰**。由於增加的費用或工夫（時間），架構決策將受到產品負責人、專案經理、以及業務利益相關方的挑戰。架構決策也會受到開發人員的挑戰，因為他們認為自己的方法比較好。不管是哪種情況，架構師必須能駕馭公司內的政治，並應用基本的交涉技能讓大部分決策得到同意。這項事實可能讓軟體架構師產生挫折感——因為開發人員的大部分決定並不需要獲得同意或甚至是審閱。像是程式結構、類別設計、設計模式選用、甚至有時連選用的語言等程式設計面向，都被認為是程式設計藝術的一部分。然而對最終得做出廣泛且重要決策的架構師來說，卻必須為幾乎每個決策抗爭及證明其合理性。交涉技能與領導技能一樣重要而且必需，所以本書將有一整章花在這個主題（第 23 章）。

架構與⋯的交集

軟體架構的範圍在過去十年，已擴展到包含越來越多的責任與視角。十年前，架構與運維間的典型關係是比較合約與形式上的，且充斥著許多官僚主義。大部分公司為避免自行託管運維的麻煩，常常把運維外包給第三方的公司——透過具備合約義務的服務層級協定，例如上線時間、規模化、反應性、以及其他許多重要的架構特性。現在，像微服務這樣的架構，卻能自由地應用先前純粹只為運維所做的各種考量。例如，要把規模彈

性內建至架構中曾一度令人極感頭痛（見第 15 章），然而微服務透過架構師與 DevOps 的聯繫，讓此事變得沒那麼痛苦了。

歷史：Pets.com 與為什麼規模彈性會出現

軟體開發的歷史充斥著眾多教訓——有好也有壞。讓我們假設現有功能（例如規模彈性）由於一些聰明的開發人員的貢獻，才剛出現一天——但他們的這些想法可都是從艱難的教訓中學得的。Pets.com 就是這種教訓的一個早期範例。Pets.com 在網際網路早期便出現，希望成為寵物用品的亞馬遜。幸運的是他們有個很靈光的行銷部門，發明了一個引人注目的吉祥物：一個說話輕浮、有著麥克風的布袋玩偶。該吉祥物成為超級巨星，在遊行及國家運動賽事上公開亮相。

可惜的是，Pets.com 的管理層顯然把所有經費都花在吉祥物，而不是在基礎設施上。一旦訂單開始湧入，他們卻還沒準備好。網站慢、交易又會不見、交貨又延宕等等，差不多就是最壞的情況了。事實上悽慘到災難性的聖誕節搶購後沒多久，公司就得停業了——最後只能把剩下有價值的資產（也就是吉祥物）賣給競爭者。

該公司需要的是規模彈性：依需求增加更多資源執行實例的能力。雲端供應商把這項特色做為日用品出售，但是在網際網路早期，公司得自行管理基礎設施，而許多公司卻成為之前從未聽聞過之現象的受害者：太成功反而讓企業倒閉。Pets.com 與其他類似的驚悚故事，讓工程師開發出架構師現今得以享用的各種框架。

下面幾節將深究架構師角色與組織其他部門之間產生的、更新的一些交集，並著眼在架構師的新能力與責任等面向上。

工程實務

傳統上軟體架構與建造軟體的開發過程是分開的。有成打受人歡迎的方法論，包括瀑布式以及許多不同種類的敏捷流（例如 Scrum、極限程式設計、精益、水晶）可供打造軟體，而且大部分都不會影響軟體架構。

然而在過去幾年，工程上的進步把關於程序的考量推進到軟體架構上了。將軟體開發*程序*與*工程實務*分開有其好處。所謂的*程序*，指的是團隊如何組建及管理、會議如何召

開、工作流程組織——也就是人們如何組織與互動的機制。另一方面所謂的軟體工程實務，指的是有明白、可重複之優點，且與程序無關的實務。例如，持續整合是被證實與特定程序無關的工程實務。

從極限程式設計到持續交付的路徑

極限程式設計（XP）的來源（*http://www.extremeprogramming.org*）很好地說明了*程序*與*工程*的區別。在 1990 年代早期，一群由 Kent Beck 領導、有經驗的軟體開發人員，開始質疑當時廣受歡迎的許多開發程序。在其經驗中，似乎沒半個能重複產生好的結果。一個 XP 的創始者表示不管選擇哪個現有的程序，「對專案成功的保證，並沒有比拋枚硬幣來得多」。他們決定重新思考如何建構軟體，並在 1996 年 3 月啟動 XP 專案。為說明其程序，他們拒絕了傳統智慧，並專注在過去讓專案成功、被推到極限的那些*實務*。他們的推論是從過往的專案中，看到更多測試與更高品質之間的相關性。因此 XP 針對測試的做法將實務推到了極限：執行測試第一的開發，確保所有程式在進入代碼庫前都得經過測試。

XP 被打包放入其他有著相似視角、廣受歡迎的敏捷程序，但它也是少數其中一種方法論——且包含了像是自動化、測試、持續整合、以及其他堅實且以經驗為基礎之技巧的工程實務。持續在軟體開發的工程面向上求取進步的努力由一本《持續交付》的書（Addison-Wesley Professional）接棒。它是許多 XP 實務的更新版，而且也在 DevOps 運動中開花結果。在許多方面，DevOps 革命的發生乃伴隨著運維部分採用了原先由 XP 提倡的工程實務：自動化、測試、敘述式的單一資訊來源等等。

我們強烈支持這些進步，因為它們以增量式的步驟，最終促使軟體開發成為一門名副其實的工程學門。

專注在工程實務很重要。首先，軟體開發缺乏更成熟之工程學門的許多特色。例如，土木工程師能以更高的準確度預測結構的變化——相較於軟體結構上即使也有類似的重要面向存在。再者，軟體開發的其中一個致命弱點乃在於預估——要花多少時間、多少資源、多少金錢？部分困難來自於過時的會計實務，無法容納軟體開發所具備的探索性本質。但另一部分是因為傳統上我們本就不擅長預估，至少部分原因是因為**未知的未知**情況。

> 「⋯因為我們了解，有些是已知的已知情況，也就是有些事情是我們知道自己知道的。我們也清楚有些是已知的未知情況，也就是我們清楚有些事情我們並不了解。但是還有未知的未知情況——也就是那些我們不知道自己不知道的事情。」

> —前美國國防部長 Donald Rumsfeld

未知的未知情況是軟體系統的剋星。許多專案在一開始有個已知的未知的列表：開發人員得學習他們所知道的、即將應用之相關領域與技術的事物。然而專案也會因未知的未知而受害：也就是那些沒人知道會發生，但卻在無預期中出現的事物。這就是為何所有「大型前期設計」軟體所做的努力會受到傷害：架構師無法為未知的未知進行設計。這裡引用作者之一 Mark 的話：

> 「因為有**未知的未知**，所以所有的架構都會變成是迭代式的。敏捷就是認知到這項事實，並讓此程序進行得快一點。」

因此雖然大致上程序與架構是分開的，但迭代的程序更吻合軟體架構的本質。嘗試建構像微服務之類的現代系統，卻使用像瀑布式之類、忽視軟體組建現實之過時程序的團隊，將遇到很大的阻力。

架構師常常也是專案的技術領導者，因此也決定了團隊採用的工程實務。就像架構師在選定架構前必須謹慎考慮問題領域，他們也得確保架構風格與工程實務彼此能夠共生協調。例如微服務架構假定有自動化機器配置、自動化測試與部署、以及一堆其他假設。嘗試利用過時的運維群組、手動程序、稀少的測試來建構這些架構中的某一種，都會讓通往成功的路上遇到巨大的阻力與挑戰。如同不同的問題領域適合採用某種架構風格，工程實務亦有相同的共生關係。

從極限程式設計到持續交付的思想演變，仍在進行當中。工程實務的最新進展讓架構擁有新的功能。Neal 最新的書《建立演進式系統架構》（O'Reilly）強調思考工程實務與架構之交集的新方法，使架構治理實現更好的自動化。我們不在這兒總結那本書的內容，但是該書提出重要的新術語與方法，以思考架構特性——這些特性將充斥在本書許多章節中。

Neal 的書還論及打造隨時間優雅變化之架構的技巧。到了第 4 章，我們把架構描繪成需求與額外考量的組合，如圖 1-7 所示。如軟體開發領域的經驗所闡明，沒有事物是靜止不動的。因此架構師可能設計滿足特定準則的系統，但該設計仍得撐過兩個階段——實作（架構師如何確認設計被正確地實作）以及受軟體開發生態系所驅動、無可避免的更動。我們真正需要的是一種演進式架構。

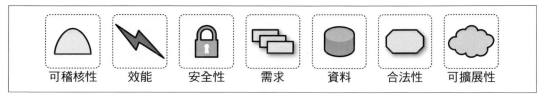

| 可稽核性 | 效能 | 安全性 | 需求 | 資料 | 合法性 | 可擴展性 |

圖 1-7　由需求與所有其他架構特性組成之軟體系統架構

建立演進式系統架構介紹利用**適應度函數**的概念，在變動隨著時間發生時，用以保障（及管理）架構特性。此概念來自於演進式計算。在設計基因演算法時，開發人員有各種技巧讓解答產生變異，以迭代方式演化出新的解答。在為特定目標設計這種演算法時，開發人員必須測量結果，以判定其是否更接近或遠離最佳解答；該測量即為一個適應度函數。例如假如開發人員設計一個基因演算法來解決旅行推銷員問題（其目標是在各城市間找出最短路線），適應度函數就可能是考慮路徑的長度。

建立演進式系統架構借用這個概念來創造**架構適應度函數**：某些架構特性的客觀完整性評估。這種評估可能包含多種機制，例如指標、單元測試、監視、混沌工程。例如，架構師可能把載入頁面的時間認定為架構的一項重要特性。要更動系統卻不降低效能，架構得有一個適應度函數作為測試之用，以測量頁面的載入時間，並且還要執行測試作為專案持續整合的一部分。這樣架構師總能知道架構中重要部分的狀態，因為他們在每個部分都有一個以適應度函數的形式呈現的驗證機制。

我們不在這裡談論適應度函數的完整細節，但是會在適當時候，指出這種做法的時機與範例。請注意適應度函數的執行頻率，與其提供之回饋的相關性。讀者將看到採用敏捷工程實務——像持續整合、自動機器配置，以及類似實務等，會讓建構具彈性的架構更容易。這剛好也說明了架構與工程實務已深深交織在一起。

運維 / DevOps

架構與相關領域最明顯、最近的交集，是隨著 DevOps（受人們對架構公理重新思考所驅動）的來臨而出現。長久以來，眾多公司認為運維與軟體開發分屬不同的功能，並且常把運維外包給別的公司來省錢。許多在 1990 年代及 2000 年代設計的架構都假設架構師無法掌控運維，因此在該限制下進行防守性地建造（一個很好的例子會在第 15 章的空間式架構介紹）。

但是幾年前，許多公司開始試驗結合許多運維考量的新型架構。例如在像 ESB 驅動的 SOA 之類較老舊的架構中，架構被設計用來處理像規模彈性這類事情，導致程序上的架構複雜度大增。基本上，架構師不得不在限制下（出於採取外包運維的省錢作法）進行防守性的設計。因此他們打造出自己就能處理規模化、效能、彈性、以及許多其他功能的架構。這種設計的副作用是極其複雜的架構。

微服務架構的打造者了解到這些運維考量，應該由運維部分來處理會比較好。藉著在架構與運維間建立聯繫，架構師得以簡化設計，並放心依賴運維──因為有些事讓他們處理最好。在了解到資源的濫用造成意料之外的複雜度後，架構師與運維便組隊一起打造微服務。我們在第 17 章再討論細節。

程序

另一個公理是軟體架構大致上與軟體開發程序無關──建造軟體的方式（*程序*）對軟體架構（*結構*）幾乎沒有影響。所以雖然團隊使用的軟體開發程序對軟體架構（特別是工程實務方面）有某種影響，傳統上總把它們視為大致上是分開的。大部分軟體架構的書籍都忽略了軟體開發程序，對於像可預測性之類的事物做了一些似是而非的假設。然而，團隊開發軟體所依據的程序，對於軟體架構的許多面向都有影響。例如在過去的幾十年，許多公司因軟體的本質而採用敏捷開發方法論。敏捷專案的架構師可假定採用迭代式的開發，因此決策的回饋迴圈也比較快速。這樣依序又讓架構師對於實驗、以及其他依賴回饋之知識的態度，更顯積極。

如前面 Mark 的引言所觀察的，所有架構都變成是迭代式的──只是時間早晚而已。為此我們將假設所有討論都是以敏捷方法論做為基線，並在適當處清楚地指出例外所在。例如許多單體架構仍常利用較老舊的程序，這是因為它們的年代、政治因素、或其他與軟體無關的消極理由。

敏捷方法論在架構上的一個重要亮點與重組有關。團隊常常得把架構從一個模式換成另一個。例如，因其簡單且能快速建立而在一開始採用單體架構的團隊，可能得將其遷移到更現代的架構。敏捷方法論在支援這類的改變上要比層層計畫的程序好多了──因為有緊密的回饋迴圈，以及像是扼制模式（*https://oreil.ly/ZRpCc*）、特性切換（*https://trunkbaseddevelopment.com*）之類技巧的幫助。

資料

有很大比例、認真的應用開發包含外部的資料儲存——常常是以關聯式（或越來越多是 NoSQL）資料庫的形式出現。然而許多有關軟體架構的書對此架構的重要面向卻談得不多。程式與資料有共生關係：沒有對方就沒什麼用了。

資料庫管理者常跟架構師一起工作，打造複雜系統的資料架構——透過分析關係與復用如何影響應用程式的組合。本書不深究到特殊細節的層次。同時，我們也不會忽視外部儲存的存在及對它的依賴。特別在談及架構的運維面向與**架構量子**（參見第 3 章）時，我們會涵蓋像資料庫這種重要的外部考量。

軟體架構的法則

雖然軟體架構的範圍之廣超乎想像，但仍有一致性的元素。本書作者因為經常偶然遇見，所以最先學到了**軟體架構的第一法則**：

> 「軟體架構的一切皆是取捨。」
>
> ——軟體架構的第一法則

對軟體架構師來說，沒有任何事是可以一刀切的，每個決定都得考量許多互相衝突的因素。

> 「如果架構師以為找到了**不是**取捨的事物，則更可能的情況是他們還沒**辨識出**取捨在哪兒而已。」
>
> ——推論 1

我們以超出結構性鷹架的術語來定義軟體架構，其中包含了原理、特性等等。如**軟體架構的第二法則**所述，架構不只是結構元素的組合而已：

> 「**為什麼**要比**如何**來得重要。」
>
> ——軟體架構的第二法則

作者在保存研討會學生的架構練習解答時，發現到這個面向的重要性。因為練習有時間限制，唯一能保留的工件是那些表示拓撲的圖表。換言之，我們捕捉到他們*如何*解題而不是*為什麼*做出特定的選擇。架構師可以看著一個他不了解的現有系統，並且查明架構之結構是如何運作的——但仍然會努力解釋為何做出特定的選擇而非其他的選擇。

貫穿本書，我們會強調*為什麼*架構師在取捨之下做出特定的決策。我們也會在第 266 頁的「架構決策紀錄（ADR）」中，強調記錄重要決策的一些優良技巧。

第一部分

基礎

要了解架構上的重要取捨,開發人員得了解一些有關元件、模組化、耦合與共生性的基本概念與術語。

第二章

架構思維

架構師看事物的觀點與開發人員不同，就像氣象學家看雲的眼光就跟藝術家不同。這就是所謂的架構思維。可惜太多架構師認為架構思維只是「對架構的思考」，如圖 2-1 所描繪。

圖 2-1　架構思維（iStockPhoto）

架構思維可不僅於此——它是以架構之眼或架構觀點看事情。像架構師般地思考主要有四個面向。首先是了解架構與設計的區別，並且知道如何與開發團隊合作使得架構可行。第二，它跟是否擁有夠廣的技術知識、但仍保有某種層次的技術深度，使得架構師可以看到別人見不到的解決方案與可能性有關。第三，它跟在各種解決方案與技術之間了解、分析、調停各種取捨有關。最後，它跟了解業務驅動因素的重要性，以及其如何轉譯成架構上的考量有關。

本章會探索像架構師般思維的這四種面向，並且以架構之眼來看事情。

架構 vs. 設計

架構與設計的區分常令人困惑。哪處是架構的結束，設計的開始？架構師承擔何種責任，與開發人員責任的差別又是什麼？像架構師般思考即是知曉架構與設計的區別，並且了解兩者如何緊密整合以形成商業與技術問題的解決方案。

圖 2-2 說明架構師在傳統上擔負的責任，以及其與開發人員責任的比較。如圖所示，架構師負責像分析業務需求以提取及定義架構特性（「各種能力」）、選擇適合問題領域的架構模式及風格、創建元件（系統的建構方塊）等事項。這些活動的產物再移交給開發團隊，由其負責創建每個元件的類別圖、使用者介面畫面，並開發及測試原始碼。

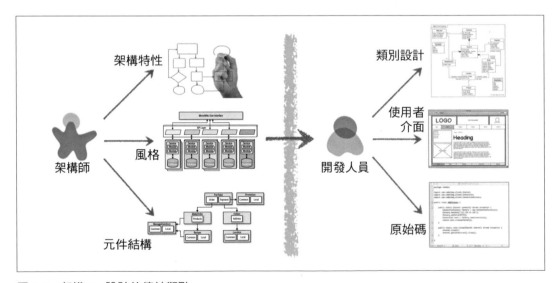

圖 2-2　架構 vs. 設計的傳統觀點

圖 2-2 的傳統責任模型有許多問題。實際上，示意圖正好顯示了為何架構鮮少正常運作。更明確地說，正是穿越分隔架構師與開發人員的虛擬及實體障礙之單向箭頭，引發了架構的所有問題。架構師的決定有時從來到不了開發團隊，開發團隊更動架構的決定也很少回饋給架構師。此模型下架構師與團隊是分開的，因此架構鮮少實現本來打算完成的事項。

要讓架構可行，必須拆掉架構師與開發人員間的實體及虛擬障礙，好在架構師與開發團隊間形成強大的雙向關係。要實現這件事情，如圖 2-3 所描述，架構師與開發人員得在同一個虛擬團隊。這種模型不只有助於架構與開發之間密切的雙向溝通，同時也讓架構師有機會教導訓練團隊裡的開發人員。

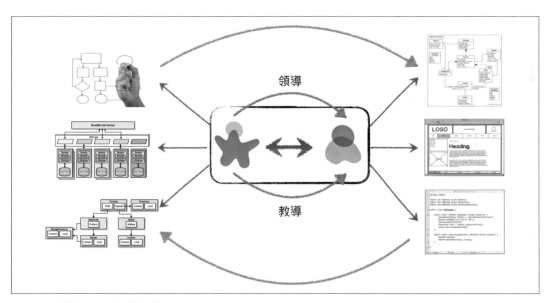

圖 2-3　透過合作讓架構具備可行性

不像靜態、死板軟體架構所採用的老派瀑布式做法，現今系統的架構在每次迭代或專案的每個階段都一直在變化及演進。架構師與開發團隊的緊密合作，對任何軟體專案的成功都是必要的。所以架構與設計的分野何在？其實不存在。它們都是軟體專案生命圈的一部分，要成功必須彼此保持同步才行。

技術廣度

開發人員與架構師的應有技術細節廣度不太一樣。不像需要大量技術深度來執行工作的開發人員，軟體架構師需要大量的技術廣度，才能像架構師般思考並且以架構的眼光看事情。這一點顯示在圖 2-4 中，包含世界上所有技術相關知識的知識金字塔。結果表明技術人員該重視的資訊種類，隨著其職業生涯階段的不同而有差異。

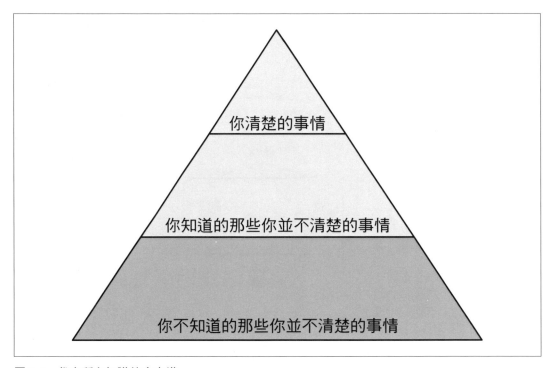

圖 2-4　代表所有知識的金字塔

如圖 2-4，任何人可以將其知識分成三個部分：你清楚的事情、你知道的那些你並不清楚的事情、你不知道的那些你並不清楚的事情。

你清楚的事情包括那些技術人員每天使用以完成工作的技術、框架、語言與工具，例如 Java 程式設計師要懂得 Java 語言。你知道的那些你並不清楚的事情包含那些技術人員只懂一些些、或聽過但沒啥相關經驗的事物。一個這種知識程度的好例子是 Clojure 程式語言——大部分程式設計師聽過，也知道它是以 Lisp 為基礎的程式語言，但是無法拿

它來寫程式。**你不知道的那些你並不清楚的事情**是知識三角中最大的一個部分，包含了可能給出解決中問題之完美解答的所有技術、工具、框架及語言——可是技術人員連這些東西的存在都不知道。

開發人員早期的職業生涯專注在擴張金字塔的頭段，建立經驗與專長。在早期這是理想的聚焦，因為開發人員需要更有透視力、實用知識及實務經驗。擴展頭段在不經意間也擴展了中間段，因為當開發人員遇到更多技術及相關產物，他們對**你知道的那些你並不清楚的事情**有關的部分也會因此而增加。

圖 2-5 中，金字塔頭段的擴展有其好處，因為專長能得到重視。但是**你清楚的事情**也是**你必須維護的事情**——軟體世界中沒有靜止的事物。假定開發人員變成 Ruby on Rails 的專家，如果他們忽略一兩年沒再碰 Ruby on Rails，那麼這項專長就不算數了。位於金字塔頭段的事物需要投資時間去保持專長的有效性。最後，個人金字塔頭段的大小即為他們的**技術深度**。

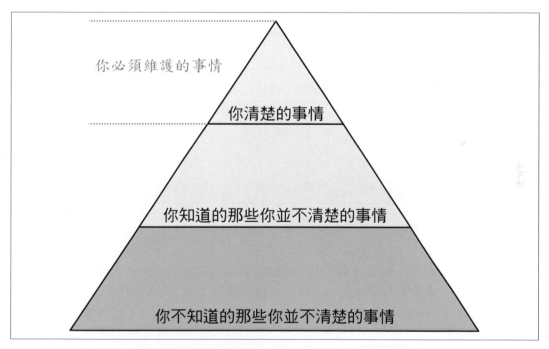

你必須維護的事情

你清楚的事情

你知道的那些你並不清楚的事情

你不知道的那些你並不清楚的事情

圖 2-5　開發人員必須花功夫維護以保持其專長

然而開發人員的角色轉變成架構師後，知識的本質將有所改變。架構師大部分的價值在於對技術的**廣泛**了解，以及如何利用技術來解決特定的問題。例如身為一位架構師，知曉特定問題現有的五種解決方案，要比只擁有針對某一個解決方案的單一專長來得有利。架構師金字塔最重要的部分是頭段**以及**中段。如圖 2-6 所示，中段能穿透底層多深則代表了架構師的技術**廣度**。

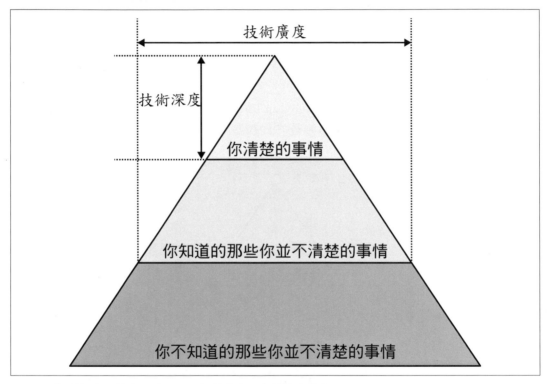

圖 2-6　知道什麼跟技術深度有關，知道多少則與技術廣度有關

對架構師來說，**廣度**比**深度**重要。因為架構師的決策得讓功能與技術限制配合，廣泛了解各種解決方案是很有價值的。所以對一位架構師來說，聰明的做法是犧牲某些得來不易的專長，把時間用來擴展其知識組合，如圖 2-7 所示。圖中有些專長領域仍被保留——可能是在特別有意思的技術領域上，至於其他的就只能有目的性的令其萎縮了。

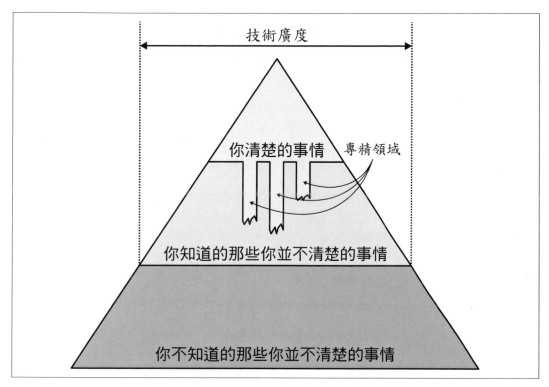

圖 2-7　架構師的角色：廣度增強、深度縮減

知識金字塔說明了架構師與開發人員的角色，在本質上有多大的區別。開發人員的整個生涯都花在磨練專長，但轉變成架構師的角色意味著工作面向的改變——對許多人來說並不容易。這種情形接著引發兩個常見的功能不彰：首先，架構師嘗試在範圍很廣的許多領域維持其專長，最後卻無一成功並在過程中筋疲力盡。第二，這種結果展現的是**過時的專長**——並且讓你產生錯覺，以為這些過時的資訊仍是最先進的。這種現象常見於大公司，創建公司的開發人員轉換成領導的角色，但仍以老舊的準則來做出技術相關的決策（參見第 28 頁的「冰凍穴居人反模式」）。

架構師應專注在技術廣度，這樣才能夠從更大的箭筒抽箭來射。轉換成架構師角色的開發人員，必須改變對於如何獲取知識的觀點。考量深度與廣度來平衡知識組合，是每位開發人員在整個職業生涯中都得認真考慮的。

冰凍穴居人反模式

一個在野外常觀察到的行為反模式：**冰凍穴居人反模式**，描述的是一位不管對哪種架構，總會提出微不足道且不理性考量的架構師。例如，Neal 有個同事曾發展一個中心化架構的系統。但是每次把設計交給客戶的架構師時，總是被問「如果跟義大利聯絡出問題怎麼辦？」在好些年前，一個古怪的通信問題使得總部無法跟義大利的店舖聯絡，造成很大的麻煩。雖然這個問題重複發生的機率很低，但是架構師對於此項特殊的架構特性卻一直無法釋懷。

一般來說，這種反模式會出現在過去因為不好的決策、或預期外事情的發生而受傷的架構師身上，使他們在後來特別小心。風險評估雖然重要，但也應該實際一點才是。了解真實的與感覺到的風險的區別，也是架構師持續學習過程的一部分。像架構師般思考需要克服這些「冰凍穴居人」的想法與經驗，能看見其他解決方案並問一些更合適的問題。

分析取捨

像架構師般思考是能夠在各種解法中——不管是否為技術性，都能看到取捨的存在，並且分析這些取捨以決定最佳解法。引用作者之一 Mark 的話：

> 「架構是那種 *Google* 不到的東西。」

架構的**每件事**都是取捨，這就是為什麼每個架構問題都有一個人盡皆知的答案：視情況而定。雖然許多人對這個答案越來越惱火，不幸它是真的。你無法 Google 到 REST 或傳訊哪個做法比較好的答案，或者微服務是否為適合的架構風格——因為**真**的得視情況而定：得依照部署環境、業務驅動因素、公司文化、預算、時間框架、開發人員綜合技能、及許多其他因素而定。每個人的環境、情況、問題都不同，所以架構才會這麼困難。引用另一位作者 Neal 的話：

> 「架構中沒有正確或錯誤的答案——只有妥協而已。」

例如考慮一個如圖 2-8、讓人可以出價拍賣物品的物品拍賣系統。

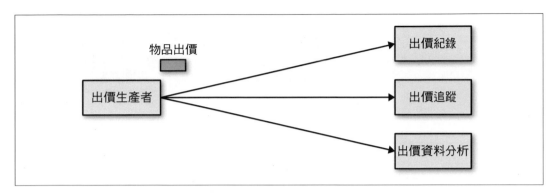

圖 2-8　一個必須做出妥協的拍賣系統範例——使用佇列或主題？

出價生產者服務產生出價人所提出的出價，並將此金額傳送給**出價紀錄**、**出價追蹤**、**出價資料分析**等服務。這可以透過使用點對點傳遞訊息的佇列，或利用發布 / 訂閱傳訊方式的主題來完成。架構師該選擇哪一個，無法從 Google 找到答案。架構思維要求架構師分析各選項的取捨，並在特定情況下做出最佳選擇。

物品拍賣系統的這兩種傳訊選項顯示在圖 2-9 及 2-10。圖 2-9 使用的是發布 / 訂閱傳訊模型的主題，至於圖 2-10 則使用點對點傳訊模型的佇列。

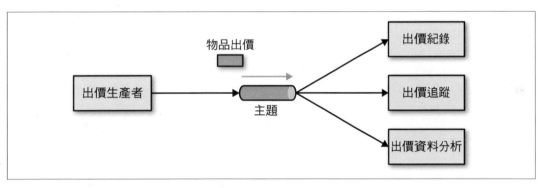

圖 2-9　在服務間使用主題來通信

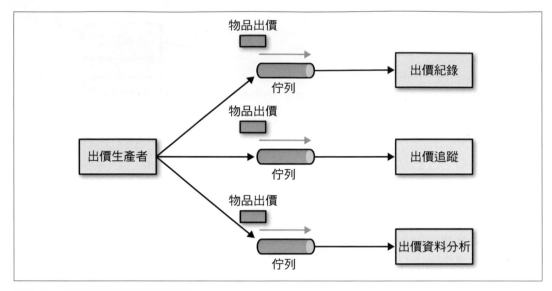

圖 2-10　在服務間使用佇列來通信

對這個問題來說，圖 2-9 明顯的好處（似乎也是明顯的解決方案）是**架構的擴充性**。**出價生產者**服務只需要一個與主題的連結，不像圖 2-10 的佇列方案，**出價生產者**得連接到三個不同的佇列。所以如果系統要增加一個稱為**出價歷史**的新服務，以滿足提供每位出價者在每場拍賣之所有出價歷史資料的要求，則現有系統完全不必更動。一旦新的**出價歷史**服務被建立後，只須訂閱已包含出價資訊的主題即可。但是在圖 2-10 的佇列選項中，必須為**出價歷史**服務建立新的佇列，而且**出價生產者**必須被修改、額外增加一個連接到新佇列的連結。這裡的要點是：如果使用佇列，在增加新的出價功能時需要對系統大幅修改，但是使用主題的做法則無須更改現存的基礎設施。另外請注意在主題做法下，**出價生產者**受到的制約更少──**出價生產者**不知道出價資訊被如何使用、或被哪些服務使用。在佇列的做法下，**出價生產者**完全清楚出價資訊被如何使用（以及被誰使用），因此跟整個系統綁得更緊。

在此分析下，似乎採用發布 / 訂閱傳訊模型的主題做法，明顯地是最好的選擇。但是讓我們引用 Clojure 程式語言之父 Rich Hickey 的話：

> 「程式設計師知道所有事情的好處，卻不知道其背後的取捨。架構師必須兩者皆知才行。」

架構思維是指看到給定解法的好處，但仍能分析其不利之處，或與其有關的各種取捨。繼續前面的拍賣系統範例，軟體架構師還會去分析主題方案的壞處。分析差異的時候，首先注意到圖 2-9 中的主題，**任何人都能存取出價資料**，可能因此造成資料存取與安全性的問題。至於圖 2-10 的佇列模型中，送至某個佇列的資料只能被接收到該訊息、特定的消費者存取。如果有個流氓服務也監聽某個佇列，那麼那些出價資訊便無法被相應的服務接收到，所以立刻會發出資料遺失（以及可能有個安全性破口）的通知。換句話說，要竊聽主題很簡單，但如果是佇列就不容易了。

除了安全性課題，圖 2-9 的主題解法只能支援同質性合約。所有接收出價資料的服務必須接受相同的合約以及出價資料。至於圖 2-10 的佇列選項，任一消費者可以有與所需資料相關的自有合約。例如，假設新的**出價歷史**服務需要出價時的目前報價，但其他服務不需要此項資訊。在此情況下合約得修改，因而影響了所有其他使用該資料的服務。在佇列模型下，這將成為一個分離的通道，因此只需一個分開的合約而且不影響其他服務。

圖 2-9 的主題模型還有另一個缺點，就是不支援監控主題裡面的訊息數目，因此沒有自動擴展的能力。但是如果是圖 2-10 的佇列選項，每個佇列可個別監控，而且程式化的負載平衡能套用到每個出價消費者，使每個消費者都能彼此獨立地自動擴展。注意這種取捨跟特定技術有關——因為透過把交換所（生產者傳送訊息至此處）與佇列（消費者監聽此處）分隔開來，高等訊息佇列協定（AMQP）（*https://www.amqp.org*）能支援程式化的負載平衡及監控。

經過取捨分析後，哪個選項較佳？答案是什麼？還是得視情況而定！表 2-1 總結了這些取捨。

表 2-1　主題與佇列的各種取捨

主題優點	主題缺點
架構擴充性	資料存取與資料安全性顧慮
服務去耦合	無法支援異質性合約
	監控與程式化的擴展性

這裡的重點是軟體架構的**每件事**都有取捨——有好處也有壞處。像架構師般思考就是分析這些取捨，然後問：「什麼更重要，擴充性還是安全性？」在不同解決方案間做決定，總是得考慮業務驅動因素、環境、以及許多其他因素才行。

了解業務驅動因素

像架構師般思考就是能了解系統成功所必需的業務驅動因素，並且把需求轉譯成架構特性（例如可擴展性、效能、可用性）。這是項具備挑戰性的任務，要求架構師擁有某種程度的業務領域知識，以及跟主要的業務利益相關方有健全、合作的關係。本書有好幾章會談論這個特定話題。我們會在第 4 章定義各種架構特性，第 5 章則描繪找出與確認架構特性的方法。至於第 6 章將敘述如何測量每種特性，以確保系統的業務需求得到滿足。

平衡架構與實際程式編寫

架構師面臨的艱鉅任務之一，是如何讓實際程式編寫與架構取得平衡。我們堅決相信每個架構師都該會寫程式，並保有一定程度的技術深度（參見第 24 頁的「技術廣度」）。這件事看來簡單，但有時要做得到是蠻困難的。

要努力達到實際程式編寫與做為軟體架構師之間的平衡，第一個訣竅是避開瓶頸陷阱。瓶頸陷阱發生在架構師負責的程式碼位於專案的關鍵路徑上（通常是底層的框架程式碼），並且成為團隊的瓶頸。會發生這件事是因為架構師不是全職的開發人員，因此必須在扮演開發人員（編寫與測試原始碼）與架構師（繪製圖表、參加會議、以及 —— 參加更多的會議）的角色間取得平衡。

稱職的軟體架構師有個方法可避開瓶頸陷阱：把關鍵路徑及框架的程式碼指派給其他開發團隊的人接手，然後專注在編寫一段業務功能（比如一個服務或畫面），並接著再迭代個一到三回。這麼做有三個好處。首先，架構師能得到編寫產品程式碼的實際經驗，卻不再是團隊的瓶頸。第二，關鍵路徑與框架程式碼分散到開發團隊（本來就屬於他們），讓他們負責、也可以對系統較困難的部分有更好的理解。第三，而且可能是最重要的，架構師與開發團隊一樣也在編寫相同的業務相關程式碼，因此能更認同開發團隊在程序、過程、開發環境中可能經歷的痛苦。

假設架構師無法與團隊一起開發程式，那麼架構師如何保有實際經驗，並維持一定程度的技術深度？有四種基本方法讓架構師仍可以在工作上保持動手，但卻不用「在家裡練習寫程式」（雖然我們建議在家裡也做做練習）。

第一種方法是常做概念驗證（POCs）。這種練習不只要架構師寫原始碼，也有助於在考量實作細節下驗證架構決策。例如，如果架構師卡在兩種快取方案中做決定。一種有助於做決定的有效方法，是針對每個快取產品開發可執行的範例，然後比較結果。如此架構師可以了解第一手的實作細節，以及開發完整解決方案所需的功夫。架構師能夠更好地比較各種架構特性——像是可擴展性、效能、或不同快取方案的整體容錯能力。

我們建議在做概念驗證時，如果可能，架構師應盡量寫出最好的產品等級程式碼。這麼做有兩個原因。首先，一次性的概念驗證程式碼常會放入代碼儲存庫，並且成為參考架構、或其他人遵循的指導範例。架構師絕不希望他們一次性、鬆散的程式碼成為其典型工作的代表。第二個原因是，透過編寫產品等級的概念驗證程式碼，架構師得以練習編寫有品質、結構完善的程式碼，而非持續發展不好的程式習慣。

另一個讓架構師保持動手的方法，就是去應對處理一些技術負債或架構的故事，讓開發團隊放開來好好去做關鍵的、與功能性的使用者故事有關的工作。這些故事的優先權不高，所以如果架構師沒能在一次迭代中搞定一項技術負債或架構故事，既不會成為世界末日，也不會影響該次迭代的成功與否。

同樣地，在一次迭代中修改臭蟲是另一種既幫助了開發團隊，又能保持動手的方法。這個技巧確實不怎麼吸引人，但能讓架構師辨識存在於代碼庫或可能在架構上的問題與弱點。

透過創建簡單的命令行工具與分析工具，便可利用自動化來輔助開發團隊處理日復一日的工作。這是另一個維持動手寫程式的技巧、又讓開發團隊更有效的好方法。找出開發團隊重複執行的工作，然後將整個過程自動化——開發團隊會感謝這種自動化。還有些例子是自動化的原始碼驗證工具，可用來協助檢查其他 lint 工具不支援的特定程式編寫標準、自動化清單，以及重複性的人工程式碼重構任務。

自動化也能套用到架構分析與適應度函數，以確保架構的生命力與合規性。例如，架構師可以在 Java 平台上，利用 ArchUnit（*https://www.archunit.org*）撰寫 Java 程式碼，讓架構的合規性得以自動化。或者可以編寫客製化的適應度函數（*https://evolutionaryarchitecture.com*），以藉此獲得實際經驗也確保架構的合規性。這些技巧會在第 6 章討論。

最後一項讓架構師保持動手的技巧是常常進行程式碼審查。雖然架構師這樣做並非真的在寫程式，但至少也跟原始碼扯上關係。再者，程式碼審查還有附加好處：確保與架構的合規，並且找出在團隊中教導、教練的機會。

第三章

模組化

首先讓我們先釐清一些圍繞架構模組化常用及被過度使用的術語，並提供其定義以在本書使用。

> 「95% 有關軟體架構的討論都花在稱讚**模組化**的好處，但很少提及如何達成。」
>
> —Glenford J. Myers（1978）

不同平台對程式碼提供不同的復用機制，但卻都支援某種把相關程式碼集合成**模組**的方法。雖然此概念在軟體架構上很普遍，但恰好也證明其難以定義。隨便在網路上搜尋可以給出一打定義，彼此卻沒有一致性（有些還互相矛盾）。從 Myers 的引言可以看出，這個問題並不新。但因沒有認可的定義存在，我們只得加入混戰，為了全書的一致性提供自家的定義。

了解所選開發平台的模組化及其諸多化身，對架構師非常重要。許多用來分析架構（例如指標、適應度函數、可視化）的工具必須依賴這些模組化概念。模組化是種組織性原理。如果架構師設計系統、卻未注意如何將片段串起來，最後建造的系統會遭遇諸多困難。用物理做比方，軟體系統模擬的是朝向亂度最大化（無序）的複雜系統。必須施加能量到物理系統才能使其保持在有序的狀態，軟體系統也是如此：架構師得常花心思才能確保結構的健全——這可不會憑空發生。

保有好的模組化，可以做為一個隱含架構特性之定義的例證：實際上，沒有專案會要求架構師必須確保優良、模組化的差異與通信，但是具有可持續性的代碼庫卻需要秩序與一致性。

定義

字典把模組定義為「一組標準化零件或獨立單元的每一項，可以用來建構更複雜的結構」。我們用模組化來描述相關程式碼的邏輯聚合，例如物件導向語言的一群類別、或結構化 / 函數式語言的函數。大部分語言都提供了實現模組化的機制（Java 的套件、.NET 的命名空間等等）。開發人員通常使用模組作為聚合相關程式碼的方法。例如，Java 的 `com.mycompany.customer` 套件應該只包含與客戶有關的事物。

現在的語言則有多種的打包機制，反而讓開發人員不容易做出選擇。例如，在許多現代語言裡開發人員可以定義在函數 / 方法、類別、套件 / 命名空間的行為，而且每一種作法都有不同的可見度與範圍規則。其他語言透過增加程式建構的方式（例如提供開發人員更多擴充機制的元物件協定，*https://oreil.ly/9Zw-J*），讓事情變得更複雜。

架構師必須知道開發人員如何打包程式，因為對架構有重大影響。例如，如果許多套件耦合緊密，要在相關的工作中復用任何一個將更為困難。

類別出現之前的模組化復用

物件導向語言出現前的開發人員可能會困惑：為什麼會有這麼多不同的分拆方案。大部分原因與向下相容有關——不是程式碼的向下相容，而是與開發人員如何思考有關。在 1968 年 3 月，Edsger Dijkstra 在 *ACM* 通信發表一封名為「Go To 敘述有害」的信。他貶低當時程式語言常用的 GOTO 敘述，因其讓非線性跳躍出現在程式碼，使得推論與除錯變得困難。

該文章有助於引領結構化程式語言時代的到來，例如 Pascal 與 C，也鼓勵人們深入思考如何將事物兜起來。開發人員很快理解到：大部分語言沒有好的方法，來把相似的事物邏輯地集合在一起。因此出現了短暫的模組化語言時代，例如 Modula（Pascal 創造者 Niklaus Wirth 的另一個語言）與 Ada。這些語言擁有模組的程式建構方式，與今日的套件或命名空間差不多（不過沒有類別）。

模組化程式設計的時代並不長。物件導向語言因為提供封裝與復用程式碼的新方法，因而受到歡迎。不過語言設計師還是了解到模組的用處，所以以套件、命名空間等形式將之保留下來。語言裡面常有許多怪異的相容性特性，來支援這些不同的範式。例如 Java 支援模組化（透過套件、以及利用靜態初始化程式的套件層級初始化）、物件導向、以及函數式範式，且每種編碼風格皆有自己的範圍規則與怪癖之處。

在架構的討論上，我們把模組化當成很一般的一個詞，用來表示一群相關程式碼的集合：類別、函數、或任何其他類的分組。這並非暗示實體的分隔，而只是邏輯的分隔，但有時此差異有其重要性。例如，在單體應用程式中將很多類別混在一起，從方便性的觀點來看有其道理。然而如要重組架構，鬆散劃分導致的耦合將是拆解單體的一大障礙。所以將模組化作為概念、而不從實體分隔（因特定平台而強制或不得不然）的角度來探討是有助益的。

值得注意的的是一般有關**命名空間**的概念，在 .NET 平台與技術上的實作是分開的。開發人員需要精準、完全合格的命名，來區隔不同的軟體資產（元件、類別等等）。最明顯的例子是人們在網上每天使用、與 IP 位址綁定的全球唯一的識別碼。大部分語言都有某種靠命名空間來翻倍的模組化機制，以組織各種事物：變數、函數、及 / 或方法。有時模組結構反映在實體上。例如，Java 要求套件結構必須反映在實體類別檔案的目錄結構上。

沒有命名衝突的語言：**Java 1.0**

Java 最初的設計者在當時各種程式設計平台上，擁有處理命名衝突的廣泛經驗。Java 的原始設計利用一項聰明的妙招，來避免擁有相同名字的類別產生混淆。例如，假設問題領域包括有目錄順序及安裝順序：名字雖然都是順序，但有很不一樣的意義（與類別）。Java 的解決方法是創建 package 命名空間機制，還有要求實體目錄結構與套件名稱吻合。因為檔案系統不允許同名檔案位於同一個目錄下，他們便利用作業系統的固有特性以避免混淆。所以 Java 原先的 classpath 只包含目錄，讓命名衝突不會出現。

然而語言設計者發現，強迫每個專案都有完整的目錄結構頗為麻煩，特別在專案變得更大的時候。此外，要打造復用的資產也更困難：框架與程式庫都必須「展開」到目錄結構中。在第二次主要發行（1.2，稱為 Java 2）中，設計者增加了 jar 機制，讓打包檔在 classpath 被視為一種目錄結構。之後的十年間，Java 開發人員必須努力讓結合目錄與 JAR 檔案的 classpath 正確無誤。當然原本的用意被破壞了：在 classpath 的兩個 JAR 檔案可能產生命名衝突，造成許多針對類別載入器除錯的戰爭故事。

模組化測量

基於模組化對於架構師所具備的重要性，我們需要工具才能了解它。幸好研究人員打造了許多與語言無關的指標，來幫助架構師了解模組化。我們將專注在三項主要概念：內聚、耦合、共生性。

內聚

內聚指的是同一模組的部件之間的關係有多緊密。換句話說，它是在測量部件間的相關性有多緊密。理想情況下，一個具內聚性的模組就是一個所有相關部件都被打包在一起的模組——因為如果被拆成較小的片段，則必須透過模組間的呼叫才能讓部件產生耦合，並產出有用的結果。

> 「嘗試分拆具有內聚性的模組只會導致模組間的耦合增加，並且降低其可讀性。」
>
> —Larry Constantine

電腦科學家定義一系列的內聚測量，依照最好到最壞的順序列在此處：

功能性內聚

模組的每個部件都跟其他部分相關，而且模組擁有該功能所需要的每件東西。

循序內聚

兩個模組間有交互作用——其中一個的輸出變成另一個的輸入。

通信內聚

兩模組形成一個通信鏈，其中的每一個都是依據資訊來運作、並且 / 或者促成某種輸出的出現。例如，在資料庫加入一筆紀錄，並依據該筆資訊產生一封電子郵件。

程序內聚

兩個模組必須以特定順序執行其程式碼。

時間內聚

模組間具備時間上的相依性。例如，許多系統有一串似乎不相干的事物必須在系統啟動時初始化——這些不同的任務被認為在時間上是內聚的。

邏輯內聚

模組內的資料，具備邏輯而非功能上的相關性。例如，考慮一個從文字、序列化物件、或資料流進行資訊轉換的模組。這些操作雖然相關，但是功能上頗有差異。這種內聚的一個常見例子幾乎在每個 Java 專案都見得到——以 StringUtils 套件的形式呈現：一組作用在 String 上的靜態方法，且除此之外彼此並無任何關聯。

巧合內聚

模組內的元素除了位於同一個原始檔案外，並無其他關聯。這是最糟糕的內聚形式。

雖然上面列了七種變形，**內聚**指標相較於**耦合**沒那麼精確。特定模組的內聚程度常取決於特定架構師的判斷。例如，考慮這個模組定義：

客戶維護

- 增加客戶
- 更新客戶
- 獲得客戶
- 通知客戶
- 獲得客戶訂單
- 取消客戶訂單

最後兩項該放在這個模組，還是應建立兩個不同的模組，例如：

客戶維護

- 增加客戶
- 更新客戶
- 獲得客戶
- 通知客戶

訂單維護

- 獲得客戶訂單
- 取消客戶訂單

哪個結構才對？一如既往，視情況而定：

- 這些是訂單維護僅有的兩種操作嗎？如果是，那麼把這些操作拆回到**客戶維護**還算合理。

- **客戶維護**預期會成長得更大，即鼓勵開發人員尋求提取出其他行為的機會嗎？

- **訂單維護**是否需要許多客戶資訊，以致於分開兩個模組運作需要兩者間的高度耦合？這又與前面 Larry Constantine 的引言有關。

這些問題正好代表軟體架構師在其工作核心中，得面對的那些取捨分析。

令人驚訝的是，即使內聚有其主觀性，電腦科學家仍然發展出一個良好的結構指標來判定內聚程度（或更特定地說，應該是缺乏內聚）。一組為人所熟知、叫做 Chidamber 及 Kemerer 物件導向指標組（*https://oreil.ly/-1lMh*），乃由同名的作者開發，用以對物件導向軟體系統的一些特定面向進行測量。該指標組包含許多常見的程式碼指標，例如循環複雜度（參見第 77 頁的「循環複雜度」），以及在第 42 頁的「耦合」中討論的許多重要的耦合指標。

Chidamber 與 Kemerer 的方法內聚欠缺（LCOM）指標測量一個模組（通常是一個元件）的結構內聚。最初版本如方程式 3-1 所示。

方程式 3-1　LCOM 第一版

$$LCOM = \begin{cases} |P| - |Q|, & \text{如果 } |P| > |Q| \\ 0, & \text{其他情況} \end{cases}$$

任何未存取特定共享欄位的方法，其 P 值加一；如果是分享特定共享欄位的方法，其 Q 值減一。本書作者對不懂這個公式的人表示同情。更糟的是，隨著時間過去，公式逐漸變得更複雜。下一個變形的方程式 3-2 在 1996（故稱為 *LCOM96b*）年出現了。

方程式 3-2　LCOM 96b

$$LCOM96b = \frac{1}{a} \sum_{j=1}^{a} \frac{m - \mu(Aj)}{m}$$

我們不想費力解釋方程式 3-2 的變數及運算子，因為底下的書面解釋更清楚。基本上 LCOM 指標曝露了類別之間的附帶耦合。較好的 LCOM 定義如下：

LCOM

未透過分享欄位而與人產生共享之方法集的總和

考慮一個擁有私有欄位 a、b 的類別。許多方法只存取 a，還有許多其他方法只存取 b。未透過分享欄位而與人產生共享之方法集的總和會比較高，所以此種類別的 LCOM 分數較高，顯示其因**缺乏方法上的內聚**而導致較高的分數。考慮圖 3-1 的三個類別。

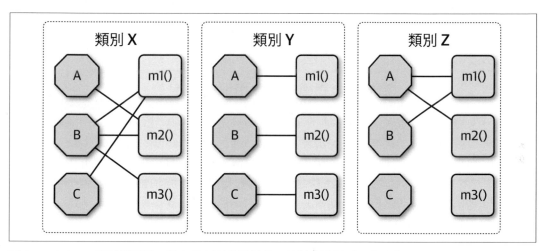

圖 3-1　LCOM 指標的圖解，其中八角形的是欄位，至於方法則以正方形表示。

圖 3-1 中欄位以單一字母顯示，方塊則是指方法。X 類別的 LCOM 分數不高，顯示其結構內聚性良好。但是 Y 類別缺乏內聚，所以裡面的每組欄位／方法就算自成一類也不會影響其行為。Z 類別顯示出混合的內聚特性，開發人員可能對最後一組欄位／方法組合進行重構，使其成為一個獨立的類別。

LCOM 指標對正在分析代碼庫，以更改架構風格的架構師很有用。更動架構有件常令人頭痛的事情，與共享的公用程式類別有關。LCOM 指標可幫助架構師找出附帶耦合、而且不應該在一開始就單獨處理的類別。

許多軟體指標有嚴重的不足之處，LCOM 亦然。所有這種指標能找到的是**結構**上的缺乏內聚，但卻無法從邏輯上判定某些特定片段能否搭配起來。這又反映我們的軟體架構第二法則：偏好**為什麼**而非**如何**。

耦合

幸好我們有更好的工具在代碼庫中分析耦合，它有一部分是以圖論為基礎：因為方法的呼叫與返回形成了呼叫圖，使得依據數學進行分析成為可能。在 1979 年，Edward Yourdon 與 Larry Constantine 出版《結構化設計：電腦程式與系統設計學科基礎》（Prentice-Hall），定義了許多核心概念，包括傳入與傳出耦合指標。傳入耦合測量一個程式碼工件（元件、類別、函數等等）的進入連結數目，傳出耦合則是測量程式碼工件的離開連結。實際上每個平台都有工具，可以讓架構師分析程式碼的耦合特性，以協助針對代碼庫的重組、遷移、或理解。

為何耦合指標有如此相似的名字？

為何架構世界中兩個代表相反概念的重要指標，命名根本就一樣——只差在聽起來很像的母音上面？這些詞源自於 Yourdon 與 Constantine 的結構化設計。借用數學的概念，他們發明了現在很常見的傳入 / 傳出耦合術語，其實應該稱為進入 / 離開耦合才對。但是因為原作者偏好數學上的對稱而非清晰度，開發人員也提出許多助記碼來輔助：*a* 在英文字母中出現得比 *e* 早，對應到進入在離開之前。或者觀察到 efferent 的字母 *e* 與 *exit* 的首字母吻合，因此對應到離開連結。

抽象性、不穩定性，以及主序列距離

雖然元件耦合的原始值對架構師有用，但許多其他的衍生指標能提供更深入的評估。這些指標由 Robert Martin 在一本 C++ 書中提出，但是被廣泛應用到其他物件導向語言。

抽象性是指抽象工件（抽象類別、介面等等）與具體工件（實作）的比例。它代表了抽象性相對於實作的一種測量。例如考慮一個沒有任何抽象概念的代碼庫——它只是一個巨大的單一函式碼（如同單一的 `main()` 方法）。反面的例子則是一個有太多抽象概念的代碼庫，讓開發人員很難了解東西如何串在一起（例如，開發人員得花好一會兒才能了解怎麼使用 `AbstractSingletonProxyFactoryBean`）。

方程式 3-3 是有關抽象性的公式。

方程式 *3-3* 抽象性

$$A = \frac{\sum m^a}{\sum m^c}$$

方程式中的 m^a 代表模組的**抽象元素**（介面或抽象類別），m^c 代表**具體元素**（非抽象類別）。這個指標也在尋求相同的準則。要了解這個指標最簡單的方法：考慮一個有 5000 行程式碼的應用程式，全部放在一個 `main()` 的方法。抽象性的分子是 1、分母是 5000，則抽象性幾乎為 0。所以這個指標可以測量程式碼的抽象概念比例。

架構師透過計算抽象工件之和與實體工件之和的比例，來計算**抽象性**。

另一個衍生指標**不穩定性**的定義為：傳出耦合與傳出加上傳入耦合之和的比例，如方程式 3-4。

方程式 *3-4* 不穩定性

$$I = \frac{C^e}{C^e + C^a}$$

方程式中 c^e 代表**傳出**（或離開）耦合，c^a 代表**傳入**（或進入）耦合。

不穩定性指標可判定代碼庫的易變程度。高度不穩定的代碼庫在變動時，因為高度耦合而更容易出錯。例如，如果一個類別得呼叫許多其他類別以委派任務，則該類別容易在一或多個被呼叫的方法改變時出錯。

主序列距離

主序列距離是架構師在架構之結構上、所擁有的幾個整體性指標之一。它是一個基於**不穩定性**與**抽象性**的衍生指標，如方程式 3-5 所示。

方程式 *3-5* 主序列距離

$$D = |A + I - 1|$$

方程式中，A 是**抽象性**，I 是**不穩定性**。

注意**抽象性**與**不穩定性**都是比例值,意思是說它們的值會落在 0 與 1 之間。因此畫出其關係時,可看到圖 3-2。

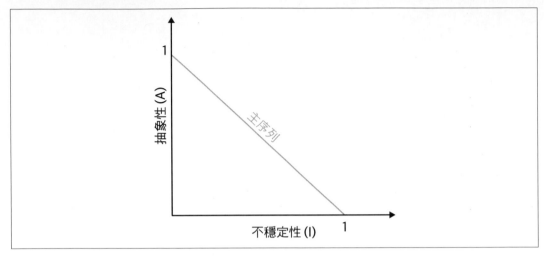

圖 3-2 主序列定義了抽象性與不穩定性之間的理想關係式

距離指標乃是想像抽象性與不穩定性之間有個理想關係式,接近這條理想線的類別在這兩種互相競爭之考量上的混合比例比較健全。例如,對某個類別作圖,可以讓開發人員計算**主序列距離**的指標,如圖 3-3 所示。

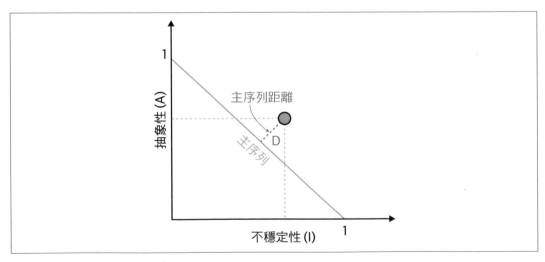

圖 3-3 某個類別的主序列標準化距離

在圖 3-3 中，開發人員畫出候選類別，然後測量與理想線的距離。離線越近，該類別的平衡性越好。至於遠遠落到右上角的類別，則進入了架構師所稱的**無用區**：太抽象的程式碼難以使用。相反地，落在左下角的程式碼則位於**痛苦區**：實作太多、抽象概念太少，不但脆弱也不易維護，如圖 3-4 所示。

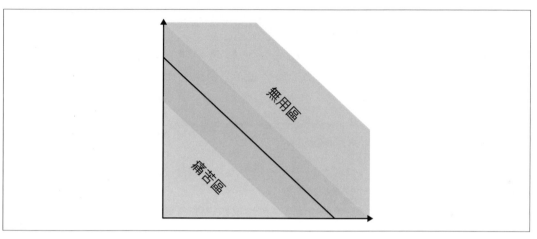

圖 3-4　無用與痛苦區

許多平台有工具提供這些測量，讓架構師由於不熟悉、遷移、技術負債評估等原因，而得去分析代碼庫時得到協助。

指標的限制

雖然業界有一些程式碼層級的指標，能夠對代碼庫提供有價值的洞察力，但是跟其他工程學門的分析工具比起來，仍然是非常粗糙的。即使是直接從程式碼結構衍生的指標，都還需要另外的解釋才行。例如循環複雜度（參見第 77 頁的「循環複雜度」）測量代碼庫的複雜度，但卻無法分辨**本質複雜度**（因為底下的問題本來就是複雜的）或**偶然複雜度**（程式碼超出應有的複雜度）。實際上所有程式碼層級的指標都需要解釋，但是建立重要指標（例如循環複雜度）的基準仍然有用，如此架構師便可以評估其所展現的型態為何。我們會在第 80 頁的「管理與適應度函數」討論這類測試的設定。

注意之前提及 Edward Yourdon 與 Larry Constatine 的書（《結構化設計：電腦程式與系統設計學科基礎》）在物件導向語言普及前便已出現，且聚焦在結構化程式建構方式，例如函數（而不是方法）。它還定義了其他種類的耦合——我們不在此討論，因為它們已被共生性取代。

共生性

在 1996 年，Meilir Page-Jones 出版《程式設計師該知道的物件導向設計》（Dorset House），書中改進了傳入與傳出耦合指標，並以名為共生性的概念將其重塑進入物件導向語言。他是這麼定義這個詞的：

> 「系統的兩個元件，如果其中一個的變動使得另一個也須有所變動，才能維持整個系統的正確性，則這兩個元件即為共生。」

> —Meilir Page-Jones

他提出兩種共生型態：靜態與動態。

靜態共生性

靜態共生性指的是原始碼層級的耦合（與執行期耦合不同，在第 47 頁的「動態共生性」討論），它改進了《結構化設計》一書定義的傳入與傳出耦合。換言之，架構師把底下的各種靜態共生性視為耦合發生的程度——無論是傳入或傳出：

名字共生性（*CoN*）

多重元件必須在一個實體的名字上達成共識。

方法的名字代表的是代碼庫裡最常見、也是最可取的耦合方式，特別是依據現代的重構工具，系統範圍的更名可說是不費吹灰之力。

型別共生性（*CoT*）

多重元件必須在一個實體的型別上達成共識。

此類共生性指的是在許多靜態型別的語言中，常見的用來限制變數 / 參數只能是特定型別的功能。但是此功能不只是一項語言特色——有些動態型別語言也提供了選擇性型別，比較著名的有 Clojure（*https://clojure.org*）與 Clojure Spec（*https://clojure.org/about/spec*）。

含義共生性（*CoM*）或慣例共生性（*CoC*）

多重元件必須在特定值的含義上達成共識。

在代碼庫裡，最常見且明顯的例子是那些寫死、卻又不是常數的數字。例如，有些語言常常得考慮在某個地方定義 `int TRUE = 1; int FALSE = 0`。想想看如果有人把值寫反了，會引發什麼問題。

位置共生性（*CoP*）

多重元件必須在數值的順序上達成共識。

這是有關方法 / 函式呼叫之參數值的課題——即使在擁有靜態型別的語言也是如此。例如，如果開發人員建立一個方法 `void updateSeat(String name, String seatLocation)`，並以下列參數值呼叫 `updateSeat("14D", "Ford, N")`，那麼雖然型態正確，但語意並不正確。

演算法共生性（*CoA*）

多重元件必須在特定演算法上達成共識。

此共生的一個常見例子，發生在當開發人員定義一個在伺服器及客戶端執行的安全性雜湊演算法，藉由產生的結果相同來認證使用者。顯然這是一種高度耦合，因為如果任何一方更動演算法的任何細節，將導致握手機制失效。

動態共生性

Page-Jones 定義的其他共生類型則為**動態共生性**，它們會在執行期對呼叫進行分析。底下描述各種不同的動態共生性：

執行共生性（*CoE*）

多重元件的執行順序很重要。

考慮底下程式碼：

```
email = new Email();
email.setRecipient("foo@example。com");
email.setSender("me@me。com");
email.send();
email.setSubject("whoops");
```

此段程式碼無法正常運作，因為特定屬性必須依序設定。

時序共生性（*CoT*）

多重元件的執行時序很重要。

此類共生常見於兩個執行緒同時執行所引發的競爭危害（race condition），以致於影響了聯合運作的結果。

數值共生性（*CoV*）

發生在許多值彼此相關，且必須一起改變的時候。

考慮開發人員以四個點、也就是四個角落定義的矩形。為維護資料結構的完整性，開發人員不能隨意更動其中一點，而不考慮對其他點的影響。

還有個與交易有關，更常見到發生問題的例子——特別是在分散式系統。當架構師設計一個有分開的資料庫的系統、但必須更新所有資料庫的某個值時，所有資料庫的這個值都得一起變更——不然就連一個資料庫的值都不許變更。

同一共生性（*CoI*）

多重元件必須參考到相同的實體。

此類共生的一個常見的例子：兩個必須分享、與更新同一個資料結構（例如分散式佇列）的獨立元件。

架構師在判定動態共生性上遇到的困難更大，因為缺乏像分析呼叫圖所使用那麼有效的工具，來分析執行期的呼叫。

共生性屬性

共生性是架構師與開發人員的一種分析工具，它的某些屬性能協助開發人員聰明地對其利用。底下是共生性每種屬性的描述：

強度

架構師依據開發人員對某類型耦合進行重構的難易程度，來判定共生性的**強度**。如圖 3-5 所示，很明顯地有些類型的共生性更為可取。藉由向著更好類型的共生性進行重構，架構師與開發人員便能改善代碼庫的耦合特性。

架構師應該更偏好靜態而非動態共生性——因為開發人員透過簡單的原始碼分析就能進行判斷，而且現有的工具讓靜態共生性的改善變得極為容易。例如，考慮含義共生性的例子——其改善可以透過建立有名字的常數（而非使用魔術數字），並且以名字共生性為標的來進行重構。

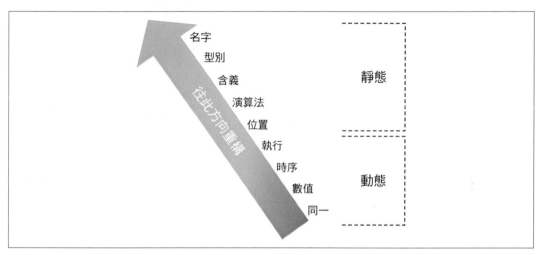

圖 3-5　共生性強度在重構時提供一個不錯的指引

局部性

共生的*局部性*測量代碼庫的模組之間有多接近。鄰近的程式碼（位於同一個模組）相較於更遠的程式碼（位於不同模組或代碼庫），通常有形式更多、更高的共生性。換句話說，當距離遠時耦合度不佳的共生形式，在距離拉近後卻變成還可以接受。例如，如果同一元件裡的兩個類別具有含義共生性，則其對代碼庫產生的傷害小於如果兩個元件具備同樣形式的共生性。

開發人員必須同時考慮強度與局部性。與分隔較遠的同類共生形式比起來，存在於相同模組、且強度更高的共生形式，其對程式碼的傷害會比較小。

程度

共生性*程度*與其影響之大小有關——是只影響一些或許多類別？共生性程度越小，對代碼庫的破壞越小。換言之，如果只有幾個模組，則具備高度動態共生性並沒有那麼糟。但是代碼庫會一直成長，使得小問題隨之變大。

Page-Jones 提出利用共生性，改善系統模組化的三個指導方針：

1. 把系統拆解成封裝元素，以減少整體的共生性。

2. 減少任何跨越封裝邊界的殘餘共生性。

3. 最大化封裝邊界內的共生性。

傳奇的軟體架構創新者 Jim Weirich 重新推廣了共生性的概念，並提供兩個很好的建議：

程度規則：將強共生性轉變成較弱形式的共生性。

局部性規則：當軟體元素間的距離增加，則採用較弱形式的共生性。

統整耦合及共生性指標

迄今我們討論了耦合與共生性，以及不同時期、不同目標下的各種測量方法。但是從架構師的觀點來看，這兩種看法有重疊之處。被 Page-Jones 認定為靜態共生性的事物，代表進入或離開耦合的程度有多高。結構化程式設計只在乎往內或往外，而共生性則在乎事物之間是如何進行耦合的。為了解概念間的重疊，考慮圖 3-6。

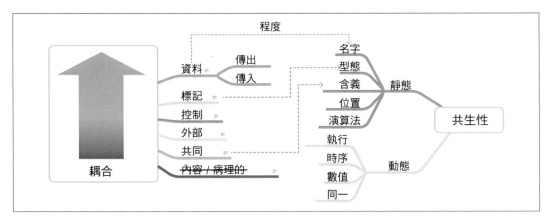

圖 3-6　統整耦合及共生性

圖 3-6 中，結構化程式設計概念出現在左側，共生性特性則在右側。針對結構化程式設計所稱的**資料耦合**（方法呼叫），共生性則對其該如何顯化提供了建議作法。結構化程式設計並未涵蓋動態共生性所覆蓋的領域，稍後在第 88 頁的「架構量子與顆粒度」再對此項概念概括論述。

1990 年代的共生性問題

架構師應用這些有用的指標分析與設計系統時，面對許多問題。首先，這些做法關注程式碼的低階細節，聚焦在程式碼的品質與健全、而未必是在架構的結構上。架構師傾向於更關注模組**如何**耦合，而非耦合的**程度**。例如架構師會考慮同步與非同步通信的比較，而不那麼在乎如何實作。

共生性的第二個問題，在於其並未處理到今日的許多架構師得面對的基本決策——像微服務這樣的分散式架構，該採取同步或非同步通信？回到軟體架構第一法則，每件事都是取捨。等到第 7 章討論架構特性的範圍後，我們將介紹利用新的方法，來思考當代的共生性。

從模組到元件

本書使用**模組**一詞代表一群相關程式碼的通用名稱。但是大部分平台支援某種形式的**元件**——這是軟體架構師的一種關鍵組件。至於邏輯或實體分隔的概念及相應分析，從電腦科學的最早期開始就已經存在了。但是雖然有那麼多關於元件與分拆的著作及思索，開發人員與架構師仍得費力才能得到好結果。

我們將在第 8 章討論從問題領域中提取元件，但首先得探討軟體架構的另一個基礎面向：架構特性及其範圍。

第四章

定義架構特性

一家公司打算利用軟體解決某個問題，所以蒐集了一張系統需求表單。蒐集需求有很多技巧，通常依團隊採用的開發程序而定。但架構師在設計軟體解決方案時得考慮許多其他因素，如圖 4-1 所示。

| 可稽核性 | 效能 | 安全性 | 需求 | 資料 | 合法性 | 可擴展性 |

圖 4-1　由領域需求與架構特性組成的軟體解決方案

架構師在定義領域或業務需求上可能與人合作，但還有個主要責任，就是必須定義、發現、或者分析軟體所必須完成（而且與領域功能不直接相關）的所有事情：也就是**架構特性**。

軟體架構與編寫程式及設計的差別何在？差別可不少，包括架構師扮演了定義架構特性——即那些與問題領域無關、但卻是系統之重要面向的角色。許多組織用各種術語描繪這些軟體特色，包含**非功能性需求**。不過我們不喜歡這個詞，因為它有點自我打臉的意味。架構師創造這個詞來區分架構特性與功能性需求，但是稱呼某個東西為**非功能性**，從語言觀點來看有負面影響：如何說服團隊重視「非功能性」的事物？另一個受到歡迎但我們也不喜歡的詞是**品質屬性**，因為它暗示的是木已成舟後的品質評估，而非設計時期的屬性。我們屬意**架構特性**，因其描繪了讓架構得以成功、乃至於對整個系統都至關重要的考量，卻又不減損其自身的重要性。

架構特性得滿足三項準則：

- 指定與領域無關的設計考量
- 影響設計的某些結構面向
- 對應用程式的成功至為關鍵或重要

這些互相交錯的定義部分如圖 4-2 所示。

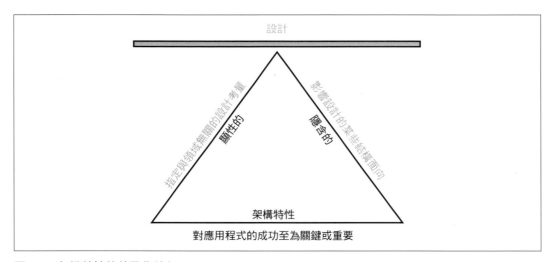

圖 4-2　架構特性的差異化特色

圖 4-2 所示的定義，除了一些修飾詞外，乃由三種成分組成：

指定與領域無關的設計考量

設計應用時，從需求指定了應用應該完成的事情；架構特性則在考量如何將需求實現、以及為何做出特定選擇的情形下，指定通向成功的運維與設計準則。例如，一項常見的重要架構特性會指定應用程式該有的效能水平，而這一點在需求文件中並不常見。更貼切地說：沒有需求文件會陳述「避免技術負債」，但這卻是架構師與設計人員常有的設計考量。在第 63 頁的「從領域考量提取架構特性」會針對顯性與隱含特性的區分深入討論。

影響設計的某些結構面向

架構師會嘗試去描繪專案之架構特性的主要原因，與設計考量有關：此架構特性需要特殊的結構考量才能成功嗎？例如，**安全性**在所有專案都受到關注，而且所有系統在設計與程式設計時，都必須有預防措施做底線。但是如果架構師必須做特殊設計時，問題就提升到架構特性的層次了。考慮一個範例系統的兩個付款案例：

第三方付款處理器

如果在某個整合點處理付款細節，則在架構上無須特殊的結構考量。設計本身應該加上標準的安全性保全做法，例如加密與雜湊，但不需要特殊的結構。

應用內的付款處理

如果設計中的應用程式必須處理付款，架構師可以為此目的設計特定的模組、元件、或服務，從結構上隔離重要的安全性考量。這樣架構特性便會影響到架構與設計。

當然，在許多情況下這兩個準則還不夠讓人做此決定：過往的安全性事件、與第三方整合的本質為何、以及許多其他的準則可能在決策時都得考慮。不過，這個例子還是揭示了架構師在決定如何設計特定功能時，必須有的一些考量。

對應用程式的成功至為關鍵或重要

應用程式可能支援了很多架構特性，但實際上不應該如此。每種特性的支援都會增加設計的複雜度。因此，架構師的一項關鍵任務乃在於選擇最少、而非盡可能多的架構特性。

我們再進一步把架構特性細分成隱含、或顯性的架構特性。隱含的很少出現在需求上，但對專案的成功卻不可或缺。例如，可用性、可靠度、安全性是所有應用的支柱，但卻很少在設計文件上提及。架構師得利用其對問題領域的知識，在分析階段發掘這些架構特性。例如，高頻交易公司不一定得在每個系統指定低延遲特性，但是只要是該問題領域的架構師都知道這件事有多重要。顯性的架構特性則會出現在需求文件，或其他特殊的指令當中。

在圖 4-2 中，我們是故意選擇三角形：每個定義元素之間互相支持，再接著支撐系統的整體設計。三角形產生的支點說明了架構特性之間常有交互作用的事實，使得架構師廣泛使用**取捨**這個詞。

（部分）列示的架構特性

軟體系統在很廣的層面上都有架構特性存在，從低層級的程式碼特性——例如模組化，到複雜的運維考量——例如可擴展性與彈性。雖然過去有人嘗試編纂這些特性，但並沒有真正普遍性的標準存在。相反地，每個機構對這些詞都有自己的詮釋。此外，因為軟體生態系變化如此迅速，新的概念、術語、措施、驗證不斷出現，讓架構特性之定義一直有新的可能性。

不管程式大小與規模，架構師常將架構特性進行廣泛的分類。底下幾節會拿一些出來談，並給出一些範例。

運維架構特性

運維架構特性，涵蓋了像是效能、可擴展性、彈性、可用性、及可靠度等各種能力面向。表 4-1 列出一些運維架構特性。

表 4-1　常見的運維架構特性

術語	定義
可用性	系統可持續使用的時間有多長（如果是 24/7，必須有適當的步驟，讓系統在任何失效發生時保持系統的持續運作）。
連續性	災難復原能力。
效能	包含壓力測試、峰值分析、函數使用頻率分析、需求容量與回應時間。效能驗收有時需要花好幾個月自行跑過才能算數。
可恢復性	業務連續性需求（例如發生災難時，系統多快能再上線？）。這會影響備份策略與重複硬體的需求。
可靠性 / 安全性	評估系統是否安全可靠，或是否極其關鍵而且會影響人命。當其失效時，是否會造成公司大筆金錢損失？
強健性	執行時期如果遭遇網路連線失效、或斷電、發生硬體錯誤，能夠處理錯誤與邊界情況的能力。
可擴展性	當使用者或請求的數目增加時，系統仍能運作的能力。

運維架構特性與運維及 DevOps 上的考量高度重疊，在許多軟體專案成為相關考量的交會點。

結構上的架構特性

架構師也必須考量程式碼結構。在許多情況下，架構師對程式碼的品質顧慮具有單獨或共有的責任——例如優良的模組化、元件間的耦合受到控制、可讀性高的程式碼、以及其他許多內部品質的評估。

表 4-2 列出一些結構上的架構特性。

表 4-2　結構上的架構特性

術語	定義
可配置性	終端使用者輕易更改軟體配置的能力（透過可用的介面）。
延伸性	加入新功能的重要性如何。
可安裝性	系統安裝在所有必要的平台是否簡易。
槓桿能力 / 復用	在多個產品上使用共同元件的能力。
本地化	在進入 / 查詢畫面支援多語言的資料欄位。至於在報告上面，必須支援多位元組字元的需求、以及各種測量或貨幣單位。
可維護性	如要套用變更以強化系統有多容易？
可攜性	系統需要在一個以上的平台運作嗎？例如前端程式是否得跟 Oracle，以及 SAP 協同運作？
可支援性	應用需要哪種層次的技術支援？系統除錯需要哪種層次的登錄以及其他的工具？
可升級性	在伺服器及客戶端，從前一版的應用 / 解決方案輕易 / 快速升級的能力。

跨領域架構特性

雖然許多架構特性落在容易辨識的範疇之內，但仍有許多構成重要設計限制與考量的特性，不在這些範疇之內或難以歸類。表 4-3 描繪其中的一些特性。

表 4-3　跨領域架構特性

術語	定義
可及性	可觸及所有使用者，包括像是那些有色盲或聽力受損等失能的人。
可歸檔	資料在一段時間後得歸檔或刪除嗎？（例如，客戶帳號在三個月後被刪除，或標記為過期、並歸檔至次要資料庫以供未來存取。）
認證	安全性需求，確保使用者是其宣稱的那個人。
授權	安全性需求，確保使用者只能存取應用的特定功能（根據用例、子系統、網頁、業務規則、欄位層級等等）。

術語	定義
合法	系統運作的法律限制為何（資料保護、沙賓法案、GDPR 等等）？公司需要什麼保留權？有應用程式打造或部署方式的相關法規嗎？
隱私	能夠對內部公司員工隱藏交易（交易加密所以甚至連資料庫管理員與網路架構師也看不見）。
安全性	資料庫的資料需要加密嗎？或內部系統間的網路通信需要加密？應為遠端使用者準備哪種認證？
可支援性	應用需要哪種層次的技術支援？系統除錯需要哪種層次的登錄以及其他的工具？
易用性 / 可行性	使用者需要接受什麼層次的訓練，才能利用應用 / 解決方案完成目標。易用性得跟其他架構問題一樣地被嚴肅對待。

架構特性的任何清單必然不完整，因為任何軟體可能基於獨特因素，發明出重要的架構特性（例如底下的「可義大利性」）。

可義大利性（Italy-ility）

Neal 的一個同事提過一個與架構特性之獨特本質有關的故事。她曾為某個要求集中式架構的客戶工作。但是針對每個提出來的設計，客戶的第一個問題總是「如果與義大利失聯怎麼辦？」好幾年前，因為一個古怪的通信中斷，總部無法跟義大利分部聯繫，對組織造成傷害。因此所有未來的架構都有個非達成不可的需求，且最終被團隊稱為**可義大利性**──也就是眾人皆知，代表著可用性、可恢復性、以及彈性的一種獨特組合。

此外，許多前面提及的術語，有時因為細微的差異、或缺凡客觀的定義，所以既不精確也含糊不清。例如**互通性**與**相容性**似乎等價，這對某些系統確實如此。然而它們是不同的，因為**互通性**暗示的是與其他系統整合的容易程度，也就是應有公開、文件化的應用程式介面（APIs）。另一方面，**相容性**更關注的是工業與領域標準。另一個例子是**易學性**──它的一種定義是使用者學用軟體的容易程度，另一種定義則是系統能否自動察覺環境、以透過機器學習演算法進行自我配置或自我最佳化。

許多定義之間有所重疊。例如，考慮可用度與可靠度，似乎在所有情況下都互相重疊。然而考慮 TCP 底下的網際網路協定 UDP，它雖然能在 IP 上運作但卻不可靠：封包到達的順序會亂掉，而且接收方可能得要求重送遺失的封包。

並沒有完整的標準清單存在。國際標準組織（ISO）出版一份依照功能進行組織的清單，跟我們列出來的雖多有重疊，不過這份清單主要是一份不完整的類別清單。底下是一些來自 ISO 的定義：

效能效率

測量在已知情況下，相對於資源的使用量所展現的效能。這包含了**時間行為**（回應、處理時間、及 / 或產出率的測量）、**資源利用率**（使用資源的數量與種類）、以及**容量**（可以超過最大公認限制的程度）。

相容性

一個產品、系統、或元件與其他產品、系統、或元件交換資訊的能力，以及 / 或在分享相同硬體或軟體環境的情況下，執行其必要功能的能力。它包含了**共存**（在與其他產品分享共有環境與資源下，仍能有效率地執行必要功能）及**互通性**（兩個或更多系統交換與利用資訊的程度）。

易用性

使用者能以有效果、有效率、滿意的方式使用系統達成其目的。它包含了**適當性可識別性**（使用者可識別軟體是否適合其需求）、**易學性**（學用軟體有多容易）、**使用者錯誤保護**（保護使用者不犯錯誤）、**可及性**（軟體擁有最大範圍的條件或能力，使人們都能加以利用）。

可靠度

系統有辦法在特定情況下，運行一段特定時間的程度。此特性包含一些子類別，像是**成熟度**（軟體在正常運作時能否滿足可靠度需求）、**可用性**（軟體正常運作且可供使用）、**容錯**（即使有硬體或軟體故障，軟體仍能照常運作）、**可恢復性**（軟體能否從失效中恢復——透過復原受影響的資料、以及重建系統的狀態）。

安全性

軟體保護資訊與資料的程度，使得人們、其他產品或系統各自擁有適合其授權種類與層級的資料存取程度。這類特性包含**機密性**（資料只能給經過授權的人存取）、**完整性**（軟體得避免未經授權的存取、或者修改軟體或資料）、**不可否認性**（行動或事件能否被證實已經發生）、**可追責性**（能否追溯使用者的行動）、以及**真實性**（證明使用者的身分）。

可維護性

代表開發人員能依據環境及／或需求，針對軟體的效果及效率進行改善、修正、改寫的程度。此特性包含**模組化**（軟體由個別分離元件所組成的程度）、**復用性**（開發人員能在一個系統以上、或建構其他資產時，使用同一個資產的程度）、**可分析性**（開發人員蒐集軟體相關具體指標的容易程度）、**可修改性**（開發人員修改軟體，卻不至於引入瑕疵、或破壞現有產品品質的程度）、以及**可測試性**（開發與其他人員進行軟體測試是否簡易）。

可攜性

開發人員得以將一個系統、產品、或元件從一個硬體、軟體、或其他作業／使用環境，轉移至另一個環境的能力。此特性包含一些子特性：**適應性**（開發人員能否有效能、有效率地讓軟體適應不同或演進中的硬體、軟體、或其他作業／使用環境）、**可安裝性**（軟體能否在特定環境安裝／移除）、**可取代性**（開發人員能否輕易地以其他軟體取代該項功能）。

ISO 清單的最後一項提及軟體的功能層面，但我們不認為應該放在此清單：

功能適應性

此特性代表一個產品或系統，在指定的情況下使用時，其提供之功能能夠滿足宣稱、以及隱含需求的程度高低。此特性由底下的子特性構成：

功能完整性

一組功能涵蓋所有指定之任務以及使用者目標的程度有多高。

功能正確性

一個產品或系統在所需的精確度底下，提供正確結果的程度有多高。

功能適當性

功能有助於完成指定任務與目標的程度有多高。這些雖然不是架構特性，但比較像是打造軟體的動機性需求。這也說明了在架構特性與問題領域之關係的思維上，是如何進行演變的。第 7 章再來討論這些演變。

取捨與別無選擇下的架構

在我們列出的架構特性中，有許多原因使得應用程式只能夠支援其中一部分。首先，每個支援特性都需要花費設計功夫，而且可能還需要結構上的支援。第二，更大的問題在於每個架構特性常常對其他特性有影響。例如，如果架構師想改善**安全性**，則幾乎肯定會對**效能**有負面影響：應用程式必須執行更多的即時加密、間接的機密隱藏、以及其他潛在可能弱化效能的活動。

有個隱喻可以幫助說明這種互聯特性。顯然地，飛行員必須很努力才能學會操控直升機，因為得控制每隻手、腳，而且有任何一個變動就會對其他部分產生影響。所以控制直升機是種平衡的訓練，這也很適切地描繪了選擇架構特性時所面對的取捨過程。架構師所設計支援的每項架構特性，潛在都可能讓整體設計變得複雜。

因此架構師鮮少遇到在設計系統的時候，能夠將每個單獨之架構特性都最大化的情況。更常遇到的是，決策歸結為在許多競爭考量之間做取捨。

 別總想瞄準最佳架構，而應該找尋別無選擇下的架構。

太多的架構特性反而導致了想解決所有業務問題、但卻很普通的方案。而且這些架構因為設計過於笨重反而無法成功。

這也暗示了架構師應努力盡可能以迭代的方式設計架構。如果架構更容易修改，就可以不必那麼在意要在第一次嘗試時，就把事情完全搞清楚。來自於敏捷軟體開發的一個重要教訓就是強調迭代的價值——這在軟體開發的所有層次上都適用，當然也包括架構。

第五章

確認架構特性

在建立架構或判定現有架構之有效性的時候，最初的一個步驟就是確認其被何種架構特性驅動。要針對給定問題或應用確認正確的架構特性（「各種能力」），架構師不只得了解領域相關的問題，還得與問題領域的利益相關方合作，來決定依據該領域的觀點哪些才是真正重要的。

架構師至少有三種方法發掘架構特性——從領域考量、需求、隱含的領域知識進行提取。我們先前討論過隱含特性，這裡要討論其他兩項。

從領域考量提取架構特性

架構師必須能夠把領域考量轉譯成正確的架構特性。例如，可擴展性是最重要的考量，或者是容錯、安全性、或效能？或許系統這四種特性都要。了解關鍵的領域目標與狀況，讓架構師得以將領域考量轉譯成「各種能力」，形成正確、合理之架構決策的基礎。

與利益相關方合作定義驅動架構特性時，有個訣竅是努力讓最後的清單越簡短越好。一個常見的架構反模式，是嘗試去設計一個支援所有架構特性的通用架構。每一種支援的架構特性都會讓整個系統的設計複雜化——在架構師與開發人員甚至都還沒開始處理問題領域（即打造軟體的原始動機）之前，支援太多架構特性會讓複雜度越來越大。不要執著於特性的數目，而是要著重在讓設計簡化的動機上。

案例研究：Vasa

最早因為指定過多的架構特性、導致專案失敗的故事應該就是 Vasa 了。它是一艘建於 1626 到 1628 年之間，由一位想要有史以來最宏偉船艦的國王所打造的瑞典戰艦。在那時代之前，船艦不是運兵船就是砲艦——但是 Vasa 兩者都是！大部分船艦有一個甲板，Vasa 有兩個！所有加農砲的大小是類似船艦的兩倍大。雖然造船專家感到不安（但最終沒法對 Adolphus 國王說不），但最後還是完成打造的任務。為了慶祝，船艦開出到港口，並從一側發了一響禮砲。不幸的是，船因為頭重腳輕因而翻覆並沉入瑞典海灣的海底。在 20 世紀早期，打撈者將船打撈上來，現在放在斯德哥爾摩的博物館。

許多架構師及領域利益相關方，都想依照優先順序處理應用或系統必須支援的最終架構特性清單。這當然有其可取之處，但大部分情況下只是徒勞無功——不但浪費時間，也與主要利益相關方之間產生許多不必要的挫折與意見分歧。很少有能讓所有利益相關方都同意的特性優先權。一個更好的做法，是讓領域利益相關方從最後清單（任何順序皆可）挑選三項最重要的特性。這樣不只更容易達成共識，還能有助於討論哪些是最重要的，並且幫助架構師在做出重大架構決策時分析各種取捨。

大部分架構特性來自於傾聽主要的領域利益相關方、並與其合作，以決定從領域觀點來看哪些才是重要的。這麼做似乎很直接，但問題是架構師與領域利益相關方的語言並不一致。架構師談的是可擴展性、互通性、容錯、易學性與可用性。領域利益相關方談的是併購、使用者滿意度、上市時間、競爭優勢。實際發生的是「溝通不良」問題——架構師與領域利益相關方互不了解。架構師不知如何打造一個滿足使用者滿意度的架構，領域利益相關方也不知為何應用程式要聚焦、討論那麼多有關可用性、互通性、易學性、容錯的事項。還好，我們有個將領域考量轉譯成架構特性的方法。表 5-1 顯示一些較常見的領域考量，以及支援這些考量、與其相對應的「各種能力」。

表 5-1　將領域考量轉譯成架構特性

領域考量	架構特性
併購	互通性、可擴展性、適應性、延伸性
上市時間	敏捷性、可測試性、可部署性
使用者滿意度	效能、可用性、容錯、可測試性、可部署性、敏捷性、安全性
競爭優勢	敏捷性、可測試性、可部署性、可擴展性、可用性、容錯
時程與預算	簡化、可行性

有件重要的事得注意，就是敏捷性不等於上市時間。相反地，應該是敏捷性＋可測試性＋可部署性才是。許多架構師在轉譯領域考量時，會落入此陷阱。如果只專注在其中一項，就像忘了把麵粉放入蛋糕糊。例如，領域利益相關方可能會說「因為法規要求，我們一定得準時完成收盤的基金定價」。沒啥用處的架構師可能只注意效能，因為那似乎是領域考量的主要關注點。然而，有好幾個理由會讓架構師失敗。首先，系統如果在有需要時無法使用，那麼沒人在乎系統有多快。第二，隨著領域成長並創造更多基金後，系統必須能夠延展以及時完成當天的處理工作。第三，系統不只要可用，還必須夠可靠，才不會在計算收盤基金定價時當機。第四，如果收盤基金定價計算完成了大約 85%時發生當機，系統怎麼處置？它必須能夠恢復、並且從當機時的定價重啟計算才行。最後，系統可能還算快，但是計算出來的基金價格正確嗎？所以除了效能以外，架構師也必須同等重視可用性、可擴展性、可靠度、可恢復性、以及可稽核性。

從需求提取架構特性

有些架構特性來自於需求文件的明確要求。例如，很明確的預期使用者數目與規模，常常出現在領域考量上。其他的則來自架構師本有的領域知識，這也是領域知識對架構師有利的眾多原因之一。例如，假設架構師設計一個處理大學生課程註冊的應用。為簡化數字，假設學校有一千名學生，以及十小時的註冊時間。那麼架構師設計的系統應該假設規模很一致——也就是有一個隱含的假設：在註冊過程中，學生會均勻分散在整個區間嗎？或者依據大學生的習慣與傾向，系統應該要有辦法在最後十分鐘處理一千個學生的同時註冊嗎？任何知道學生按照刻板印象應該會拖延的人，都知道問題的答案是什麼！很少有這樣的細節會寫在需求文件中，但它們確實提供了設計決策的線索。

架構套路的起源

多年前，知名的架構師 Ted Neward 提出架構套路（katas）——一種聰明的方法，讓資淺的架構師能從領域導向的敘述中練習推出架構特性。源自日本的武術，**套路**是一種個人的訓練練習，強調的是適當的形式與技巧。

> 「如何培育偉大的設計師？當然囉，偉大的設計師一直在設計。」
>
> ——Fred Brooks

那麼如果在生涯中只設計不到半打的架構，我們如何能培育出好的架構師呢？

為提供一套課程給這些有抱負的架構師，Ted 創建了第一個架構套路網站，本書作者 Neal 與 Mark 則持續對其調整與更新。套路練習的基本前提是提供架構師一個以領域術語描述的問題，以及額外的一些背景（不出現在需求中，但會影響設計的事物）。小型團隊花 45 分鐘在設計上，然後把成果展示給其他小組，這些小組再投票決定誰提出的架構最好。架構套路忠於原始目標，提供有抱負的架構師一個很有用的實驗室。

每個套路都有預先定義好的幾個段落：

描述

系統嘗試解決的整個領域問題是什麼

使用者

預期中的系統使用者數目及 / 或型態

需求

領域 / 領域層次的需求，如架構師所期待的，來自於領域使用者 / 領域專家

Neal 在幾年後於其部落格（*http://realford.com/katas*）更新此格式，為套路加上**額外的背景**這個段落。裡面包含一些額外、重要的考量，讓練習顯得更真實。

額外背景

許多架構師該考量的事物並未明白表達在需求中，而是透過問題領域的隱性知識來表達的。

我們鼓勵成長中的架構師善用該網站，做些套路練習。也可以開個午餐會，一群有企圖心的架構師一起來解問題，並請一位有經驗的架構師評估設計及取捨的分析——當場或在事後做個簡短分析。因為時間有限，設計本身不會太詳細。理想情況下，團隊成員能從有經驗的架構師的回饋上，獲得有關未考慮到的取捨、與替代性設計的意見。

案例研究：Silicon Sandwiches

我們利用架構套路（參見第 66 頁的「架構套路的起源」中概念起源的說明）來說明一些概念。為闡明架構師如何從需求推衍架構特性，我們來介紹 Silicon Sandwiches 套路。

描述

一家全國性的三明治商店想啟動線上訂購（現在已有電話訂購服務）

使用者

幾千人，一天下來可能達百萬人

需求

- 使用者下訂單，然後被通知一個取三明治的時間、以及前往店鋪的指引（必須跟外部包含交通資訊的地圖服務整合）

- 如果店鋪提供外送服務，派遣司機將三明治送給使用者

- 可以透過行動裝置使用服務

- 提供全國性的每日促銷 / 特餐

- 提供當地的每日促銷 / 特餐

- 接受線上、親自、以及外送貨到時的付款

額外背景

- 三明治店鋪乃加盟經營，每家的經營者都不同
- 母公司近期有擴展到海外的計畫
- 公司目標是聘僱廉價勞力以最大化獲利

在此情境下，架構師如何推衍架構特性？需求的每個部分，都形成架構的一或多個面向（還有些則不會有影響）。架構師不會就此開始設計整個系統——當然還得花相當多的功夫在程式編寫上，才能釐清領域陳述裡的一些事情。相反地，架構師得找出會影響或衝擊設計的事項，特別是有關結構的部分。

首先，我們把候選的架構特性分成明確（顯性）與隱性兩種特性。

明確特性

明確的架構特性出現在需求規格書，以做為必需設計的一部分。例如，購物網站想要同時服務特定數目的使用者，而這個會透過領域分析在需求中指定。架構師應考慮需求的每個部分，檢視其是否構成某一個架構特性。但首先架構師應考慮在領域層次上對預期指標的預估，如同套路的使用者段落中所展示的。

架構師應該最早關注的其中一個細節是使用者數目：目前幾千個，有一天可能會到百萬個（好有雄心的三明治店家！）。所以**可擴展性**——能同時處理大量使用者卻不至於嚴重減低效能的能力，是最重要的架構特性之一。注意問題的敘述並未明確要求可擴展性，而是將該需求表達為一個預期的使用者數目。架構師必須常常把領域語言，解碼成對應的工程語言。

但是我們可能也需要**彈性**——處理突發請求的能力。這兩個特性常集合在一起，但卻有不同的限制。可擴展性比較像圖 5-1 的圖。

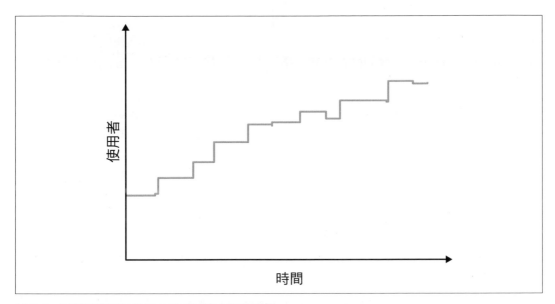

圖 5-1 可擴展性測量的是使用者同時上線的效能

另一方面，彈性測量的是突發的交通量，如圖 5-2 所示。

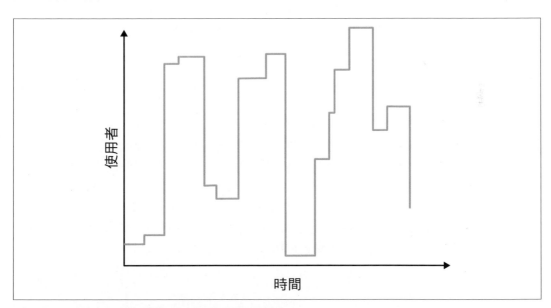

圖 5-2 有彈性的系統必須經受使用者的突發性增加

有些系統具擴展性但卻無彈性。例如，考慮飯店訂房系統。沒有特價或節慶時，使用者數目可能保持一定。做為對比，考慮音樂會的訂票系統。在販售新門票時，狂熱的粉絲湧入網站，此時便需要高度的彈性。彈性系統常常也需要可擴展性：能處理突發與大量的同時使用者的能力。

彈性方面的需求並未出現在 Silicon Sandwiches 的需求裡，但架構師應該要能確認這是一項重要的考量因素。需求有時會明白地敘述架構特性，但有些則潛藏在問題領域裡面。讓我們考慮三明治店家。它的流量整天都很一致嗎？還是它得在用餐時間經受流量突發？我們幾乎能確定應該是後者。所以，一個好的架構師應該能確認此項潛在的架構特性。

架構師應依序考慮每項業務需求，檢視是否存在架構特性：

1. 使用者下訂單，然後被通知一個取三明治的時間、以及前往店鋪的指引（必須提供跟外部包含交通資訊的地圖服務整合的選項）。

   外部地圖服務意味著整合點的存在，可能會影響像可靠度這樣的面向。例如，如果開發人員打造一個依賴第三方功能的系統，那麼當呼叫失敗時便會影響呼叫方的系統可靠度。然而，架構師也必須提防對架構特性的過度指定或要求。如果外部交通服務失效怎麼辦？這時該讓 Silicon Sandwiches 的網站停掉，或是在沒有交通資訊的情形下，提供低一些的效率？架構師應當防止把不必要的脆弱性，內建到設計裡。

2. 如果店鋪提供外送服務，派遣司機將三明治送給使用者。

   此項需求似乎不需要特殊的架構特性。

3. 可以透過行動裝置使用服務。

   此需求主要影響應用的設計，因其指出必須打造一個可攜的網站應用程式、或是幾個原生的網站應用程式。在預算限制與簡化應用的情形下，架構師可能認為打造多個應用程式太過火了，所以設計上會傾向於最佳化的行動網站應用程式。所以，架構師可能會想定義與網頁載入時間、及其他行動敏感特性相關的特定效能架構特性。注意架構師不應在這種情形下單獨行動，應該與使用者經驗設計人員、領域利益相關方、及其他相關方合作來檢視這類的決策。

4. 提供全國性的每日促銷／特餐。

5. 提供當地的每日促銷／特餐。

這兩個需求指定了促銷與特餐的客製化程度。注意第一個需求也隱含了以地址為基礎的客製化交通資訊。基於這三項需求，架構師可以考慮將客製化程度當成一種架構特性。例如，像微核心之類的架構風格，透過外掛架構的定義，可以提供極佳的客製化支援。在此例中，預設行為寫在核心，開發人員透過外掛，依照位置編寫額外客製化的部分。但是傳統的設計藉由設計模式（例如樣板方法），也可以滿足這項需求。這個難題在架構上很常見，也要求架構師得常在競爭選項中惦量各種取捨。我們在第 73 頁的「設計 vs. 架構與取捨」再仔細討論一些特定取捨。

6. 接受線上、親自、以及外送貨到時的付款。

線上付款隱含安全性的要求——但除此隱性要求外，並未在需求中暗示一個特別高的安全層級。

7. 三明治店鋪乃加盟經營，每家的經營者都不同。

此需求可能對架構的費用施加限制。架構師得查核可行性（考慮像是費用、時間、人員技能等限制），以了解一個簡單或有所犧牲的架構是否可被接受。

8. 母公司近期有擴展到海外的計畫。

此需求隱含著國際化，或所謂的 *i18n*。有許多設計技巧可以處理這種需求，而且無須特殊結構。但是這個因素當然也會驅動設計決策的成形。

9. 公司目標是聘僱廉價勞力以最大化獲利。

此需求暗示易用性很重要。不過再次地，這一點跟設計比較有關，而不是架構特性。

從前述需求推得的第三個架構特性是**效能**：沒人想從效能低落的三明治店鋪買東西，特別是在尖峰時間的時候。但是**效能**是個很細微的概念——應該針對**哪種類型**的效能設計？第 6 章會涵蓋效能的眾多細微之處。

我們也想結合可擴展性的數值大小，來定義效能數字。也就是說，我們必須在不考慮特定規模的情形下，建立一個效能的底線；並且在特定的使用者數目下，可接受的效能水平為何。架構特性之間常存在交互作用，使得架構師在定義特性時，被迫得考慮與其他特性的關係。

隱含特性

許多架構特性並未指定在需求文件，但卻構成了設計的重要面向。系統可能會想支援的一項隱含架構特性是**可用性**：確認使用者可以使用三明治網站。跟可用性關係密切的是**可靠性**：確認網站在互動過程中保持正常——沒人想在一直掉線的網站購物，因為會強迫他們一直重新登入。

安全性似乎是每個系統的隱含特性：沒人想打造不安全的軟體。但是我們可以依照危害程度來決定其優先順序，而這恰好也說明定義間互相交錯的本質。如果安全性影響設計的某些結構面向、而且對應用極其關鍵或重要，則架構師會把安全性視為一種架構特性。

在 Silicon Sandwiches 的例子，架構師可能假設付款由第三方處理。所以只要開發人員遵循一般的安全性保全做法（不用明文傳送信用卡號、不儲存太多資訊等等），架構師不需要特殊的結構設計來遷就安全性——好好設計應用程式就夠了。架構特性間的交互作用，導致架構師常犯過度指定架構特性的毛病——這跟指定不足的危害一樣大，因為會讓系統的設計過於複雜。

Silicon Sandwiches 得支援的最後一個架構特性，包括了許多需求上的細節：**客製化能力**。注意問題領域的許多部分都提供客製化行為：依據地區特性的菜單、本地促售、以及交通指引。所以架構應當支援那些有助於客製化行為的能力。通常，這是屬於應用程式設計的範疇。但是如我們的定義所指示的，依賴客製化結構提供支援的那部分問題領域，就會被移入架構特性的範疇考慮。不過這項設計元素對應用程式的成功並沒有那麼關鍵。重要的是，注意選擇架構特性並沒有正確的答案，但卻有不正確的答案（或者如 Mark 在其一個有名的引言所說的）：

> 「架構上沒有錯誤的答案，只有昂貴的答案。」

設計 vs. 架構與取捨

在 Silicon Sandwiches 套路中，架構師可能將客製化能力認定為系統的一部分，但問題會變成：到底是屬於架構或設計？架構隱含了一些結構上的元件，而設計又存在於架構之內。在 Silicon Sandwiches 的客製化案例中，架構師可以選擇像是微核心之類的架構風格，並從結構上支援客製化。但是如果因為競爭性考量而選擇另一種風格，那麼開發人員可以利用樣板方法設計模式（父類別定義的工作流程可以在子類別被覆蓋），來進行客製化的實作。哪種設計比較好？

就像在所有架構中一樣，得視許多因素而定。首先，有好的理由（例如效能與耦合），讓人不選擇實作微核心架構嗎？第二，其他想要的架構特性，在某種設計下實現會比其他設計來得困難嗎？第三，在每種設計 vs. 模式底下，要支援所有架構特性的成本有多高？這類架構取捨的分析乃是架構師角色的一個重頭戲。

首先，重要的是架構師得跟開發人員、專案經理、運維團隊、以及軟體系統的其他共同建構者合作。不應該在脫離實作團隊（導致可怕的**象牙塔建築師**反模式）的情況下做出任何的架構決定。在 Silicon Sandwiches 的案例中，架構師、技術負責人、開發人員、領域分析師應共同合作，決定實作客製化的最佳方法。

架構師可以設計一個在結構上不遷就客製化的架構，但要求應用本身的設計必須支援該項行為（參見上述的「設計 vs. 架構與取捨」）。架構師不應太強調找到完全正確的架構特性組合——開發人員有許多方法可以對功能進行實作。但是正確地辨認重要的結構元素，有助於實現更簡單、更優雅的設計。架構師得記住：架構中沒有最好的設計，只有別無選擇下的一組考量。

架構師也必須排定架構特性的優先順序，以試著找到最簡單且必要的一組集合。一旦團隊第一次通過架構特性的確認後，一個有用的練習是嘗試去決定最不重要的特性是哪一個——如果得拿掉一項，要拿掉哪一個？通常架構師更可能剔除掉顯性的架構特性，這是因為許多隱含特性對廣義上的成功不可或缺。我們如何定義哪些對於成功是關鍵或重要的方式，有助於架構師判定個別架構特性是否必要。透過嘗試去判定最不需要的特性

是哪一個，架構師便能幫忙判定關鍵所需何在。在 Silicon Sandwiches 的案例中，哪個架構特性最不重要？再次地，這裡沒有絕對正確的答案。但是在此例中，答案可能是客製化能力或效能。我們可能從架構特性中剔除客製化能力，並且把該行為的實作視為應用設計的一部分。就運維上的架構特性來說，效能可能是取得成功最無關緊要的一個因素。當然，開發人員也不想打造一個效能奇差的應用，但比較傾向於讓效能的優先順序不高過其他特性——例如可擴展性或可用性的系統。

第六章

測量及管理架構特性

架構師必須處理種類繁多、跨越軟體專案所有不同面向的架構特性。運維層面——像效能、彈性、以及可擴展性，都與結構上的考量（例如模組化與可部署性）互相混合。本章專注在具體定義一些更為常見的架構特性，並建構其管理機制。

測量架構特性

在組織內圍繞架構特性的定義上，有許多常見的問題：

它們不是物理

許多常用的架構特性其意義並不清楚。例如，架構師如何為敏捷性或可部署性做設計？業界對於這些常見術語有非常不同的視角——有時是由於可接受的差異背景，有些則是不經意造成的。

定義差異甚大

即使在同一個組織內，不同部門對關鍵特徵的定義可能也不一致，例如效能。除非開發人員、架構與運維能統一在一個共同定義下，不然連要怎麼恰當地對話都有困難。

複合性過高

許多合意的架構特性是由眾多更小尺度的特性構成。例如，開發人員可以把敏捷性分解成模組化、可部署性、以及可測試性。

對架構特性進行客觀的定義能解決所有這三個問題：讓架構特性的具體定義在整個組織內獲得共識，團隊得以圍繞著架構、創造一個到處可用的語言。另外透過鼓勵使用客觀定義，團隊得以拆解複合特性，發掘能被客觀定義且可供測量的一些特徵。

運維測量

許多架構特性能被明顯且直接的測量，例如效能或可擴展性。然而即使這些都還是有各種細微差別的詮釋存在，並依團隊的目標而定。例如，可能團隊會測量某些請求的平均回應時間——這是運維架構特性量測的一個好例子。但是如果團隊只測量平均值，那麼如果某種邊界情況發生，使得 1% 的請求花了比其他請求多 10 倍的時間時該怎麼辦？如果網站的交通容量充足，這些離群值甚至不會出現。因此，團隊可能也想測量最大的回應時間，以捕捉這些離群值。

眾多不同風味的效能

許多提及的架構特性都有多個差別細微的定義，效能就是個好例子。許多專案著眼的是一般的效能：例如，網站應用程式的請求/回應週期耗時多長？但是架構師與 DevOps 工程師在建立效能的預算上，已經花費大量的功夫：應用程式的特定部分擁有特定的預算。例如，許多組織研究使用者的行為，並且判定呈現第一頁（在瀏覽器或行動裝置上，網頁載入正在進行中的第一個可見徵兆）的最佳時間是 500 毫秒，也就是半秒。在這個指標上面，許多應用是落在雙數字的範圍內。但對於想盡量獲得最多使用者的現代網站來說，這是一個必須追蹤的重要指標，而且網站背後的組織也建立了差別極其細微的各種測量方式。

這些指標中，有些對於應用程式的設計有額外的含義。許多前瞻性的機構對網頁下載設定 K-權重（K-weight）預算：一個特定頁面只允許有某個最大數目（位元組）的程式庫與框架。這種結構背後的基礎理論來自於物理限制：一次只能有這麼多位元組在網路上傳送，特別是對於延遲高的行動裝置更是如此。

高層次的團隊不只建立效能上的硬數字，他們採取的定義乃根據統計分析。例如，有一個視訊串流服務被用來監控可擴展性的狀況。工程師不會隨意設定一個數字做為目標，而是測量規模隨時間的變化、並且建立統計模型，然後在即時指標超出預測模型的範圍時發出警報。發生失效代表兩件事：模型不對（團隊會想搞清楚），或有事情出錯了（團隊當然也想搞清楚）。

這些可被團隊測量之特性種類、再加上相關的工具以及差別細微的各種理解，其演進的速度很快。例如，許多團隊最近關注像首次內容繪製（*first contentful paint*）與首次 CPU 閒置（*first CPU idle*）之類指標的效能預算，而這兩個指標足以說明行動裝置網頁使用者所遇到的效能問題。當裝置、目標、功能、以及許多其他事物變化時，團隊得找出新事物與方法進行測量。

結構測量

有些客觀測量不像效能那麼明顯。比如內部的結構特性，像定義明確的模組化指的是什麼？可惜，內部程式碼的品質還沒有很全面的指標存在。但是有些指標與常見的工具，確實可以讓架構師處理程式碼結構的一些重要面向──儘管是在狹窄的維度上。

程式碼一個明顯、可測量的面向是複雜度──由循環複雜度指標所定義。

循環複雜度

循環複雜度（CC）（*https://oreil.ly/mAHFZ*）是程式碼層級的指標，被設計來提供程式碼複雜度的客觀測量──在函數／方法、類別、或應用的層級上。它是在 1976 年由老 Thomas McCabe 所提出。

它的計算是把圖論應用到程式碼──更明確地說，是造成不同執行路徑的決策點。例如，如果函數沒有決策敘述（例如 `if` 敘述），則 CC = 1。如果函數有單一條件式，則 CC = 2，因為此時有兩個可能的執行路徑。

計算單個函數或方法的 CC 值之公式為 $CC = E - N + 2$，其中 N 代表節點（程式碼裡面的行）、E 代表邊（可能的決策）。考慮範例 6-1 類 C 的一段程式碼。

範例 *6-1 循環複雜度評估的範例程式碼*

```
public void decision(int c1, int c2) {
    if (c1 < 100)
        return 0;
    else if (c1 + C2 > 500)
        return 1;
    else
      return -1;
}
```

範例 6-1 的循環複雜度是 3（＝5－4＋2），圖 6-1 顯示其圖形。

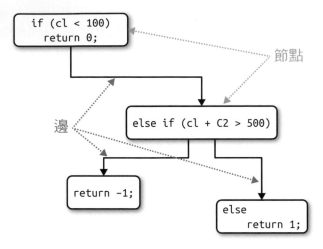

圖 6-1　決策函數的循環複雜度

循環複雜度公式出現的數字 2 代表單一函數／方法的一種簡化。如果是針對其他方法的扇出呼叫（即圖論中的**連通元件**），更一般化的公式為 $CC = E - N + 2P$，其中 P 代表連通元件的數目。

架構師與開發人員普遍同意太複雜的程式碼顯示可能會有問題，因為會傷害代碼庫所有可取的特性：模組化、可測試性、可部署性等等。然而如果團隊不注意逐漸增長的複雜度，則代碼庫最後會被複雜度控制。

循環複雜度的值怎樣才算好？

談到這個主題時，作者常被問：CC 的臨界值應該是多少才算好？當然就像所有有關軟體架構的答案：視情況而定！它得依問題領域的複雜性而定。例如，如果問題的演算法複雜，那麼解決方案就會有複雜的函數。

架構師該注意的 CC 關鍵面向有：函數的複雜性是來自於問題領域，或是不良的程式設計？或者，程式碼的切割不適當？換言之，一個龐大的方法能否拆解成較小的邏輯區塊，將工作（及複雜度）分散到更多結構良好的方法中？

通常業界對 CC 臨界值的建議是：如果不考慮其他因素（例如領域的複雜性），則 10 以下的值可以接受。我們認為這個值太高，寧可讓程式碼低於 5──以顯示其具有內聚性而且結構良好。Java 世界有個指標工具 Crap4J（*http://www.crap4j.org/*），乃透過 CC 與程式碼覆蓋率的綜合評估，以判斷程式碼的好壞。如果 CC 大到超過 50，那麼不管程式碼覆蓋率有多高，都無法解決程式碼彆腳的問題。Neal 遇過最恐怖的專業工件是一個單獨的 C 函數──它是某個商業軟體套件的核心，其 CC 值超過 800！它的程式碼超過 4,000 行，裡面隨意地使用 GOTO 敘述（以跳離深不可測的巢狀迴圈）。

像測試驅動開發（TDD）之類的工程實務，不經意間（不過是正面的）卻有個副作用──在某個給定問題領域中，可以創造出平均而言較小、較不複雜的方法。實行 TDD 時，開發人員嘗試撰寫簡單的測試，然後撰寫能通過測試的最小程式碼。這種專注在個別行為、以及優良測試邊界的做法，促成了結構良好、高度內聚且具低 CC 值的方法出現。

程序測量

有些架構特性與軟體開發程序有交集。例如，敏捷性常常是大家都想要的一種特色。但是它是種複合型的架構特性，因此架構師可能得將其分解成像可測試性、可部署性這樣的特色。

可測試性的測量，可以透過各種平台底下、評估測試完整性之程式碼覆蓋率工具來實現。跟所有軟體檢查一樣，它不能取代思考及意圖。例如，代碼庫可以有 100% 的代碼覆蓋率但卻有品質不佳的斷言敘述，以致於讓人無法對程式碼的正確性產生信心。然而，可測試性很明顯是一個可以客觀測量的特性。同樣地，團隊可以透過多種指標測量可部署性：成功相較於失敗之部署數目的百分比、部署所花的時間、部署引發的問題／臭蟲等等。每個團隊都有責任得出一組夠好的測量結果，讓組織獲得有用的資料──不管是在質量或數量上。許多這一類的測量歸結成為團隊的優先順序與目標。

敏捷性及其相關部分則明顯地與軟體開發程序有關。然而，程序可能會影響架構採用的結構。例如，如果容易部署與可測試性的優先順序很高，那麼架構師在架構層次上會更強調優良的模組化與隔離──這正是一個由架構特性驅動結構上的決策的例子。實際上任何軟體專案視野之內的事物，都有可能提升至架構特性的層次──當其試圖滿足我們的三個準則，使得架構師不得不將其納入考慮以做出設計決策的時候。

管理與適應度函數

一旦架構師建立架構特性並排定優先順序，如何確認開發人員遵守這些優先順序？模組化是架構中一個重要、但不緊急之面向的絕佳範例。雖然許多軟體專案總被緊急的事情所主導，然而架構師仍然需要一套管理的機制。

管理架構特性

管理（源自於希臘字 *kubernan*，意思是引導），是架構師角色的一項重要責任。如名字所暗示的，架構管理的範圍涵蓋架構師（包括像是企業架構師這樣的角色）想施加影響軟體開發程序的每個面向。例如，確保組織的軟體品質也屬於架構管理——因其落在架構的範圍內，而且忽視它將導致災難性的品質問題。

幸好，架構師有越來越複雜的解法來緩解問題。這也是軟體開發生態系中，在能力上得到增量式成長的一個好例子。由極限程式設計（*http://www.extremeprogramming.org*）所促成、使軟體專案走向自動化的驅動力創造出持續整合——讓自動化進一步進入運維領域（現在所稱的 DevOps），再接著進入架構的管理。《建立演進式系統架構》（O'Reilly）介紹一組稱為適應度函數的技巧，用來對架構管理的諸多面向實行自動化。

適應度函數

《建立演進式系統架構》的「演進式」這個詞來自於演進式計算，而非生物學。作者之一 Rebecca Parsons 博士，在包含像是基因演算法這類工具的演進式計算領域中，待過一段時間。基因演算法經過執行並產生答案，然後透過演進式計算領域中廣為人知的技巧進行變異。如果開發人員想設計基因演算法來產生有用的結果，他們透過提供指示結果品質好壞的客觀測量數字，來引導演算法的執行。該引導機制被稱為**適應度函數**：一種用來評估輸出與目標有多接近的物件函數。例如，假設開發人員想解決旅行推銷員問題（*https://oreil.ly/GApjt*），這是一個做為機器學習基礎的著名問題。給定某位推銷員及其必須訪問的城市清單、以及城市間的距離後，最佳路徑為何？如果開發人員設計一個基因演算法來解題，則某個適應度函數可能會評估路徑長度——因為最短的路徑代表最高的成功。另一個適應度函數可能評估路徑的整體花費，並且嘗試讓花費達到最少。還有另一個函數可能評估銷售員離開的時間長短，並且最佳化以縮短旅行時間。

演進式架構採用的實務借用了這項概念，創造出架構適應度函數：

架構適應度函數

為某個架構特性、或架構特性的組合提供客觀的完整性評估的任何機制

適應度函數不是某種全新、可供架構師下載的框架，而是針對許多現有工具的一個新視角。注意定義中的詞**任何機制**——架構特性的驗證技巧，跟特性一樣地變化多端。適應度函數與許多現有的驗證機制重疊——依其使用方式而定：做為指標、監視器、單元測試程式庫、混沌工程等等，如圖 6-2 所示。

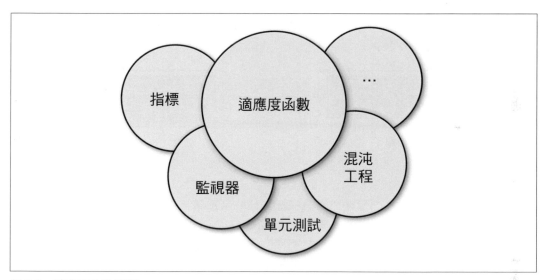

圖 6-2　適應度函數機制

依架構特性而定，有許多不同工具可用來實作適應度函數。例如在第 42 頁的「耦合」，我們介紹了評估模組化的指標。這裡有一些適應度函數的範例，用來測試模組化的各種不同面向。

循環依賴

模組化是大部分架構師都在乎的一種隱含架構特性，因為模組化不佳將傷害代碼庫的結構。因此，架構師應當優先處理優良模組化的維護。但在許多平台上，總有股力量與架構師的美好意圖有所違抗。例如，在任何一個受歡迎的 Java 或 .NET 開發環境寫程式時，如果參考到尚未匯入的類別，IDE 會輔助性地出現對話盒，詢問開發人員是否要自

動匯入這些參照。這種事發生的頻率高到大部分程式設計師都習慣把自動匯入對話盒直接拍掉，就像反射動作一樣。但是在程式碼之間任意匯入類別或元件，對模組化會是個災難。例如，圖 6-3 說明一個架構師應盡力避免別具破壞性的反模式。

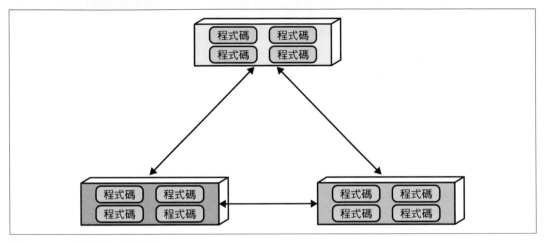

圖 6-3　元件之間的循環依賴

在圖 6-3，每個元件都參考其他元件的某些東西。像這樣的元件網路會傷害模組化，因為開發人員無法只復用單一元件，而必須把其他的全部帶上。當然如果其他元件又跟別的元件耦合，架構會越來越像大泥球（*https://oreil.ly/usx7p*）反模式。架構師如何管理這種行為，卻又不需要常常監看這些動輒開槍的開發人員？代碼審查雖有幫助，但在開發循環中已經是很後期，所以很難奏效。如果架構師允許開發團隊，在代碼審查前一個禮拜在整個代碼庫中隨意匯入，那麼代碼庫已經遭受嚴重的傷害。

此問題的解法是寫一個適應度函數來看管是否有循環存在，如範例 6-2 所示。

範例 *6-2*　偵測元件循環的適應度函數

```
public class CycleTest {
    private JDepend jdepend;

    @BeforeEach
    void init() {
        jdepend = new JDepend();
        jdepend.addDirectory("/path/to/project/persistence/classes");
        jdepend.addDirectory("/path/to/project/web/classes");
        jdepend.addDirectory("/path/to/project/thirdpartyjars");
    }
```

```
    @Test
    void testAllPackages() {
        Collection packages = jdepend.analyze();
        assertEquals("Cycles exist", false, jdepend.containsCycles());
    }
}
```

在程式碼中,架構師利用指標工具 JDepend(*https://oreil.ly/ozzzk*)檢查套件之間的依賴性。該工具了解 Java 套件的結構,所以如果有循環存在則測試失敗。架構師可以將此測試放入專案的持續建構,就不用擔心動輒開槍的開發人員不小心引入循環了。這是利用適應度函數,來看管軟體開發實務中的重要但不緊急事務的絕佳範例:它是架構師的一個重要考量,但對日復一日的程式設計卻幾乎沒影響。

主序列距離的適應度函數

在第 42 頁的「耦合」,我們介紹了更深奧的指標──主序列距離,這也是架構師可以利用適應度函數來驗證的,如範例 6-3 所示。

範例 6-3 主序列距離的適應度函數

```
@Test
void AllPackages() {
    double ideal = 0.0;
    double tolerance = 0.5; // 與專案相關
    Collection packages = jdepend.analyze();
    Iterator iter = packages.iterator();
    while (iter.hasNext()) {
        JavaPackage p = (JavaPackage)iter.next();
        assertEquals("Distance exceeded: " + p.getName(),
                ideal, p.distance(), tolerance);
    }
}
```

在程式碼中,架構師使用 JDepend 建立可接受值的一個臨界值──如果某個類別超出範圍則測試失敗。

這既是架構特性的客觀測量,也是開發人員與架構師在設計與實作適應度函數時,相互合作極其重要的一個例子。我們的意圖不是讓一群架構師遁入象牙塔去發展開發人員無法理解、深奧的適應度函數。

架構師在強加適應度函數到開發人員身上之前，必須確認他們知道目的何在。

適應度函數工具（包括一些特殊用途工具）的複雜度在過去幾年增加不少。一個這樣的工具是 ArchUnit（*https://www.archunit.org*）── 它是一種使用並受到 JUnit（*https://junit.org*）生態系的許多東西激發的 Java 測試框架。ArchUnit 提供多種事先定義好、被編寫為單元測試的管理規則，讓架構師能夠編纂特定的模組化測試。考慮圖 6-4 的分層架構。

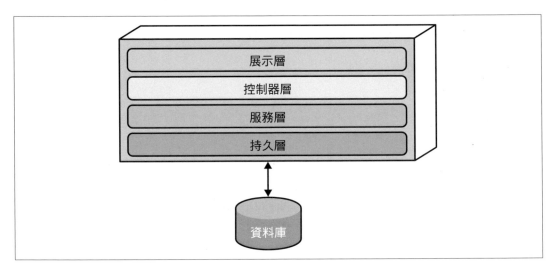

圖 6-4　分層架構

在設計像圖 6-4 的分層單體應用時，架構師有充分理由去定義各個分層（分層架構的動機、取捨、及其他面向在第 10 章討論）。但是架構師如何確認開發人員會遵守這些層的定義？有些開發人員可能不了解模式的重要性；有些則因為某種超越規則的局部考量（例如效能），而採取先斬後奏的態度。允許實作人員無視選定該架構的理由，將損害架構的長期健全性。

ArchUnit 讓架構師透過適應度函數處理這個問題，如範例 6-4 所示。

範例 6-4　管理分層的 *ArchUnit* 適應度函數

```
layeredArchitecture()
    .layer("Controller").definedBy("..controller..")
    .layer("Service").definedBy("..service..")
    .layer("Persistence").definedBy("..persistence..")

    .whereLayer("Controller").mayNotBeAccessedByAnyLayer()
    .whereLayer("Service").mayOnlyBeAccessedByLayers("Controller")
    .whereLayer("Persistence").mayOnlyBeAccessedByLayers("Service")
```

在範例 6-4，架構師定義了想實現的分層之間關係，並透過驗證適應度函數來管理。

在 .NET 領域有個類似的工具 NetArchTest（*https://oreil.ly/EMXpv*），可以讓人在該平台上進行類似的測試。用 C# 編寫的分層驗證顯示在範例 6-5。

範例 6-5　檢查分層依賴性的 *NetArchTest*

```
// 位於展示層的類別不應直接參照資料庫
var result = Types.InCurrentDomain()
    .That()
    .ResideInNamespace("NetArchTest.SampleLibrary.Presentation")
    .ShouldNot()
    .HaveDependencyOn("NetArchTest.SampleLibrary.Data")
    .GetResult()
    .IsSuccessful;
```

另一個適應度函數的範例是 Netflix 的混世猴子（Chaos Monkey）及隨後的人猿軍團（Simian Army，*https://oreil.ly/GipHq*）。特別是一致性、安全性、以及看門猴乃為此種做法的例證。一致性猴子讓 Netflix 的架構師，定義出生產環境的猴子所強制要求的管理規則。例如，如果架構師認定每個服務對所有的 RESTful 動詞都必須及時回應，那麼他們會把此項檢查設置到一致性猴子裡。同樣地，安全性猴子會檢查每個服務，看看是否有常見的安全性缺陷──例如某些埠號不該啟動，或者有否一些設定錯誤。最後，看門猴會查找不再有任何服務需要的各個實例。Netflix 的架構是演進式的，所以開發人員得常規地遷移至較新的服務，使得舊服務不再有合作方存在。因為雲端執行的服務得花錢，看門猴會找出這些孤兒服務程序，將其解離出生產環境。

人猿軍團的起源

在 Netflix 決定將運維搬到亞馬遜雲端時，架構師擔心他們失去對運維的掌控——如果運維出現問題怎麼辦？為解決此問題，他們利用原來的混世猴子創造一個混沌工程學門，以及最終的人猿軍團。混世猴子模擬生產環境中常見的混亂，以檢視系統應付這種情況的能力有多高。有些 AWS 實例會有延遲性的問題，所以混世猴子會去模擬高延遲（這個問題重要到最終還為其創造一個特殊的猴子——延遲性猴子）。像 Chaos Kong（模擬整個亞馬遜資料中心出錯）這類工具，幫助 Netflix 在問題真實發生時避免運行中斷。

混沌工程提供一個關於架構、有趣又新穎的視角：問題不在於最終是否會出錯，而是什麼時候才出錯。先行預料有哪些故障點並測試以避免其發生，能夠讓系統變得更為強固。

幾年前，Atul Gawande 一本有影響力的書《清單革命》（*https://oreil.ly/XNcV9*）描述像飛機駕駛、外科醫師這類行業是如何利用清單的（有時是法律要求的）。這不是因為這些專業人士不知道如何做自己的工作，或容易健忘。相反地，專業人員在重複進行非常仔細的工作時，很容易遺漏細節；此時簡潔的清單就成為有效的提醒工具。這是看待適應度函數的正確視角——適應度函數不是重量級的管理機制，而是提供一個機制，讓架構師得以表達重要的架構原理、並且對其進行自動驗證。開發人員知道不應該發行不安全的程式碼，但對忙碌的開發人員來說，這個優先順序必須跟其他數十、或數百個優先順序競爭。像安全性猴子這種特殊工具、以及像適應度函數這類一般工具，使得架構師能將重要的管理檢查事項編寫進去架構的底層。

第七章

架構特性之範圍

一個在軟體架構的世界很流行的公理性假設,就是認定架構特性乃位於系統層級。例如,當架構師談到可擴展性,討論總圍繞在整個系統的可擴展性。十年前這樣的假設還算安全,那時幾乎所有的系統都是單體式。隨著現代工程技巧、及其所帶動之架構風格的到來——像是微服務,架構特性的範圍已經變窄很多。這是一項公理,隨著軟體開發生態系的持續且快速的演進,而逐漸變成不合時宜的最佳例子。

在寫《建立演進式系統架構》(*http://evolutionaryarchitecture.com*)時,作者需要一個測量特定架構之結構演化能力的技巧。現有的測量無法提供所需層次的正確細節。在第 77 頁的「結構測量」,我們討論多種程式碼層級的指標,使架構師得以分析架構的結構面向。然而,所有這些指標只揭露程式碼的低階細節,無法評估代碼庫之外、仍然會影響許多架構特性(特別是與運維相關)的依賴性元件(例如資料庫)。例如,不管架構師花多大工夫設計一個高效或彈性代碼庫,如果使用的資料庫不滿足這些特性,那麼應用本身也不會成功。

在評估許多運維架構特性的時候,架構師必須考慮代碼庫之外、影響架構特性的依賴性元件。因此,架構師需要別的方法來測量這種依賴性。如此導致《建立演進式系統架構》的作者們定義出**架構量子**這個詞。為了理解架構量子的定義,我們必須檢視一個關鍵指標——共生性。

耦合與共生性

許多程式碼層次的耦合指標，例如**傳入**與**傳出**耦合（在第 77 頁的「結構測量」討論過），揭露的細節太細，不適合用在架構分析。在 1996 年，Meilir Page-Jones 出版一本叫做《*每位程式設計師該知道的物件導向設計*》（Dorset House）的書，裡面有許多測量耦合的新方法──稱為**共生性**，其定義如下：

共生性

> 兩個元件的關係是共生──如果其中一個改變，另一個也得改變才能維持系統的整體正確性。

他定義兩種共生性：**靜態**──透過靜態的程式碼分析來獲得，以及**動態**──跟執行期的行為有關。要定義架構量子，我們得測量兩個元件如何「連接」起來，也就對應到共生性的概念。例如，如果微服務架構的兩個服務共享某個類別相同的類別定義，例如**地址**，那麼我們辯稱兩者為**靜態共生**──如果此共享類別有變更，兩個服務也得跟著變動。

至於動態共生性有兩種：**同步**與**非同步**。如果是兩個分散式服務之間的同步呼叫，呼叫方得等候被呼叫方的回應。另一方面，**非同步**呼叫讓事件驅動架構可以實現射後不理，使得兩個不同服務的運維架構可以有所不同。

架構量子與顆粒度

元件層級的耦合不是綑綁軟體的唯一可能。眾多業務概念從語義上將系統的許多部分綑綁在一起，創造出**功能性內聚**。要能成功地設計、分析、及演進軟體，開發人員必須考量所有可能失效的耦合點。

許多懂科學的開發人員從物理學知道跟量子有關的概念，也就是交互作用中最小單位的物理實體。量子這個字來自於拉丁文，意思為「多大」或「多少」。我們採用這個觀念來定義架構量子：

架構量子

> 具備高功能性內聚及同步共生性，能被獨立部署的工件

此定義包含好幾個部分，拆解如下：

能被獨立部署

一個架構量子包含所有必要的元件，使能獨立於架構的其他部分運作。例如有個應用使用到資料庫，則資料庫是量子的一部分——因為沒有它的話系統無法運作。這個要求意味著：依照定義，實際上使用單一資料庫部署的所有舊系統，就是擁有單個量子的系統。但如果是微服務架構，每個服務有自己的資料庫（微服務**有界背景**驅動哲學的一部分，在第 17 章詳細討論），所以架構中便有多個量子。

高功能性內聚

元件設計的**內聚性**指的是元件內含的程式碼在目的的統一性上面有多好。例如，一個屬性與方法都跟**客戶**實體有關的客戶元件擁有高內聚性。然而一個由各種方法隨機組合的工具元件，就不存在那麼高的內聚性。

高功能性內聚暗示該架構量子乃用來實現某個目的。在傳統單一資料庫的單體應用中，此差別無關緊要。但對微服務架構來說，開發人員設計的每個服務乃應對單獨一個工作流程（**有界背景**，在第 90 頁的「領域驅動設計的有界背景」討論），所以會展現高功能性內聚。

同步共生性

同步共生性暗示在應用背景下、或形成架構量子的分散式服務之間，採用的是同步呼叫。例如在微服務架構下，如果有個服務以同步方式呼叫另一個，則每個服務在運維架構特性上不可能有太極端的差異。如果呼叫方比被呼叫方的擴展性好很多，逾時及其他可靠度方面的顧慮就會出現。因此同步呼叫在呼叫期間將建立動態共生性——如果一方正在等待另一方，那麼它們的運維架構特性在此呼叫期間必須相同才行。

在前面的第 6 章，我們定義了傳統耦合指標與共生性的關係，其中並未包含新的**通信共生性**測量。圖 7-1 對此做出更新。

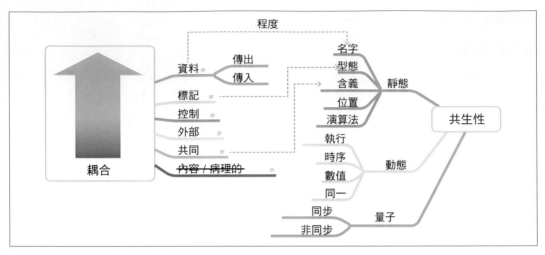

圖 7-1　把量子共生性加入統整圖

還有另一個例子。考慮一個微服務架構，有付款與拍賣兩個服務。當拍賣結束，拍賣服務會把付款資訊傳給付款服務。但假設付款服務每 500 毫秒只能處理一筆付款，那麼當大筆拍賣同時結束時會如何？設計不佳的架構會讓第一次呼叫通過，其他的則會逾時。而另一個做法，架構師可能讓付款與拍賣服務之間有一個非同步通信連結，讓訊息佇列暫時緩衝兩邊的差異性。在此例中，非同步共生性建立的架構更靈活。我們在第 14 章再仔細討論這個主題。

領域驅動設計的有界背景

Eric Evans 的書《領域驅動設計》（Addison-Wesley Professional）深深地影響了現代的架構思維。領域驅動設計（DDD）（*https://dddcommunity.org*）是一種建模技巧，讓我們得以對複雜問題領域進行有組織的分解。DDD 定義了**有界背景**，與領域有關的所有事物對內皆為可見，但對其他的有界背景則為不透明。在 DDD 之前，開發人員尋求的是組織內共有實體的全面復用。但是要打造共享的工件卻引發許多問題，例如耦合、協調更加困難、以及複雜度增加。**有界實體**的概念認知到每個實體在局部化的背景下，方能有最佳的表現。因此，不必讓整個組織有一個統一的客戶類別，而是在每個問題領域建造自己的類別，並在整合點再調和之間的差異。

架構量子的概念為架構特性提供新的眼界——在現代系統上，架構師是在量子層次、而非系統層次定義架構特性。透過在更狹窄的範圍內檢視重要的運維考量，架構師能儘早辨識架構上的挑戰，導向混合架構的採用。要說明架構量子測量所提供的範圍界定，考慮另一個架構套路：「繼續、繼續、成交」。

案例研究：「繼續、繼續、成交」

在第 5 章，我們介紹了架構套路的概念。考慮一個跟線上拍賣公司有關的套路。此架構套路得描述如下：

描述

> 拍賣公司想把線上拍賣拓展到全國。客戶選擇想參加的拍賣、等待拍賣開始、然後出價，就好像跟拍賣商待在同一個房間一樣。

使用者

> 每個拍賣可以擴展到容納幾百個、甚至幾千個參加者，而且能同時進行的拍賣數目越多越好。

需求

- 拍賣越即時越好。

- 出價者用信用卡註冊，如果得標則系統自動扣款。

- 必須透過信譽指數追蹤參加者。

- 出價者能看到拍賣現場的視訊串流、以及所有即時的出價。

- 線上及現場出價必須依照出價順序接收。

額外背景

- 拍賣公司透過合併較小的競爭者積極地擴張。

- 預算無限制，這是公司的策略方向。

- 公司剛擺脫一項指控詐欺的訴訟。

如同第 67 頁的「案例研究：Silicon Sandwiches」，架構師得考量每個需求，才能確認架構特性：

1. 「全國」、「擴展到容納幾百個、甚至幾千個參加者，而且能同時進行的拍賣數目越多越好」、「拍賣越即時越好」。

   這裡的每個需求都暗示要有能夠支援某絕對數目使用者的可擴展性，以及能夠支援拍賣之突發特性的彈性。雖然需求明白地提出可擴展性，但是依照問題領域來看，彈性卻是一種隱含特性。考慮拍賣的過程，使用者在整個過程中是有禮貌地均勻出價，或者在拍賣即將結束時變得比較狂熱？領域知識對架構師能否捕捉到隱含的架構特性，可謂至關重要。在拍賣即時性的本質下，架構師必然得將效能視為一個關鍵的架構特性。

2. 「出價者用信用卡註冊，如果得標則系統自動扣款」、「公司剛擺脫一項指控詐欺的訴訟」。

   這兩個需求清楚指出安全性這項架構特性。如第 5 章的討論，實際上在每個應用中，安全性都是一種隱含的架構特性。所以依照架構特性第二部分的定義，這些需求會影響設計的某種結構面向。架構師該做些特殊設計以容納安全性，或者一般的設計與程式設計保全法則就夠了？已經有架構師透過設計，開發出安全地處理信用卡的技巧了，所以不用打造特殊結構。例如，只要開發人員確認不把信用卡號存成純文字，並且在傳遞時進行加密等等，那麼架構師不必為安全性做特殊考量。

   然而針對第二句話，架構師應當停下來並要求進一步澄清。明顯地，安全性的某些面向（詐欺）在以往是個問題，所以架構師應要求更多的輸入訊息——不管是要設計哪種層級的安全性。

3. 「必須透過信譽指數追蹤參加者」。

   此需求暗示著一些古怪的名字——例如「反 - 可 X 性」，但是需求中的 _追蹤_ 則暗示某些架構特性，像是可稽核性及可登錄性。再次地，這裡的決定因素又回到很明確的特性上——這是在問題領域範圍之外嗎？架構師得記住得出架構特性的分析只能夠代表整體所需功夫（設計與實作應用程式）的一小部分——過了這個階段設計上的工作還多得是！在這部分的架構定義中，架構師乃是在尋找領域尚未覆蓋、但卻具備結構影響力的需求。

這裡有個有用的試金石，讓架構師用來判定領域 vs. 架構特性：需要領域知識才能對其進行實作，或者它是一個抽象的架構特性？在「繼續、繼續、成交」套路中，遇到「信譽指數」這個詞的架構師得找個商業分析師、或相關主題的專家，來解釋一下他們的想法。換言之，「信譽指數」這個詞不像更常見的架構特性那樣，有標準的定義。做為反例，當架構師討論**彈性**——處理使用者數目突發的能力，他們能純抽象地討論架構特性，不管考慮的是哪種應用：金融、目錄網站、串流視訊等等。架構師必須判定某個需求是否還沒涵蓋在領域內，**並且**需要特別的結構，使得該考量被提昇到架構特性的層次。

4. 「拍賣公司透過合併較小的競爭者積極地擴張」。

此需求雖然對應用的設計沒有立即的影響，卻有可能在許多選項的取捨下，成為決定性的因素。例如，架構師常常得對一些細節做出選擇，像是整合架構的通信協定：如果不考慮與新併入的公司整合，架構師便能自由選擇跟問題特定相關的做法。反過來說，架構師得選擇不那麼完美的方案，以遷就某些額外的取捨考量，例如像互通性。像這類細微的隱性架構特性充斥在架構裡面，也因此說明了為何這種工作面臨著許多挑戰。

5. 「預算無限制，這是公司的策略方向」。

有些架構套路對解決方案施加預算限制，代表了在實際上常見到的一種取捨。但是在「繼續、繼續、成交」套路中並未如此，這讓架構師得以選擇更詳細及/或特殊的架構，使其在後續的需求中更顯優勢。

6. 「出價者能看到拍賣現場的視訊串流、以及所有即時的出價」、「線上及現場出價必須依照出價順序接收」。

此需求展示一個有趣的架構挑戰，其無疑地會影響應用的結構，並且揭露了如果將架構特性視為針對整體系統之評估，並無法帶來任何用處。考慮可用性——該需求對整個架構來說是一致的嗎？也就是說，某個出價人的可用性有比其他幾百人之一的可用性來得重要嗎？明顯地，架構師當然希望上述兩方得到的測量數字都很好，但是很明顯地有一方更重要：如果拍賣人上不了線，那麼沒有人能夠在線上出價。可靠度常跟可用性一同出現——它關心的是運維的面向，像是上線時間、資料完整性、以及其他反映應用有多可靠的測量。例如在一個拍賣網站，架構師得確保訊息順序的可靠及正確——透過消除競爭條件的發生以及其他問題。

「繼續、繼續、成交」套路的最後這個需求，強調了必須在更細微的視野、而非系統層次上來檢視架構。利用架構量子的測量，架構師從量子層次檢視架構特性。例如在「繼續、繼續、成交」，架構師注意到架構的不同部分必須有不同的特性：出價資訊串流、線上出價人、拍賣人是三個明顯不同的選擇。架構師利用架構量子的測量做為思考部署、耦合、資料該擺在哪兒、以及架構通信方式的一種方法。在這個套路中，架構師透過架構量子分析分析不同的架構特性，使其在設計過程的早些時候便採取了混合式的架構設計。

因此在「繼續、繼續、成交」中，我們辨識出底下的量子及其相應的架構特性：

出價人回饋

包含出價串流及視訊串流

- 可用性
- 可擴展性
- 效能

拍賣人

現場的拍賣人

- 可用性
- 可靠性
- 可擴展性
- 彈性
- 效能
- 安全性

出價人

線上出價人與出價

- 可靠性
- 可用性
- 可擴展性
- 彈性

第八章

以元件為基礎的思維

在第 3 章，我們談到**模組**是相關程式碼的集合。然而架構師通常以**元件**——模組的實體展現，來進行思考。

開發人員以不同的方法打包模組，有時候是依其開發平台而定。我們把模組的實體打包稱為**元件**。大部分語言也支援實體打包：Java 的 **jar** 檔案、.NET 的 **dll**、Ruby 的 **gem** 等等。本章要圍繞元件——從其範圍到發掘，來討論架構上的一些考量。

元件的範圍

開發人員發現因為許多因素，將**元件**的概念進行細分很有用。其中一些顯示在圖 8-1。

元件提供一個與特定語言相關、將軟體工件集合的機制，且透過嵌套常常能夠產生各種分層。如圖 8-1 所示，相較於類別（或非物件導向語言的函數），最簡單的元件是以更高層次的模組化包裝程式碼。這個單純的包裝產物常被稱為**程式庫**，它比較傾向於與呼叫它的程式在相同的記憶體位址執行，並透過語言的函數呼叫機制來進行通信。程式庫通常具有編譯時期的依賴性（有些顯著的例外像是動態連結程式庫 DLLs，禍害了視窗用戶好多年）。

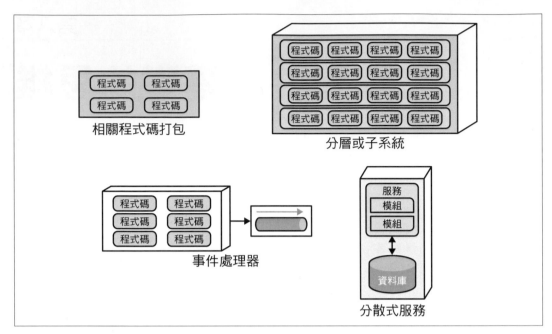

圖 8-1　各種不同元件

元件也會以架構上的子系統或分層出現，就像許多事件處理器上的可部署工作單元。另一種元件——**服務**，傾向於在自有的位址空間運行，並透過低階網路協定（像 TCP/IP）、或較高階的格式（像 REST 或訊息佇列）進行通信，成為像微服務之類架構上獨立可部署的單元。

沒有什麼事讓架構師非使用元件不可——之所以就這麼發生是因為相較於語言提供的最低層次模組化，更高層次的模組化常帶來好處。例如在微服務架構中，簡單是其中一項架構原理。因此，一個服務的程式碼最多只夠保證其為元件而已，或簡單到只有少少的程式碼，如圖 8-2 所示。

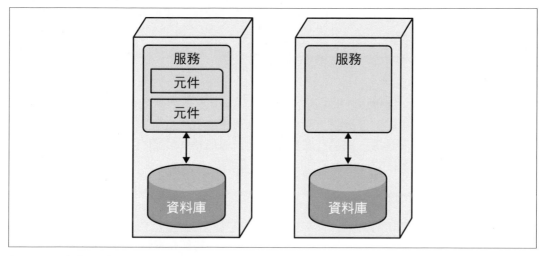

圖 8-2　一個微服務的程式碼可能少到不必使用元件

元件構成了架構的模組化基本組件，使其成為架構師的一項重要考量。實際上架構師的一項主要決策便與架構中元件的頂層分割有關。

架構師的角色

通常架構師定義、改進、安排、管理架構中的元件。軟體架構師與商業分析師、主題專家、開發人員、品管工程師、運維團隊、以及企業架構師合作，利用第 4 章討論的架構特性及軟體系統的需求，打造軟體的初步設計。

實際上本書涵蓋的所有細節，跟團隊使用哪種軟體開發程序無關：架構獨立於開發程序。這項規則的主要例外，與各種不同特色的敏捷軟體開發所開創的工程實務有關——特別是在部署與自動化管理的領域。然而一般來說，軟體架構與程序是分開存在的。因此架構師最終並不在乎需求源自何處：不管形式上是聯合應用設計（JAD）程序、冗長的瀑布流分析與設計、敏捷故事卡片等等，或上述的任何混合變形。

通常元件是架構師與軟體系統直接互動的最底層——除了第 6 章所討論、影響整體代碼庫的眾多程式碼品質指標之外。元件由類別或函數（依實作平台而定）構成，其設計由技術領導或開發人員負責。並不是說架構師不應介入類別設計（特別是在發掘或套用設計模式的時候），而是他們應該避免微觀管理系統裡從上到下的每個決策。如果架構師不允許其他角色做重要的決定，組織要賦能下個世代的架構師將會非常辛苦。

架構師在新專案的最初工作之一，就是辨認所需的元件。但在辨認元件之前，他們必須知道如何分割架構。

架構分割

軟體架構第一法則說，軟體的每件事皆是取捨，這也包括架構師如何打造架構中的元件。因為元件代表通用的容器機制，架構師可以隨意建立任何形式的分割。有許多常見的樣式或風格存在，而且每一種都有各自不同的一組取捨。我們會在第二部分深入討論架構風格。這裡討論風格的一個重要面向，亦即架構的**頂層分割**。

考慮兩種架構風格，如圖 8-3 所示。

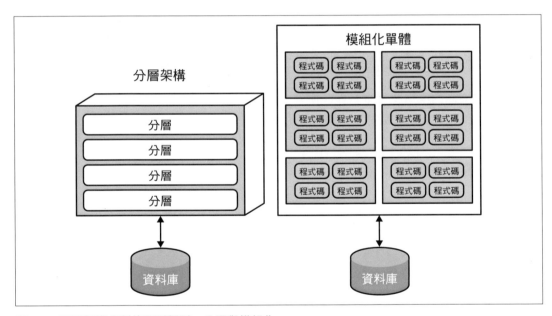

圖 8-3　頂層架構分割的兩種類型：分層與模組化

在圖 8-3，一種許多人熟悉的架構是**分層單體**（在第 10 章詳細討論）。另一種則是由 Simon Brown 推廣（*https://www.codingthearchitecture.com*）的架構風格、被稱為**模組化單體**——有一個資料庫的單一部署單元、而且是依領域而非技術能力來進行分割。這兩種風格代表**頂層分割**架構的不同方法。注意在每種變形中，每一個頂層元件（分層或元件）可能都還內嵌其他元件。架構師對頂層分割特別感興趣，因其定義了基本的架構風格以及程式碼的分割方法。

依照技術能力、比如像分層架構來對架構進行組織，就是所謂的**技術頂層分割**。圖 8-4 顯示一種常見的版本。

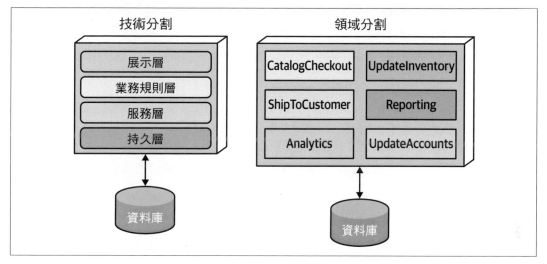

圖 8-4　架構頂層分割的兩種方式

在圖 8-4，架構師把系統功能依**技術能力**分割：展示層、業務規則層、服務層、持久層等等。這種組織代碼庫的方式有其道理。持久層的所有程式碼都在架構上的同一層，所以開發人員很容易便可找到持久層相關的程式碼。即使分層架構的基本概念在早前數十年便已出現了，但是模型 - 視圖 - 控制器設計模式跟這種架構模式匹配，所以很容易讓開發人員了解。因此在許多組織內，此常為預設的架構。

分層架構的支配性地位還有個有趣的副作用，就是公司如何安排不同專案角色的座位。使用分層架構時，這麼做是有其道理的：讓所有後端開發者待在一個部門、資料庫管理員在另一個、展示層團隊又在另一個等等。因為 *Conway 法則*，在組織內這麼做是有道理的。

Conway 法則

回到 1960 年代晚期，Melvin Conway（*https://oreil.ly/z2Swa*）觀察到所謂的 *Conway* 法則：

> 「設計系統的組織⋯受到制約，以致於產出的設計正好複製了組織的通信結構。」

用別的話來解釋，此法則暗示當一群人設計某種技術工件時，這群人之間的通信結構最終會在設計上複製。組織各層級的人員看到此法則正在發揮作用，而且有時候還依據它做決策。例如，組織常依照技術能力區分工作人員。單純從組織的觀點來看這是合理的，但卻因為人為阻隔了共同關切的事項，使合作的開展受到阻礙。

一個與之相關、由 ThoughtWorks 的 Jonny Leroy 觀察到的則是反向 Conway 操縱（*https://oreil.ly/9EYd6*），它暗示著應該讓團隊及組織的結構一起演進，以促成期望架構的實現。

圖 8-4 中的其他架構變形還有受 Eric Evan 的書《領域驅動設計》（DDD）所啟發的領域分割。DDD 是一種分解複雜軟體系統的建模技巧。在 DDD，架構師得辨識出彼此獨立、互不影響的領域或工作流程。微服務架構（在第 17 章討論）正是基於這種哲學。在模組化單體，架構師乃依照領域或工作流程分割架構，而非技術能力。因為元件常嵌套至另一個元件，圖 8-4 中領域分割（例如 *CatalogCheckout*）的每個元件可能使用一個持久性程式庫、並且有另一個分層處理業務規則，但其頂層分割仍然是圍繞著領域進行。

不同架構模式的一項基本差異乃在於其支援哪一種頂層分割，而我們對個別分割模式也進行過討論。它對於架構師在一開始如何辨認元件，也有巨大影響──架構師會在技術上或依照領域來進行分割？

使用技術分割的架構師，會依照技術能力組織系統的元件：展示、業務規則、持久等等。所以，架構的一項組織原則就是**分離技術考量**。這樣接著便可以創造出很有用的解耦合程度：如果服務層只連接到底下的持久層與上面的業務規則層，那麼持久層的改變只可能影響到這些層。這種分割方式提供一個去耦合的技巧，減低相依元件所遭受的漣漪副作用。我們在第 10 章的分層架構模式，會對此架構進行更仔細的討論。利用技術分割來組織系統當然合乎邏輯，但就像軟體架構的每件事，這麼做有其取捨。

技術分割強加的隔離，讓開發人員得以快速找到特定分類的代碼庫，因其組織方式乃依照能力進行區分。但是實際上大部分的軟體系統，也需要橫跨技術能力的工作流程。考慮常見的業務工作流程 *CatalogCheckout*。在技術分層架構中，處理 *CatalogCheckout* 的程式碼出現在所有分層，如圖 8-5 所示。

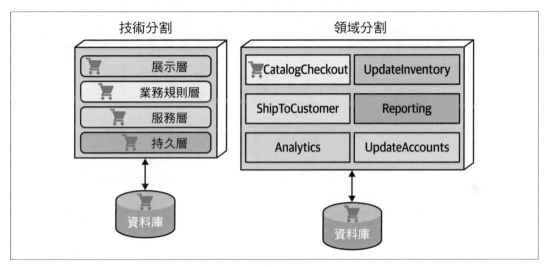

圖 8-5　在技術及領域分割架構中，領域 / 工作流程出現的地方

圖 8-5 中的技術分割架構，*CatalogCheckout* 在所有層出現，也就是該領域被混入各技術層裡面。把這個跟領域分割——依據領域、而非技術能力來組織元件的頂層分割進行對照。在圖 8-5 中，設計領域分割架構的架構師，乃是圍繞著工作流程及 / 或領域來打造頂層元件。領域分割的每個元件可能還有子元件（包含分層），但頂層的分割仍聚焦在領域上——而領域能更好地反映最常發生在專案的各種變化。

上面談到的做法沒有哪一個比較正確——請參考軟體架構第一法則。儘管如此，過去幾年我們觀察到在單體及分散式架構上（例如微服務），有一個公認傾向於領域分割的業界趨勢。然而，這不過是架構師一開始得做的其中一個決定。

案例研究：Silicon Sandwiches：分割

考慮之前的一個範例套路——第 67 頁的「案例研究：Silicon Sandwiches」。在導出元件時，架構師面臨的一項基本決策就是頂層分割。考慮 Silicon Sandwiches 兩種不同可能性的第一個——領域分割，如圖 8-6 所示。

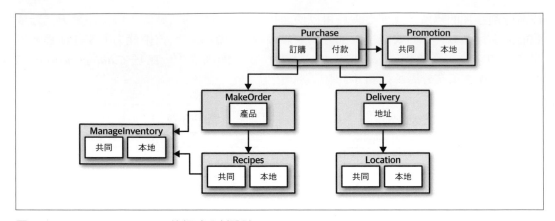

圖 8-6　Silicon Sandwiches 的領域分割設計

圖 8-6 中，架構師圍繞領域（工作流程）進行設計，創造出 Purchase、Promotion、MakeOrder、ManageInventory、Recipes、Delivery、Location 等各種元件。這麼多元件內部還有個處理所需的各種客製化的子元件，並且涵蓋了共同（common）及本地（local）相關的各種變化形式。

另一種設計把 common 與 local 兩個部分隔離到自己的分割內，如圖 8-7 所示。Common 與 Local 代表頂層元件，並由剩下的 Purchase 與 Delivery 處理工作流程。

哪個比較好？視情況而定！每種分割各有其不同的優缺點。

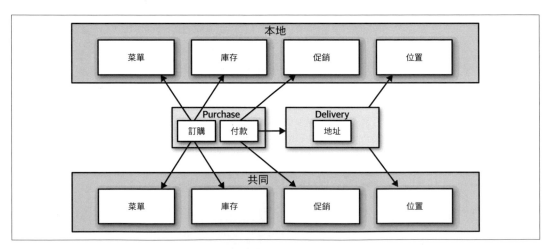

圖 8-7　Silicon Sandwiches 的一種技術分割設計

領域分割

領域分割的架構乃依照工作流程及 / 或領域，來區分頂層元件。

優點

- 建模方式更接近商業運作，而非實作細節
- 比較容易利用反向 Conway 操縱，圍繞著領域來打造跨功能團隊
- 跟模組化單體及微服務架構風格更為一致
- 訊息流與問題領域匹配
- 容易將資料與元件遷移至分散式架構

缺點

- 客製化程式碼出現在好幾個地方

技術分割

技術分割架構乃依照技術能力、而非個別工作流程，來區分頂層元件。這種做法會顯化為一些分層，且這些分層乃受到模型 - 視圖 - 控制器分隔、或其他某種特定的技術分割所啟發。圖 8-7 乃依照客製化的觀點來區分元件。

優點

- 清楚地將客製化程式碼區分開來。
- 跟分層架構模式更為一致。

缺點

- 全域耦合的程度較高。不管是更動 Common 或 Local 元件都可能影響所有其他元件。
- 開發人員可能得複製領域概念到 common 與 local 分層。
- 一般來說在資料層級會有更高的耦合。在一個這樣的系統，應用與資料架構師可能合作打造單一資料庫，裡面還包含了客製化與領域。這樣反而會在架構師稍後想把架構遷移到分散式系統時，在釐清資料的關係上造成困難。

還有許多其他因素，都會影響架構師如何決定為設計採用何種架構風格。這會在第二部分討論。

開發人員的角色

開發人員通常拿著與架構師共同設計的元件，將其進一步拆分成類別、函數、或子元件。一般來說，類別與函數的設計是架構師、技術領導、開發人員的共同責任，但最大一份是留給開發人員。

開發人員絕不應該把架構師設計的元件視為定論，因為所有的軟體設計皆因迭代而獲得好處。相反地，那種初步設計應被視為第一版草稿，從實作中才能揭露更多細節與改進。

元件確認流程

元件的確認如果以迭代的方式行使則效果最佳——也就是透過產生候選方案、並藉由回饋進行改進，如圖 8-8 所示。

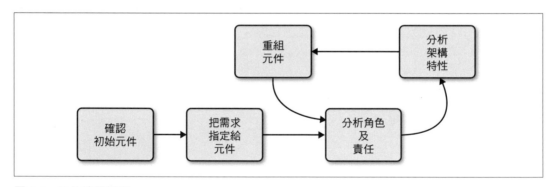

圖 8-8　元件確認循環

這個循環描繪一個一般性的架構展開循環。某些特殊領域可將其他步驟加入這個程序，或將其整個改掉。例如，在某些領域，有些程式碼必須在程序中進行安全性或稽核等步驟。圖 8-8 的各個步驟會在底下各節敘述。

確認初始元件

軟體專案在出現任何程式碼以前，架構師多少得決定：根據選定的頂層分割，應該從什麼頂層元件開始著手。在此之外，架構師便可自由決定想要的元件，使其與領域功能對應，以了解哪個行為該擺在哪兒。雖然聽起來似乎很隨意，但如果架構師從零開始設計系統，那麼要從更具體的事物開始可不容易。利用最初的一組元件來實現一個好的設計，其可能性小到可以忽略。這就是為什麼架構師必須進行迭代設計，以改善元件。

把需求指定給元件

一旦架構師確認好初始元件，接著要將需求（或使用者故事）與元件對齊，檢視契合程度有多高。這可能牽涉到打造新元件、鞏固現有元件、或拆分元件使其免於背負太多責任。這種對應不必太精確——架構師還在嘗試找出一個夠好但粗略的基石，再讓架構師、技術領導、及／或開發人員進一步設計與改進。

分析角色及責任

指定故事給元件的時候，架構師也得檢視在探視需求的過程中，被闡明的各種角色與責任，以確認顆粒度是否匹配。思索應用必須支援的角色與行為，使架構師得以讓元件及領域的顆粒度保持一致。架構師最大的一個挑戰跟發掘元件的正確顆粒度有關，因此也促使人們採用這裡描述的迭代做法。

分析架構特性

指定需求給元件時，架構師應檢視早先發現的架構特性，以思索它們將如何影響元件的分割與顆粒度。例如，如果系統有兩個部分處理使用者輸入，則必須同時處理幾百個使用者的那個部分，相較於只需處理幾個使用者的部分，就需要不同的架構特性。所以從純功能層面來看件的設計，可能只需要單一元件來處理與使用者的互動，但是在分析架構特性後便會導致元件進一步的細分。

重組元件

回饋在軟體設計上至關重要。所以架構師必須持續以迭代方式，與開發人員進行元件設計。軟體設計會遭遇各種預期外的困難——沒有人能預期常發生在軟體專案過程的所有未知的問題。因此，以迭代方式設計元件是個關鍵。首先，不可能考慮到所有終將出現的不同發現及邊緣情況，而這些狀況都將促成重新設計。第二，一旦架構師與開發人員更深入到打造應用的階段，他們對行為與角色的安排會有更細微的了解。

元件的顆粒度

找出元件恰當的顆粒度是架構師最困難的工作之一。顆粒太細的元件設計,導致元件間的通信過度頻繁才能獲得結果。至於顆粒太粗的元件設計讓內部耦合過高,使得可部署性與可測試性遇到困難、以及在模組化方面產生負面的副作用。

元件設計

設計元件沒有公認「正確」的方法。反而是有很多種技巧,而且每種都各有自己的取捨。在各種程序中,架構師拿到需求,然後嘗試判斷可以利用哪些粗顆粒的組件來實現應用。不同的技巧有很多,取捨各自不同、也跟團隊與組織採用的軟體開發程序有關。我們在這裡討論一些發現元件、以及該避開之陷阱的常用方法。

發現元件

架構師常跟其他人,像是開發人員、商業分析師、主題專家合作,打造初步的元件設計。此設計乃基於針對系統的一般知識,以及選擇如何將其分解(依照技術或領域分割)而定。團隊的目標是一個把問題空間分割成粗略團塊的初步設計,並且已經將不同的架構特性考慮在內。

實體陷阱

雖然沒有確認元件的唯一正確方法,但潛在上卻可能遇到一個反模式:**實體陷阱**。假設有位架構師為「繼續、繼續、成交」套路設計元件,最後得到一個類似圖 8-9 的設計。

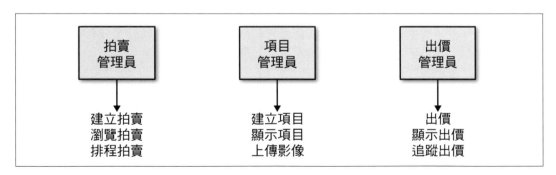

圖 8-9　打造一個物件關聯對映的架構

圖 8-9 中，架構師基本上依據在需求中確認的每個實體，來打造一個 Manager 元件。這不算是架構，而是一個從框架到資料庫的元件關聯對映。換言之，如果系統只需要簡單的資料庫 CRUD 操作（建立、讀取、更新、刪除），那麼架構師就可以下載框架，從資料庫直接建立使用者介面。

裸物件與類似框架

十年多前出現了一組框架，讓打造簡單的 CRUD 應用變得微不足道——裸物件（Naked Objects）便是這樣的框架。之後裸物件分成兩個專案，.NET 版本仍被稱為裸物件（*https://oreil.ly/RQ8XQ*），另一個移到 Apache 開源基金會的 Java 版本則被稱為 Isis（*http://isis.apache.org*）。這些框架背後的前提是要在資料庫實體的基礎上，來打造使用者介面前端程式。例如在裸物件上，開發人員把框架指向資料庫表格，框架便會依據表格及被定義好的關係來建造使用者介面。

還有許多其他受歡迎的框架，基本上依據資料庫表格的結構，來提供一個預設的使用者介面：Ruby on Rails（*https://rubyonrails.org*）框架的鷹架功能，提供從網站到資料庫、相同的預設對映（還有許多選項，可用來擴充並增加最終應用的複雜性）。

如果架構師只需要從資料庫到使用者介面的簡單對映，那就不需要一個充分完整的架構——上述的任一個框架已經足夠。

當架構師把資料庫關係，錯誤地認定成應用裡面的工作流程——現實中很少出現這樣的對應關係，此時實體陷阱反模式便會出現。更確切地說，這種反模式通常顯示對應用的真實工作流程欠缺思考。在實體陷阱下打造的元件傾向於太過粗略，以致於無法在原始碼的打包及整體結構上，為開發團隊提供任何的指引。

行動者 / 動作方法

行動者 / 動作方法，是架構師把需求對應到元件的時候，很受歡迎的一種方法。此方法最初來自於統一開發軟體過程，架構師得確認透過應用進行活動的行動者，及其可能執行的動作。此方法提供一個找出系統的典型使用者、及其可能利用系統做些什麼事的技巧。

行動者 / 動作方法隨著特定的軟體開發程序（特別是那些偏好大量前期設計、更加正式的程序），也變得受到歡迎。如果從需求揭示的特點擁有眾多不同的角色及其各種動作，則這個方法仍然受到歡迎且運作良好。這種元件分解的方法對所有種類的系統都運作良好，不管其為單體或分散式系統。

事件風暴

做為元件發現的一項技巧，**事件風暴**來自於領域驅動設計（DDD），並且跟微服務（也受到 DDD 的深遠影響）一樣受到歡迎。在事件風暴，架構師假定專案使用訊息及 / 或事件，做為各種元件之間的通信機制。為達成此目的，團隊依據需求及已被確認過的角色，嘗試去判斷系統會發生哪些事件，並且圍繞這些事件及訊息處理程式來打造所需的元件。這套方法在分散式架構（例如使用事件與訊息的微服務）運作良好，因為它能夠幫助架構師定義最終在系統中使用的訊息。

工作流程方法

事件風暴之外的另一個方法，為不使用 DDD 或傳訊的架構師提供一個更一般性的做法。**工作流程方法**模擬工作流程周遭的元件——蠻像事件風暴的做法，但沒有必須建造以訊息為基礎之系統這樣的明顯限制。工作流程方法乃是確認關鍵角色，接著判斷角色參與的工作流程種類，再圍繞這些確認的活動來打造元件。

這些技巧沒有哪個比較好，因為每個都有不同的取捨條件。如果團隊採用瀑布流或其他比較早期的軟體開發程序，可能會偏好行動者 / 動作方法，因其具備一般性。如果是採用 DDD 以及像微服務之類的相應架構，**事件風暴**跟軟體開發程序能夠完全匹配。

案例研究：「繼續、繼續、成交」：發現元件

如果團隊沒啥特殊限制，也正在尋找一個良好的通用元件分解方法，那麼行動者 / 動作這種通用解決方案還蠻不錯的。這也是我們在「繼續、繼續、成交」案例研究中使用的方法。

在第 7 章，我們介紹「繼續、繼續、成交」（GGG）的架構套路，也找出了此系統的架構特性。該系統有三個明顯的角色：**出價人、拍賣人**、以及在此建模技巧中、一位經常性的參與者——亦即處理內部動作的**系統**本身。這些角色跟應用互動——這裡的應用指的便是系統，它能夠確認何時該觸發一個事件、而非觸發任何一個角色。例如在 GGG，一旦拍賣結束，系統會觸發付款系統來處理付款事宜。

對於每個角色，我們也能為其確認初始的一組動作：

出價人

　　觀看現場視訊串流、觀看現場出價串流、出價

拍賣人

　　將現場出價輸入系統、接收線上出價、把項目標示為已出售

系統

　　開始拍賣、付款、追蹤出價人的動態

有了這些動作以後，我們便能迭代打造一組 GGG 的初始元件，一組可能的元件方案顯示在圖 8-10。

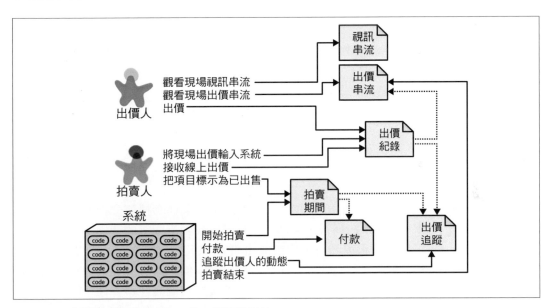

圖 8-10　「繼續、繼續、成交」的一組初始元件

圖 8-10 中，每個角色及動作都對應到一個元件，元件在資訊分享上彼此合作。在此解決方案中，我們確認這些元件：

視訊串流

將現場拍賣串流給使用者。

出價串流

有出價時，將其串流給使用者。**視訊串流**與**出價串流**讓出價人以唯讀方式觀賞拍賣過程。

出價紀錄

此元件記錄來自於拍賣人與出價人的出價。

出價追蹤

追蹤出價並充當系統的紀錄。

拍賣期間

開始與停止拍賣。當出價人終結一項拍賣，則執行付款與結案步驟，包括通知出價人拍賣已結束。

付款

第三方信用卡付款處理程式。

參考圖 8-8 的元件確認流程圖，在元件經過初步確認後，架構師接著分析架構特性，來決定是否得更改設計。就此系統而言，架構師一定可以找到不同組的架構特性。例如，目前的設計有一個記錄出價人與拍賣人出價的**出價紀錄**元件。從功能面來看這麼做是合理的：記錄任何人出價的處理方式都一樣。但是，跟出價記錄有關的架構特性呢？拍賣人不需要像出價人那樣潛在有幾千個用戶、相同等級的可擴展性與彈性。同樣道理，架構師得確保拍賣人的架構特性，像可靠性（連線不中斷）、可用性（系統正常運作），可能要比系統的其他部分來得高。例如，雖然某個出價人無法登入、或遇到連線中斷對業務會有不好的影響，但如果上面任何一件事發生在拍賣人身上，對拍賣可就是災難性的。

因為架構特性的層次不同，架構師決定把**出價紀錄**元件分成**出價紀錄**與**拍賣人紀錄**，讓個別元件支援不同的架構特性。更新後的設計顯示在圖 8-11。

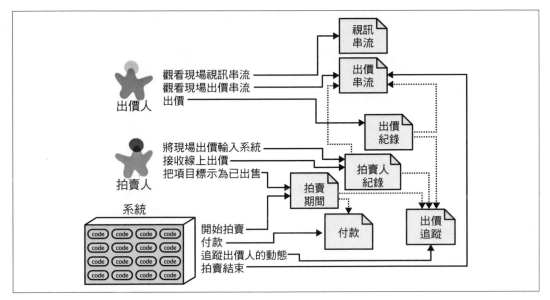

圖 8-11　在 GGG 元件設計納入架構特性

圖 8-11 中，架構師打造**拍賣人紀錄**的新元件，並更新連到用在管理出價串流的**出價串流**（線上出價人才能看到現場出價）與**出價追蹤**的資訊連結。注意**出價追蹤**現在變成統一差異甚大之兩種資訊串流的元件：來自於拍賣人的單一資訊串流，以及來自於出價人的多重串流。

圖 8-11 的設計不可能是最終設計。還有更多需求等待發掘——用戶如何註冊、付款的管理功能等等。但是這個例子提供一個好的起點，讓我們在設計上進一步迭代。

這是解決 GGG 問題一組可能的元件，但不見得正確，也不是唯一。很少軟體系統只有一種實作方法，每種設計也都有不同的取捨。身為架構師，不要執迷於找到一個所謂真正的設計，因為有許多種可能性存在（而且還比較不可能被過度設計）。寧可嘗試客觀地評估不同設計決策之間的取捨，然後選定一組別無選擇下的取捨。

還原架構量子：選擇單體或分散式架構

回想在第 88 頁的「架構量子與顆粒度」定義架構量子的討論中，架構量子定義了架構特性的範圍。這樣讓架構師在完成初步的元件設計後，接著面對下一個重要決策：架構應當是單體或分散式？

單體架構的典型特徵有個單獨可部署的單元，內含系統執行時的所有功能，而且通常連到單一個資料庫。單體架構的種類有分層與模組化單體（在第 10 章完整討論）。**分散式架構**正好相反——應用由許多個在各自生態系底下執行的服務組成，並透過網路協定互相通信。分散式架構以較細顆粒的部署模型為特點，其中的每個服務可以有自己的發行規律以及工程實務——依據開發團隊及優先順序而定。

每種架構風格都有不同的取捨，我們會在第二部分討論。然而，基本決策得依據設計過程中，在架構上找到了多少量子而定。如果系統只需要單一量子（也就是說，只有一組架構特性），那麼單體架構可以提供很多好處。另一方面如 GGG 元件分析所示，如果元件擁有不同的架構特性，那麼就需要能夠容納這些不同特性的分散式架構。例如，**視訊串流**與**出價串流**都只讓出價人以唯讀模式觀賞拍賣過程。從設計的觀點來看，架構師寧可不要將唯讀串流與大規模的更新混在一起。除了前面提及之出價人與拍賣人的差異外，這些有差異的特性也會讓架構師選擇分散式的架構。

能在設計的早期階段，擁有決定架構基本設計特性的能力，是利用架構量子來分析架構特性之範圍與耦合所產生的其中一項優點。

第二部分

架構風格

架構風格與架構模式的差別可能讓人感到困惑。我們把**架構風格**定義為：如何安排組織使用者介面與後端原始碼、以及該原始碼如何跟資料存儲互動的總體結構。另一方面，**架構模式**指的是較低層次的設計結構，其有助於在某個架構風格下（例如在一組操作之內或幾組服務之間，如何實現高擴展性或高效能）形成特定的解決方案。

了解架構風格這件事花費了資淺架構師許多時間與精力，因為這些風格不但重要，數目還很繁多。架構師得了解每種風格及其取捨，才能做有效的決策。每種架構風格都體現一組廣為人知的取捨條件——所以才能協助架構師針對特定的商業問題做出正確的選擇。

第九章

基礎

架構風格，有時也稱為架構模式，是用來描述涵蓋各種架構特性的元件之間的確定關係。架構風格的名字──類似於設計模式，創造出一個單獨、有利於老練架構師互相溝通的名字。例如，當架構師談到分層式單體，他們談話的對象便知道該結構的面向、哪種架構特性比較適合（以及哪些會造成問題）、典型的部署模型、資料策略、以及許多其他的資訊。因此，架構師應當熟悉基本通用架構風格的名字。

每個名字都捕捉到許多已經被搞清楚的細節，這也是設計模式的目的之一。架構風格則描述了拓撲、以及假定與預設的架構特性──不管其有益或有害。我們會在這個部分（第二部分）的其他章節，討論許多常見的現代架構模式。但是架構師應當要熟悉許多似乎被嵌入在更大模式底下的基本模式。

基本模式

在軟體架構的歷史中，有些基本模式一再地重複出現，原因是因為它們在組織程式碼、部署、或架構的其他面向上提供一個有用的視角。例如，架構上依照功能性來分離不同考量的分層概念，跟軟體本身的歷史一樣久遠。然而，分層模式仍持續以不同面貌顯現，包括第 10 章討論的許多現代變形。

大泥球

架構師將缺乏任何可分辨架構的結構，稱為**大泥球**。此命名來自於 1997 年 Brian Foote 與 Joseph Yoder 的論文中定義的同名反模式：

> 「大泥球是種結構隨意、凌亂、鬆散、隨意打包、像義大利麵的程式碼叢林。這些系統清楚展示了不受制約的成長、以及一再重複的權宜修補等跡象。資訊雜亂地在系統相隔甚遠的部分之間共享，到了幾乎所有重要的資訊要不就是隨處可見，不然便是被隨意複製。
>
> 這種系統的整體結構從來沒被好好定義過。
>
> 就算曾被好好定義過，也已經被侵蝕到無法辨認了。有點架構敏感度的程式設計師，都會避開這些沼澤。可能只有那些不在乎架構、或已習慣每天幫堤防補洞這類雜事的人，才能滿足於在這樣的系統下工作。」
>
> —Brian Foote & Joseph Yoder

以現代術語來說，**大泥球**可以是一個簡單的腳本應用程式，裡面的事件處理程式直接呼叫資料庫，也沒啥真正的內部結構。許多微小的應用一開始都像這樣，然後一直成長到笨重不堪的地步。

一般而言，架構師無論如何也想避開這種架構。欠缺結構讓變更愈增困難。這類架構也會遭遇部署、可測試性、可擴展性、以及效能等問題。

不幸的是，這類架構反模式實際上蠻常發生的。很少有架構師想打造這種反模式，但許多專案因為欠缺對於程式碼品質與結構的管理，在不經意間就造成了一團混亂。例如，Neal 有個客戶專案的結構就像圖 9-1。

該客戶（顯然我們不能洩漏客戶是誰）想在幾年內，使用 Java 盡快打造一個網站應用。這種技術層面的視覺化[1]顯示出架構上的耦合：圓周的每個點代表一個類別，並且每條線代表類別間的關聯性，線越粗關聯性越強。在這個代碼庫中，任一類別的變更讓人難以預測其對其他類別所產生的漣漪效應，使得任何變動都讓人感到害怕。

1　使用現已不用的工具 XRay，這是一個 Eclipse 的外掛。

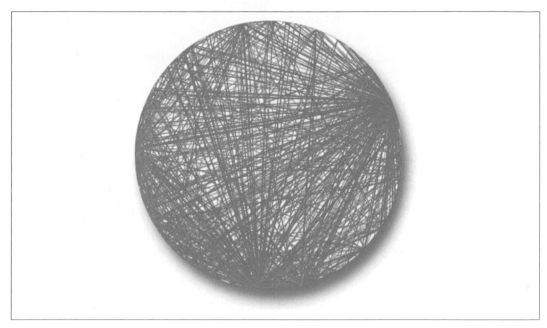

圖 9-1　真實代碼庫的大泥球架構圖像

單一架構

在軟體誕生之初──只有電腦，然後軟體在上面跑。經過各個世代的硬體與軟體演進，這兩者一開始是一個單一實體，接著又因更複雜功能的需求而分道揚鑣。例如，大型主機一開始是單一系統，然後漸漸地把資料分離出去成為獨立系統。同樣地，個人電腦剛出現時，許多商業開發集中在單機上。當聯網 PC 普及後，分散式系統（例如主從式）才跟著出現。

除了嵌入式系統與其他高度受限環境之外，很少有單一架構的系統存在。通常軟體系統的功能會隨時間成長，所以需要把各種考量分開，以維護運維上的架構特性──例如效能與規模。

主從式

隨著時間過去，有多種力量要求將單一系統進行分割，至於如何進行則成為許多不同風格的基礎。許多架構風格，便是在處理如何有效地拆開系統。

有一個基本的架構風格把技術功能分成前端與後端，也就是**兩層**或**主從式**架構。有許多不同特色的這類架構存在，端視年代與計算能力而定。

桌上型 + 資料庫伺服器

早期的個人電腦架構，鼓勵開發人員使用像 Windows 這樣的使用者介面、編寫豐富的桌上型應用程式，並且把資料分開放到單獨的資料庫伺服器。這種架構剛好跟獨立資料庫伺服器（透過標準網路協定連接）的出現吻合。這樣便可以把展示邏輯放在桌上型電腦，至於計算更密集的動作（指的是在計算量與複雜度這兩方面）則放在更強大的資料庫伺服器上。

瀏覽器 + 網站伺服器

到了現代網站開發的年代，常見到的拆分方式變成是連接到網站伺服器（再連接到資料庫伺服器）的瀏覽器。這種責任的分隔很類似桌上型系統的變形，但是客戶端——瀏覽器更加輕薄，使防火牆內外的功能配置範圍更廣。即使資料庫與網站伺服器分開，架構師仍將此視為兩層式架構，因為網站與資料庫伺服器在運維中心的同一類機器上執行，而使用者介面則在使用者瀏覽器上執行。

三層式

1990 年代晚期受歡迎的一種架構是**三層式架構**，它提供了更多的分隔層。在 Java 與 .NET 上，當類似應用伺服器這樣的工具受到歡迎，許多公司開始在系統拓撲上建造更多的分層：使用工業等級資料庫伺服器的資料庫層、由應用伺服器管理的應用層、生成 HTML 編碼以及 Javascript 越來越多（因其功能不斷擴張）的前端程式。

三層式架構也跟網路層次協定對應，像是通用物件請求代理架構（CORBA，*https://www.corba.org*）以及分散式元件物件模型（DCOM，*https://oreil.ly/1TEqv*），皆有助於分散式架構的打造。

就像當今的開發人員不擔心像 TCP/IP 這種網路協定的運作細節（正常運作沒問題），大部分架構師也無須擔心這種層次的分散式架構細節。這類工具在當時提供的功能，到了今日不是以工具形式存在（像是訊息佇列），便是成為了架構模式（例如事件驅動架構，我們在第 14 章討論）。

三層式、語言設計、及長期影響

在 Java 語言被設計的那個年代，三層式計算非常流行。所以人們認定，未來所有系統都會是三層式架構。當時的語言（例如 C++）有一個常見的難題：使用一致的方式，透過網路在系統之間移動物件非常麻煩。所以 Java 的設計者決定使用稱為**序列化**的機制，將此能力植入語言的核心。Java 的每個物件都會實作一個介面，並要求其支援序列化。設計師思索既然將來都是三層式架構，把它加到語言裡面應該能帶來很大的便利。當然那種架構風格來了又走了，到今天還遺留在 Java 的殘羹剩菜，讓那些想為 Java 增加一些現代特色的語言設計者大受挫折——因為為了跟以前相容，必須支援現已無人使用的序列化。

要了解設計決策帶來的長期影響總難以實現——就跟其他工程學門一樣，在軟體上也是如此。一個永遠有效的建議是偏好簡單的設計，因為在許多方面它能發揮防範未來不良後果的作用。

單體 vs. 分散式架構

架構風格主要可分成兩類：**單體**（包含所有程式碼的單一部署單元）與**分散式**（透過遠端存取協定連接的多個部署單元）。雖然沒有哪種分類方式是完美的，但是分散式架構都遇到同樣的挑戰與問題——而這些在單體架構上不存在，所以這種分類方式是區分各種架構風格的好方法。

本書詳細討論下面的架構風格：

單體

- 分層式架構（第 10 章）
- 管道架構（第 11 章）
- 微核心架構（第 12 章）

分散式

- 服務式架構（第 13 章）

- 事件驅動架構（第 14 章）

- 空間式架構（第 15 章）

- 服務導向架構（第 16 章）

- 微服務架構（第 17 章）

分散式架構相較於單體架構風格，雖然在效能、可擴展性、可用性上要更強，但在這些好處的背後仍有很大的取捨。所有分散式架構遇到的第一組問題在分散式計算的謬誤（*https://oreil.ly/fVAEY*）有所描述，它是 1994 年由 L. Peter Deutsch 及 Sun 的同事率先發表的。謬誤指的是某種被相信、或假定為真，但實際上卻不真實的事物。所有與分散式計算有關的八種謬誤，也能套用到今日的分散式架構。下面幾節將對每一種謬誤進行討論。

謬誤 #1：網路是可靠的

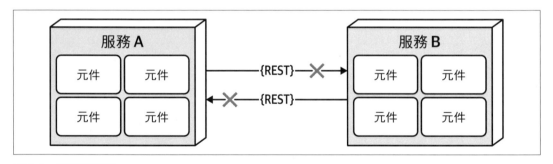

圖 9-2　網路不可靠

開發人員跟架構師一樣，都假設網路是可靠的，但其實不是。網路雖然隨著時間過去變得更可靠，但事實是網路一般來說仍然不可靠。這一點對所有分散式架構都很重要，因為所有分散式架構都依賴網路來跟服務、或在服務之間互相通信。如圖 9-2 所示，服務 B 可能很正常，但因為網路問題使服務 A 無法連上；或者更糟的是，服務 A 請服務 B 處理一些資料，但卻因網路問題未收到回覆。這就是為何服務之間會有像逾時及斷路器這樣的東西存在。系統越依賴網路（像是微服務架構），潛在就越不可靠。

謬誤 #2：不會有延遲

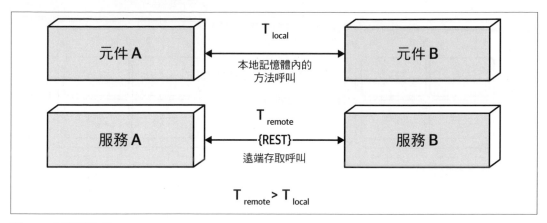

圖 9-3　延遲不為零

如圖 9-3 所示，如果透過方法或函數呼叫，從本地呼叫另一個元件，所花時間（t_local）是在奈秒或微秒這個層級。但是如果同樣的呼叫是透過遠端存取協定（像是 REST、傳訊、RPC）進行，存取服務的時間（t_remote）就會到毫秒等級。所以 t_remote 總比 t_local 來得大。任何分散式架構的延遲不為零，但是大部分架構師無視此謬誤，總是強調他們能享有快速網路。問自己這個問題：你知道在生產環境下，RESTful 呼叫來回一趟的平均延遲有多大？60 毫秒？500 毫秒？

採用任何分散式架構的時候，架構師得清楚這項平均延遲。這是唯一可以判定分散式架構是否可行的方法，特別是因為服務的細顆粒本質、及服務之間所需的通信量，而考慮採用微服務（見第 17 章）的時候。假設每個請求的平均延遲是 100 毫秒，則串連 10 個服務呼叫來執行特定的業務功能，會讓該請求增加 1,000 毫秒的延遲。知道平均延遲雖然重要，但更重要的是還得知道第 95 到 99 的百分位數。雖然平均延遲可能只有 60 毫秒（還不錯），但第 95 百分位數可能是 400 毫秒！經常是這種「長尾」延遲，讓分散式架構的效能垮掉。大部分情況下，架構師能從網路管理員得到延遲的數據（參見第 124 頁的「謬誤 #6：只有一位管理員」）。

謬誤 #3：頻寬是無限的

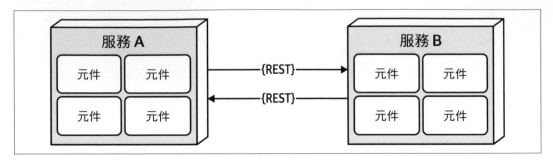

圖 9-4　頻寬並非無限

單體架構通常不考慮頻寬因素，因為一旦處理在單體內開始進行，就幾乎不需要任何頻寬來處理業務請求。但是如圖 9-4 所示，一旦系統在像微服務之類的分散式架構中、被拆分成較小的部署單元（服務），往來服務之間的通信大量占用到頻寬，使網路變慢且影響到延遲（謬誤 #2）及可靠性（謬誤 #1）。

要說明這個謬誤的重要性，考慮圖 9-4 的兩個服務。假如左邊的服務管理網站的願望清單項目，右邊的服務管理客戶資料。每當有個願望清單的請求進到左邊的服務，就得跨服務呼叫右邊的客戶資料服務，以取得客戶名字。這是因為在回應願望清單的合約中必須有此項資料，但是左邊的願望清單服務並沒有名字這項資料。客戶資料服務傳回總共 500 kb 的 45 個屬性資料，但願望清單服務只需要名字（200 位元組）就夠了。這是一種稱為**標記耦合**的耦合形式。這件事聽起來似乎不重要，但是每秒卻有 2000 次針對願望清單項目之請求。也就是說，從願望清單服務到客戶資料服務的跨服務呼叫，每秒有 2000 次。每次請求要傳送 500 kb，光這一個跨服務呼叫用掉的頻寬就達到 1 Gb ！

分散式架構的標記耦合消耗了大量的頻寬。如果客戶資料服務只傳回願望清單服務需要的資料（在此例中便是 200 個位元組），那麼傳輸資料的整體頻寬便只需 400 kb。標記耦合可以用下面的方法來解決：

- 打造私有的 RESTful API 端點

- 在合約中使用欄位選擇器

- 使用 GraphQL（*https://graphql.org*）讓合約彼此獨立

- 使用數值驅動合約時，也利用消費者驅動合約（CDCs）

- 使用內部傳訊端點

不管使用哪種技巧，確保服務或系統之間只需傳送最少量的資料，是對治此項謬誤的最佳辦法。

謬誤 #4：網路是安全的

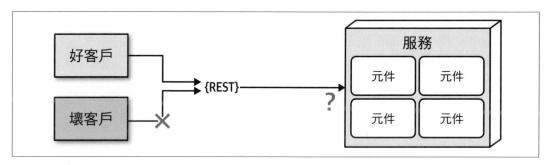

圖 9-5　網路並不安全

大部分架構師與開發人員已經很習慣使用虛擬私人網路（VPNs）、信賴網路、防火牆，使其容易忘記分散式網路的這項謬誤——**網路並不安全**。安全性在分散式架構中更是一項挑戰。如圖 9-5 所示，接到每個分散式部署單元的每個端點必須有所保護，使未知或不良的請求無法到達服務端。從單體遷移到分散式架構後，面對的威脅與攻擊將大幅度增加。即使是在進行跨服務的通信時，都仍得保全每個端點——這是在同步、高度分散的架構下（例如微服務或服務式架構）效能變慢的另一個原因。

謬誤 #5：網路拓撲絕不會改變

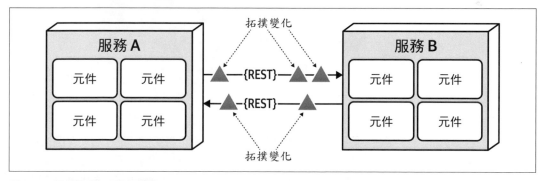

圖 9-6　網路拓撲一直在變化

此謬誤指的是整體網路拓撲，包括路由器、集線器、交換器。防火牆、網路、以及整個網路使用的各種裝置。架構師總假定此拓撲固定不變——當然會變，而且一直在變。這個謬誤的重要性何在？

假設架構師禮拜一早上來上班，看到大家亂成一團——因為產線的服務一直逾時。架構師與團隊拼命想搞清楚到底怎麼了。週末沒有部署新的服務，那還可能是什麼原因？過了幾個小時，架構師發現在當天凌晨兩點有個小小的網路升級。這個本應是「小小」的網路升級卻讓所有延遲的假設失效，並觸發逾時與斷路器。

架構師必須常常跟運維及網路管理員溝通，知道什麼東西在何時被更動了，這樣才能依此進行調整以減低前述意外的機率。這件事看起來似乎很明顯也不難，但其實不然。事實上，這項謬誤直接引發了下一個謬誤。

謬誤 #6：只有一位管理員

圖 9-7　有許多網路管理員，而不是只有一位

架構師常常掉入此項謬誤，亦即假定他們只須與一位管理員合作及溝通。如圖 9-7 所示，一般的大公司有幾十個網路管理員。討論延遲（第 121 頁的「謬誤 #2：不會有延遲」）或拓撲變更（第 123 頁的「謬誤 #5：網路拓撲絕不會改變」）時該找誰？這項謬誤指出分散式架構的複雜性，以及讓事情正確運作所必須下的協調功夫非常多。單體應用因其架構風格所具備的單一部署單元特性，所以不需要這種層次的溝通與合作。

謬誤 #7：傳輸成本為零

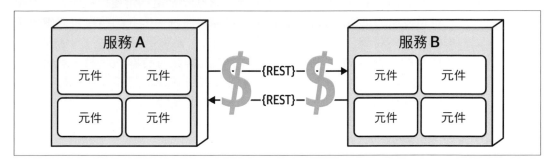

圖 9-8　遠端存取得花錢

許多架構師把此謬誤與延遲（第 121 頁的「謬誤 #2：不會有延遲」）搞混。這裡的傳輸費用不是指延遲，而是執行一個「簡單的 RESTful 呼叫」的實際金錢花費。架構師（錯誤地）假定需要的基礎設施都已經到位，而且已經夠拿來執行簡單的 RESTful 呼叫、或將單體應用程式拆分。**通常並非如此**。分散式架構的花費比單體架構高上許多，主要是因為需要額外的硬體、伺服器、閘道、防火牆、新的子網路、代理伺服器等等。

每次著手處理分散式架構時，我們都鼓勵架構去分析現有伺服器及網路拓撲的容量、頻寬、延遲、安全區域，才不會遭遇此謬誤所描述的意外陷阱。

謬誤 #8：網路為均質性的

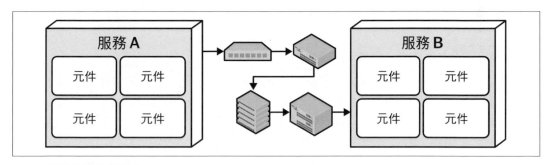

圖 9-9 網路不是均質性的

大部分架構師與開發人員都假設網路是均質性的，也就是都來自於同一個網路硬體廠商。這件事完全不是事實。大部分公司的基礎設施，都至少是來自於好幾個網路硬體供應商。

那又如何？此謬誤的重要性在於，並非所有不同硬體廠商的產品都可以兜起來使用。大部分情況下可以，但是 Juniper 能與 Cisco 的硬體無縫接軌嗎？這些年裡網路標準仍不斷演進，但事實上就是沒辦法完整測試所有的情境、負載、狀況，因此網路封包偶爾還是會不見。這會影響網路的可靠性（第 120 頁的「謬誤 #1：網路是可靠的」）、延遲的假設與斷言（第 121 頁的「謬誤 #2：不會有延遲」）、以及與頻寬有關的假設（第 122 頁的「謬誤 #3：頻寬是無限的」）。也就是說，此謬誤又跟所有其他謬誤綁在一起，在網路議題上（分散式架構躲不掉）形成永無止盡的困惑與挫折迴圈。

分散式的其他考量

除了前面描述有關分散式計算的八個謬誤外，分散式架構還有單體架構不存在的其他問題與挑戰。其他這些問題的細節雖不在本書的範圍內，但我們會在下面幾節列出並做出總結。

分散式登錄

在分散式架構執行根本原因分析，以判定某特定交易為何失敗，是極其困難與耗時的——因為應用與系統登錄檔分散在各處。如果是單體應用，通常只有一個登錄檔，所以比較容易追蹤某個請求，並判明問題所在。但是分散式架構有數十到數百個不同的登錄檔，位置與格式都不同，使得追查問題很難。

合併登錄的工具，例如 Splunk（*https://www.splunk.com*），有助於將不同來源及系統的資訊整合至一個合併的登錄檔與主控台，不過這些工具也只能碰觸到分散式登錄之複雜性的表面。至於跟分散式登錄有關、更詳細的解法與模式，已經超出本書的範圍。

分散式交易

在單體架構中，架構師與開發人員都把交易視為再簡單不過了——因其不但直接，而且很好管理。從持久性框架執行的標準 commits 與 rollbacks 透過 ACID（原子性、一致性、隔離性、持久性）交易，來保證資料以正確的方式更新，從而確保資料的高度一致性與完整性。但在分散式架構中並非如此。

分散式架構依賴所謂的**最終一致性**，來確保個別部署單元所處理的資料，在某個未指定的時間點會全部同步到一個一致的狀態。這是分散式架構的其中一項取捨：犧牲資料的一致性與完整性，來換取高度的可擴展性、效能、及可用性。

交易傳奇（*https://oreil.ly/1lLmj*）是一種管理分散式交易的方法。傳奇（sagas）利用事件溯源做修正，或有限狀態機來管理交易狀態。除了傳奇之外，也利用 *BASE* 交易。BASE 代表的是基本（B）可用性（A）、軟性（S）狀態、最終（E）一致性。BASE 交易不是一個軟體，比較像是一種技巧。BASE 的**軟性狀態**指的是資料從來源到目的地的傳送過程，以及資料來源之間的不一致性。以相關系統或服務的**基本可用性**為基礎，系統利用架構模式與訊息傳遞，**最終**將達成一致性。

合約維護與版本控制

分散式架構遭遇的另一個特別難的挑戰，是有關合約的創建、維護、及版本控制。合約是客戶與服務兩者之間，一致同意的行為與資料。在分散式架構中維護合約特別難，主要是因為這些不相干的服務與系統，分由不同的團隊與部門所擁有。甚至在版本的汰換上，需要的通信模型就更複雜了。

第十章

分層式架構風格

分層式架構，也被稱為 *n-* 層架構風格，是最常見的其中一種架構風格。此架構風格實際上是大部分應用採取的標準，主要是因其簡單、人們熟悉以及低成本。所以這也是開發應用時，很自然就會採用的方法——依據 Conway 法則（*https://oreil.ly/Rb4uN*）：設計系統的組織會受限產出與該組織之通信結構相同的設計。在大部分組織內，有使用者介面（UI）、後端、規則等各種開發人員、以及資料庫專家（DBAs）。這些組織的分層恰好契合傳統分層式架構的分層，使其在許多商業運用上成為很自然的選擇。分層式架構也有好幾個架構反模式，包括**無明確架構**反模式、**從天而降的架構**反模式。如果開發人員或架構師不確定採用的是哪種架構風格，或是敏捷開發團隊「剛開始寫程式」，那麼很有可能打造的正是分層式架構。

拓樸結構

分層架構的元件在邏輯上被組織成水平分層，每一層扮演應用中的某個特定角色（例如展示邏輯或業務邏輯）。雖然必須存在的分層數目與種類沒有特定限制，但大部分分層架構由四個標準層組成：展示、業務、持久、以及資料庫層，如圖 10-1 所示。在有些情形下，業務與持久層會結合成單一業務層，特別是把持九層的邏輯（例如 SQL 或 HSQL）內嵌進業務層元件的時候。所以，比較小的應用可能只有三層，至於更大、更複雜的商業應用可能有五層或更多。

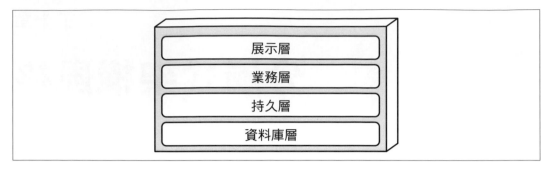

圖 10-1　分層架構風格的標準邏輯分層

圖 10-2 從實體分層（部署）的視角，圖示了各式各樣的拓撲變形。第一種變形將展示、業務、持久層結合到單一部署單元，而且通常以外部分離的實體資料庫（或檔案系統）來代表資料庫層。第二種變形於實體上將展示層分離至單獨一個部署單元，並且把業務與持久層結合成第二個部署單元。同樣地在這個變形中，資料庫層常透過外部的資料庫或檔案系統，在實體上與其他層分離。第三種變形把四個標準層結合成單一部署單元，其中也包含資料庫層。這種變形可能用在具備內嵌或記憶體內資料庫、較小型的應用上面。許多預置型（「on-prem」）產品就是利用第三種變形來建造，並交付給客戶。

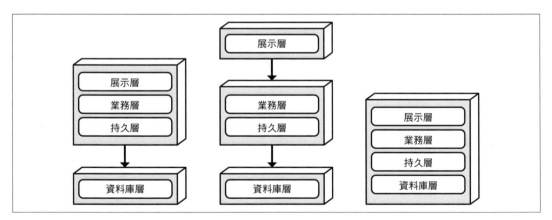

圖 10-2　實體拓撲（部署）的各種變形

分層架構的每一層都有其特定的角色與責任。例如，展示層負責處理所有的使用者介面與瀏覽器的通訊邏輯，而業務層負責執行與請求相關的特定業務規則。架構的每一層，構成了滿足特定業務請求所需工作的一種抽象化。例如，展示層不用考慮如何獲得客戶

資料，只需要在螢幕上以特定格式顯示資訊即可。同樣地，業務層不用考慮螢幕上客戶資料的格式、或客戶資料從哪兒來——只需要從持久層拿到資料，針對這些資料執行業務邏輯（如計算數值或整合資料），然後將資訊傳給展示層。

分層架構這種**分開考量**的概念，使其在架構上打造有效的角色與責任模型變得容易。特定層的元件之範圍有限，只處理與該層有關的邏輯。例如，展示層的元件只處理展示邏輯，業務層的元件只處理業務邏輯。這樣開發人員可以利用特定的技術專長，專注在領域的技術面向（例如展示邏輯、或持久邏輯）。然而這種好處背後的取捨，是缺乏整體的敏捷性（也就是對於變動的快速反應能力）。

分層架構是種**技術分割**架構（對比於**領域分割**架構）。元件群組不以領域（例如客戶）分組，而是依其在架構中的技術角色（例如展示或業務層）分組。結果，任何特定的業務領域會分散到架構的每一層。例如，「客戶」領域被分散到展示層、業務層、規則層、服務層、資料庫層，使得領域的變動很難實現。所以領域驅動設計的作法，在分層架構上不太適合。

隔離層

分層架構的每一層可以是**封閉**或**開放**的。封閉層的意思是請求自上而下地從一層到另一層，它不能跳過任一層，而必須先通過正底下的那一層，才能到另一層（圖 10-3）。例如在封閉層的架構中，從展示層出發的請求必先通過業務層，才能到持久層並在最後到達資料庫層。

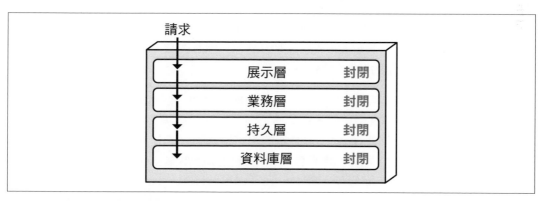

圖 10-3　分層架構的封閉層

注意在圖 10-3 中，如果能跳過中間不需要的分層（在 2000 年代早期、人們所熟知的**快速通道讀取模式**），那麼展示層為了單純的讀取請求而直接存取資料庫層會更快、更容易。要讓這件事情得以實現，業務與持久層就必須是**開放**的，也就是請求可以跳過其他層。哪一種較好──開放還是封閉層？答案來自於一個關鍵性的概念，也就是所謂的**隔離層**。

隔離層概念的意思是：架構某一層的改變，通常不會影響其他層的元件──如果層與層之間的合約沒有改變的話。每一層都獨立於其他層，所以也不知道其他層的內部細節。但是如果要支援隔離層，那麼與請求之主流程相關的分層必然得是封閉的。如果展示層能直接存取持久層，那麼持久層的變動便會影響業務層**以及**展示層，使得應用變成高度耦合、且分層的元件之間也會有相互依賴性。這種架構會變得很脆弱，要更動則是既困難又昂貴。

隔離層的概念也讓架構中的任何一層，可以在不影響其他層的情形下被置換（這裡再次假定有明確的合約，並使用業務委託模式（*https://oreil.ly/WeKWs*））。例如在分層架構中，利用隔離層概念以 React.js 來取代較舊的 JavaServer Faces（JSF）展示層，卻不至於影響應用的其他層。

增加層數

雖然封閉層能促進隔離層的實現、使架構的變動被有效隔離，但有些時候開放層仍有其必要性。例如，假定業務層有些共享物件，提供常用的功能給業務元件（例如日期及字串等工具類別、稽核類別、登錄類別等等）。假設有一個架構決策，不讓展示層使用這些共享的業務物件。這個限制顯示在圖 10-4，並且以從展示層元件，指向到業務層共享業務物件的點狀線表示。這種場景不好管理與控制，因為在**架構上**展示層可以存取業務層，所以也能存取業務層的共享物件。

一種在架構上強制實行此種限制的方法，是從架構上增加一個新的服務層，其內包含所有的共享業務物件。增加這個新層，在架構上限制了展示層去存取共享業務物件──因為業務層是封閉的（參見圖 10-5）。但是新的服務層必須標記為**開放**，否則業務層不得不透過服務層才能存取持久層。將服務層標記為開放使得業務層能存取該層（實體箭頭），或跳過它直接到它下面的那一層（圖 10-5 的點狀箭頭）。

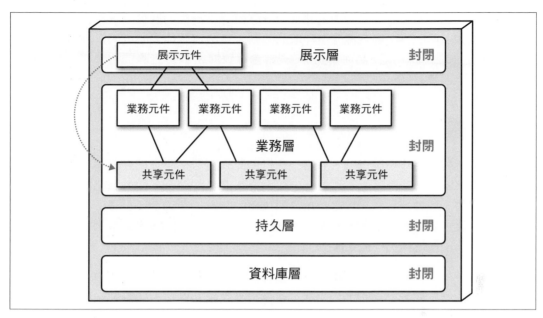

圖 10-4　業務層的共享物件

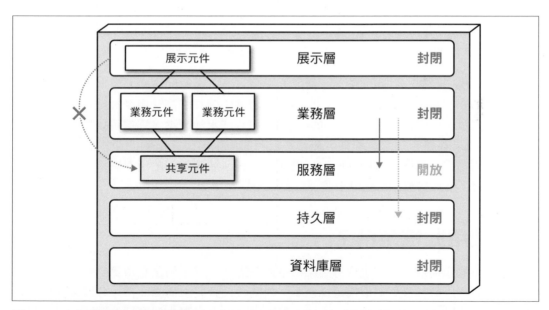

圖 10-5　在架構上增加新的服務層

利用開放與封閉層的概念，有助於定義架構分層與請求流程的關係。這也提供開發人員必要的資訊與引導，以了解各種分層存取的限制。無法清楚地表明或適當地溝通架構的哪些層是開放或封閉（以及為何如此），經常會導致緊密耦合且脆弱的架構——不好測試、維護、及部署。

其他考量

在還不確定最終採用哪種架構時，分層架構對大部分應用來說是個好起點。在許多微服務相關的專案——當架構師還不那麼確定微服務架構是否適合、卻得讓開發啟動時，這是常被採用的一種實務做法。但是使用這個技巧的時候，要確定至少得保持復用的可能性、以及夠淺的物件階層（繼承樹的深度），這樣才能維持良好的模組化程度。這麼做會有助於在稍後搬遷到另一種架構上。

分層架構有一件事得小心——**架構汙水池反模式**。此反模式發生在請求只是單純地從一層移動到另一層、而且直接穿過並未執行任何業務邏輯。例如，假設展示層回應使用者的一個簡單請求，取出基本客戶資料（例如名字與地址）。展示層將請求傳給業務層，業務層什麼也沒做，只將其再傳給規則層——這一層也沒做什麼，只再傳給持久層，然後在這一層透過簡單的 SQL 呼叫，從資料庫層取出客戶資料。這些資料再一直往上回傳——過程中也不需要額外的組合、計算、套用規則、轉換資料等處理或邏輯。這樣導致了非必要的物件實體化與處理，使記憶體的耗用與效能受到影響。

每種分層架構至少都在有些情境下，會掉入這個架構汙水池反模式。判定是否已掉入這個反模式的關鍵，是透過分析屬於這種類別的請求比例有多高。遵循 80-20 法則是挺好的一種實務做法。例如，如果只有 20% 的請求符合汙水池標準，那還可以接受。但是如果 80% 的請求都符合汙水池標準，那就是很明顯地指出：在這個問題領域上，分層架構並不適用。另一個解決架構汙水池反模式的方法，是讓架構的所有層都開放——當然啦，這時得了解所需付出的代價是管理變動的困難度增加。

為何使用此種架構？

對小而簡單的應用或網站來說，分層架構是還不錯的選擇。如果是預算或時間限制很緊的案子，也可以做為很好的架構選擇起點。對開發人員與架構師而言，分層架構具備簡單與熟悉的優點，所以它可能是成本最低的架構之一，也讓小型應用的開發更加容易。當架構師還在分析業務需求、而且還不確定哪種架構最好時，分層架構也是一種不錯的選擇。

隨著使用分層架構的應用變得更大，像可維護性、敏捷性、可測試性、以及可部署性等一些特性會受到不利的影響。因為這個原因，使用分層架構的大型應用及系統，可能更適合採用更模組化的其他種架構風格。

架構特性的等級

特性等級表格（圖 10-6）的一顆星，表示該架構特性在架構中的支援不佳，五顆星則表示該特性在架構中是其中一個最強的特色。計分卡中每個特性的定義請參考第 4 章。

架構特性	星級等級
分割型態	技術
量子數目	1
可部署性	☆
彈性	☆
演進式	☆
容錯	☆
模組化	☆
整體花費	☆☆☆☆☆
效能	☆☆
可靠性	☆☆☆
可擴展性	☆
簡單性	☆☆☆☆☆
可測試性	☆☆

圖 10-6　分層架構特性等級

整體花費與簡單性，是分層架構的主要強項。本質上是單體的分層架構，沒有分散式架構的複雜性，不但簡單、容易了解，相對而言打造與維護的費用也算低。但得注意的是：在單體分層架構變得更大以致於更複雜時，這些等級會快速降低。

這種架構的可部署性與可測試性等級很低。可部署性不高是因為部署儀式（部署所花功夫）、高風險、無法常常部署。在分層架構上，一個類別檔簡單的三行變動就需要重新部署整個部署單元，還得考慮可能的資料庫變更、設定變更、或其他偷偷伴隨著原始變更的一些程式碼變動。再者，這個簡單的三行變動常跟數十項其他變動綁定，因而更進一步增加部署的風險（以及部署的頻率）。低可測試性也反映出同樣的情境；對於只有三行的簡單變動，大部分開發人員不會花好幾個小時去執行整組的迴歸測試（即使還真有這樣的東西存在）——特別是如果同時還有其他數打的變動要處理。我們給可測試性兩顆星（而非一顆星），原因是其可以模擬（mock/stub）元件（或甚至是整層），讓整體測試變得容易一些。

此架構的整體可靠度等級是中等（三顆星），大致上是因其不具備大部分分散式架構所擁有的網路流量、頻寬、延遲。我們只給可靠度三顆星，是因為單體部署的特性、再加上可測試性（測試完整性）與部署風險所得到的低等級。

此架構的彈性與可擴展性等級也很低（一顆星），主要是因其為單體部署以及缺乏架構模組化。雖然可以在單體上打造出某些更具擴展性的函數，但卻需要很複雜的設計技巧，例如多線程、內部傳訊、及其他平行處理的實務做法——但這些技巧並不很適合這種架構。然而因為分層架構只有單一個系統量子（因其擁有單體使用者介面、後端處理、單體資料庫），所以應用的擴展性只能達到某個程度而已。

評判分層架構的效能特性，一直是頗為有趣的。我們給兩顆星，因其架構無法適用到高效能系統——由於欠缺平行處理功能、封閉的分層、以及汙水池架構反模式。就與可擴展性一樣，效能可以透過快取、多線程、以及類似技巧來處理，但效能並非此架構的天生特性。架構師與開發人員得非常努力，才能讓這些技巧得以實現。

由於單體部署與缺乏架構模組化，分層架構並不支援容錯。如果分層架構的一小部分造成記憶體不足情況發生，整個應用都會受影響而當掉。再者，因為大部分單體應用的平均恢復時間（MTTR）偏高，整體可用性因此受到影響。至於啟動時間則介於較小型應用的 2 分鐘，到大型應用的 15 分鐘或更長之間。

第十一章

管道架構風格

一再重複出現的其中一種基礎軟體架構，便是管道架構（或稱管道與篩選器架構）。一旦開發人員與架構師決定把功能拆分到分開的部分，就進入此模式。大部分開發人員知道這個架構，乃因其為 Unix 終端機命令列語言，例如 Bash（*https://oreil.ly/uP2Bo*）與 Zsh（*https://oreil.ly/40UyF*）背後的原理。

許多函數式程式設計語言的開發人員，會發現函數語言的構造與此架構的元素之間有些對比存在。實際上，許多利用 MapReduce（*https://oreil.ly/veX6W*）程式設計模型的工具便遵照這種基本拓撲。雖然這些例子顯示管道架構的一些低階實作，但它也能用在高階的商業運用上。

拓撲結構

管道架構的拓撲結構由管道與篩選器組成，如圖 11-1 所示。

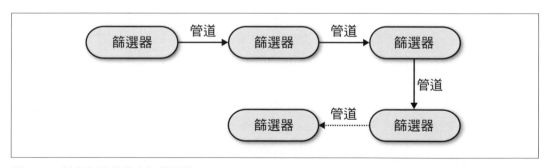

圖 11-1　管道架構的基本拓撲結構

管道與篩選器以特定方式互相協調——管道常以點對點的方式，在篩選器之間形成單向的通信通道。

管道

此架構裡的管道形成篩選器之間的通信通道。出於效能考慮，通常通道是單向且點對點（而非廣播），從一個來源輸入、並輸出到另一個地方。管道攜帶的資料酬載可以是任何格式，但是架構師偏好小筆的資料以實現高效能。

篩選器

篩選器自主獨立於其他篩選器，且通常是無狀態的。篩選器應該只執行一項工作。複合型工作應該由一系列的篩選器處理，而非單一個篩選器。

此架構有四種篩選器：

生產者

一道程序的起點，而且只向外。有時被稱為來源。

轉換者

接收輸入，接著選擇性地對某些或全部資料做轉換，然後傳送至向外的管道。函數式語言的擁護者，認得出來這個特色就是 *map*（對映）。

測試者

接收輸入，測試一個或多個準則，然後依測試結果選擇性地產生輸出。函數式程式的設計師認得出此與 *reduce*（歸納）相似。

消費者

管道流程的終點。消費者有時把管道程序的最終結果存到資料庫，或者把這個結果顯示在使用者介面的畫面上。

管道與篩選器的單向本質及簡易性，促成了可被重組的復用性。許多開發人員是在使用命令列的時候，發現這項功能。一個知名、來自於部落格「More Shell, Less Egg」（*https://oreil.ly/ljeb5*）的故事說明這種抽象化的威力有多強大。Donald Knuth 被要求寫一個程式解決這個文字處理的問題：讀一個文字檔，找出最常用的 *n* 個字，再印出依照出現頻率排序過的字彙清單。他寫了超過十頁的 Pascal 程式，順便設計（還寫下文件）出一個新的演算法。然後，Doug McIlroy 示範只要使用一個短到可以塞入一則推特貼文的命令列腳本，就可以用更簡單、更優雅、更容易讓人理解（如果懂得命令列指令的話）的方式解決問題：

```
tr -cs A-Za-z '\n' |
tr A-Z a-z |
sort |
uniq -c |
sort -rn |
sed ${1}q
```

即使是 Unix 命令列的設計師，也常常對開發人員透過簡單卻強大的抽象特性組合，所展現的各種創意用法感到驚訝。

範例

管道架構模式出現在許多種應用上，特別是簡單、單向工作的處理。例如，許多電子資料交換工具（EDI）利用這種模式，透過管道與篩選器的使用來轉換文件型態。ETL 工具（提取、轉換、載入）也在資料從一個資料庫或資料來源轉到另一個的流程與修改上，利用到管道架構。像 Apache Camel（*https://camel.apache.org*）這類的協作者與調停者，也在業務程序中利用管線架構，將資訊從一個步驟傳到另一個步驟。

為說明管道架構如何使用，考慮底下圖 11-2 的範例。其中許多服務的遙測資訊，乃透過串流從服務傳送至 Apache Kafka（*https://kafka.apache.org*）。

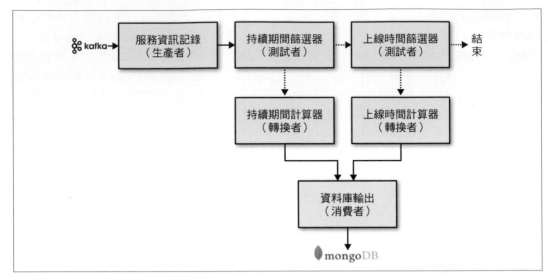

圖 11-2　管道架構範例

注意在圖 11-2 中，使用管道架構來處理串流至 Kafka 的不同種類資料。**服務資訊記錄篩選器**（生產者篩選器）訂閱 Kafka 主題，並接收服務資訊。接著將這份獲取的資料傳送給叫做**持續期間篩選器**的測試者篩選器，以判定從 Kafka 來的資料是否符合服務請求的持續期間（以毫秒計算）。注意篩選器有各自的考量條件；服務指標記錄篩選器只考慮如何連接 Kafka 主題並接收串流資料，而**持續期間篩選器**只考慮資料是否合格，並選擇性地傳給下一個管道。如果資料符合服務請求的持續期間（以毫秒計算），那麼**持續期間篩選器**會把資料傳遞給稱為**持續期間計算器**的轉換者篩選器。否則便把資料傳給稱為**上線時間篩選器**的測試者篩選器，以檢查資料是否與上線時間指標有關。如果無關，則管道流程便結束——亦即此特定處理流程不需要這些資料。否則，如果跟上線時間指標有關，便把資料傳給**上線時間計算器**來計算服務的上線時間指標。這些轉換者接著把修改後的資料傳給資料庫輸出消費者，然後把資料存留至 MongoDB（*https://www.mongodb.com*）資料庫。

這個例子顯示了管道架構的擴充性。例如在圖 11-2 中，很容易就可以在**上線時間篩選器**後面加入一個新的測試者篩選器，好把資料傳送到另一個新蒐集的指標，例如像資料庫連線等待時間。

架構特性的等級

特性等級表格（圖 11-3）的一顆星，表示該架構特性在架構中的支援不佳，五顆星則表示該特性在架構中是其中一個最強的特色。計分卡中每個特性的定義請參考第 4 章。

架構特性	星級等級
分割型態	技術
量子數目	1
可部署性	☆☆
彈性	☆
演進式	☆☆☆
容錯	☆
模組化	☆☆☆
整體花費	☆☆☆☆☆
效能	☆☆
可靠性	☆☆☆
可擴展性	☆
簡單性	☆☆☆☆☆
可測試性	☆☆☆

圖 11-3　管道架構特性等級

因為應用邏輯被分割成各種篩選器（生產者、測試者、轉換者、消費者），所以管道架構屬於技術分割架構。另外因為管道架構常被實作成單體部署，其架構量子總是為 1。

整體費用、簡單再加上模組化，是管道架構的主要強項。本質上為單體的管道架構沒有分散式架構的複雜，不但簡單且容易了解，在打造與維護的成本上相對也不高。架構的模組化，是透過將各種考量分散到不同型態的篩選器、與轉換者來達成的。任何一個篩選器都能被修改或置換，而不影響到其他篩選器。例如在圖 11-2 的 Kafka 範例，**持續期間計算器**能被修改以改變持續期間的計算，卻又不影響其他的篩選器。

可部署性與可測試性，得分雖然只在平均附近，卻比分層架構高一些——這是因為其透過篩選器所能夠達到的模組化程度。儘管如此，此架構仍為單體，因此程序、風險、部署頻率、以及測試完成度仍會影響管道架構。

就像分層架構一樣，整體可靠性的評級中等（三顆星），主因是沒有大部分分散式架構的網路流量、頻寬、以及延遲時間等問題。可靠度只有三顆星，是因為其單體部署的特性，再加上可測試性與可部署性的問題（例如有任何變動，就得測試、部署整個單體）。

彈性與可擴展性得分很低（一顆星），主要是因為單體部署的原因。雖然可以在單體內打造某些擴展性更好的函數，但卻需要很複雜的設計技巧，例如多線程、內部訊息傳遞、以及其他平行處理的實務做法——這些技巧並不是很適合這種架構。然而因為管道架構一直只有單一個系統量子（因其擁有單體的使用者介面、後端處理、單體資料庫），所以應用的擴展性只能到某個程度而已。

由於單體部署與缺乏架構模組化，管道架構並不支援容錯。如果管道架構的一小部分造成記憶體不足的情況發生，整個應用都會受到影響而當掉。再者，因為大部分單體應用的平均恢復時間（MTTR）偏高，整體可用性將因此受到影響。至於啟動時間則介於較小型應用的 2 分鐘，到大型應用的 15 分鐘或更長之間。

第十二章

微核心架構風格

微核心架構數十年前就已出現,到了今日仍被廣泛使用。這種架構很適合產品類應用(包裝成一個單體式的部署,通常做為第三方產品讓客戶下載、安裝在其電腦),但也廣泛使用在許多非產品類的客製化商業應用中。

拓樸結構

微核心架構是相對簡單的單體架構,由兩種組件構成:一個核心系統以及外掛元件。應用邏輯分散到獨立的外掛元件與基本的核心系統,以提供應用功能與客製化處理邏輯上的擴充性、適應性、以及隔離。圖 12-1 顯示了微核心架構的基本拓樸。

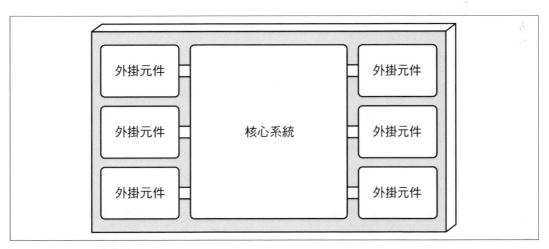

圖 12-1　微核心的基本組件

核心系統

核心系統的正式定義是執行系統所需的最少功能。Eclipse IDE 是個好例子。Eclipse 的核心系統只是個基本的文字編輯器：開啟檔案、修改內容、然後儲存檔案。一直要到加入外掛元件後，Eclipse 才開始成為一個可用的產品。不過另一種核心系統的定義是指：穿越應用的一條快樂路徑（亦即一般的處理流程），途中沒有任何、或只有很少的客製化處理。將循環複雜度從系統核心移除，放置到個別的外掛元件，使得擴充性、可維護性、以及可測試性更好。例如，假設有一個電子裝置回收的應用，必須針對收到的每個電子裝置，執行特定的客製化評估規則。這類處理的 Java 程式碼看起來可能如下：

```java
public void assessDevice(String deviceID) {
   if (deviceID.equals("iPhone6s")) {
      assessiPhone6s();
   } else if (deviceID.equals("iPad1"))
      assessiPad1();
   } else if (deviceID.equals("Galaxy5"))
      assessGalaxy5();
   } else ...
      ...
   }
}
```

如果不把所有循環複雜度高的特定客戶客製化放入核心系統，另一個更好的做法是針對每種被評估的電子裝置打造個別的外掛元件。針對特定客戶的外掛元件不只讓獨立的裝置邏輯與剩下的處理流程脫鉤，還讓擴展性得以實現。要把一個新的電子裝置加入評估，只需增加一個新的外掛元件，並更新註冊表就行了。利用微核心架構，要評估一個電子裝置，系統核心只需找出、並執行對應的裝置外掛元件，如底下修改後的原始碼所示：

```java
public void assessDevice(String deviceID) {
      String plugin = pluginRegistry.get(deviceID);
      Class<?> theClass = Class.forName(plugin);
      Constructor<?> constructor = theClass.getConstructor();
      DevicePlugin devicePlugin =
            (DevicePlugin)constructor.newInstance();
      DevicePlugin.assess();
}
```

在這個例子中，評估特定電子裝置的所有複雜規則與指令，都包含在一個單獨、獨立的外掛元件——而且一般可從核心系統來執行。

根據大小與複雜性的不同,核心系統可以實作成分層架構或模組化單體(如圖 12-2 所示)。在一些情況下,核心系統可以拆分成分開部署的領域服務,每個領域服務都擁有領域特有的特定外掛元件。例如假定**付款處理**是代表核心系統的領域服務。每種付款方式(信用卡、PayPal、商店信用點數、禮品卡、採購訂單)都有付款領域所特有、個別的外掛元件。在所有這些情況中,通常整個單體應用程式都共享同一個資料庫。

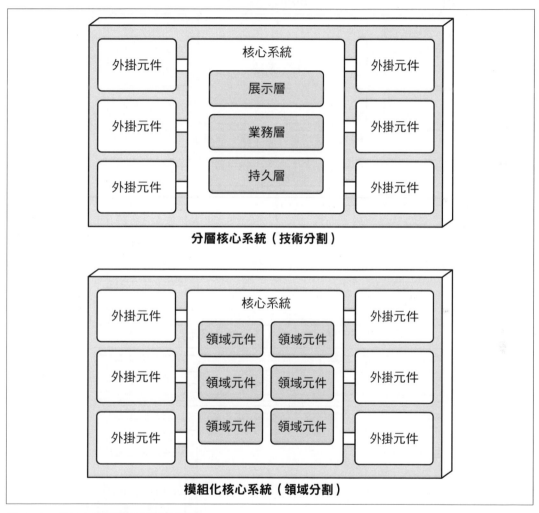

圖 12-2　微核心架構核心系統的變形

核心系統的展示層也可以內嵌到核心系統，或實作成分開的使用者介面，並由核心系統提供後端服務。事實上，分開的使用者介面也可以利用微核心架構來實作。圖 12-3 顯示展示層的各種變形，及其與核心系統的關係。

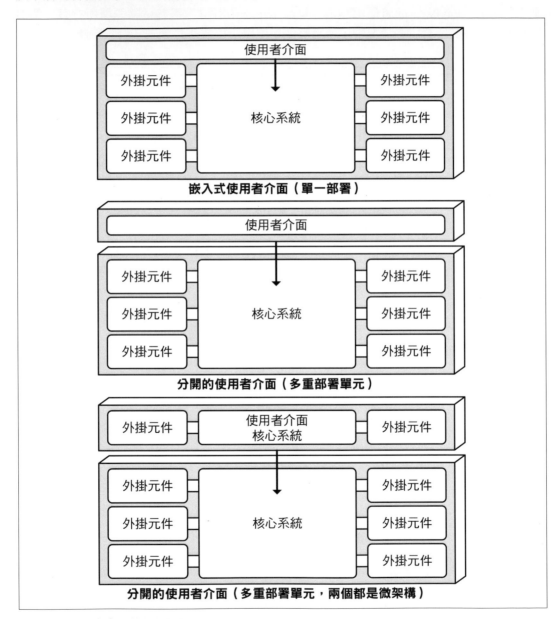

圖 12-3　使用者介面的幾種變形

外掛元件

外掛元件是個擁有特殊化處理、額外功能、及客製化程式碼,以強化或延伸核心系統的單獨且獨立的元件。此外,它們還能用來隔離很常變動的程式碼,使應用的可維護性與可測試性更好。在理想情況下,外掛元件應該互相獨立,彼此互不依賴。

外掛元件與核心系統之間的通信通常是以點對點進行,亦即把外掛元件連接到核心系統的「管道」,通常是透過外掛元件之進入點類別的方法執行、或函數呼叫來實現。此外,外掛元件還可以是以編譯期或執行期為依據。執行期外掛元件可以在執行時加入或移除,不需要重新部署核心系統或其他外掛元件——通常是透過一些框架來管理,例如 Java 的開放服務網關倡議(OSGi,*https://www.osgi.org*)、Penrose(Java,*https://oreil.ly/J5XZw*)、Jigsaw(Java,*https://oreil.ly/wv9bW*)、Prism(.NET,*https://oreil.ly/xmrtY*)。編譯期元件的管理要簡單得多,但如果有修改、新增、或移除就得把整個單體應用重新部署。

點對點的外掛元件可實作成共享程式庫(例如 JAR、DLL、或 Gem)、Java 的套件名稱、或 C# 的命名空間。繼續前面電子回收評估應用的範例,每個電子裝置外掛元件可實作成 JAR、DLL、或 Ruby Gem(或其他共享程式庫),其中裝置名稱與獨立共享程式庫的名稱一致,如圖 12-4 所示。

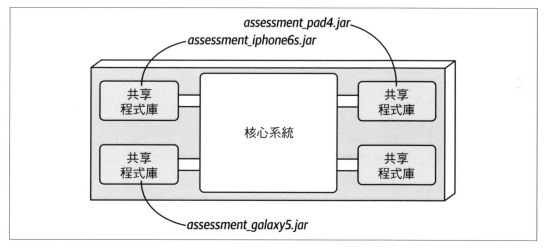

圖 12-4　以共享程式庫實作外掛元件

或者圖 12-5 有個更簡單的做法，就是以位於相同代碼庫或 IDE 專案的個別命名空間、或套件名稱，來實作外掛元件。建議利用下面的語義建立命名空間：app.plug-in.<domain><context>。例如，考慮命名空間 app.plugin.assessment.iphone6s。第二節點（plugin）清楚顯示這是一個外掛元件，因此應該嚴格遵守外掛元件的基本規則（也就是獨立而且與其他外掛元件分開）。第三節點描述領域（在本例為assessment），所以外掛元件可以依照共同目的被組織與分組。第四節點（iphone6s）描述外掛元件特定的使用背景，這樣便能輕易地找到特定裝置的外掛元件，以進行修改或測試。

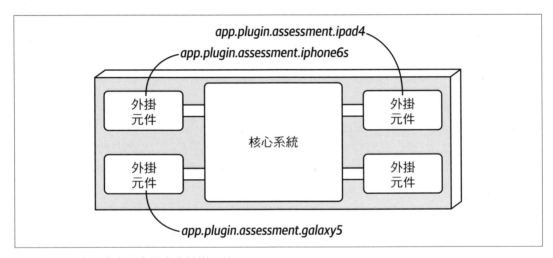

圖 12-5　以套件或命名空間實作外掛元件

外掛元件與核心系統之間的通信並非一定得是點對點。還有其他選項，包括利用 REST或傳訊來執行外掛元件的功能，其中每個外掛元件都是一個單獨的服務（或甚至是利用容器實作的微服務）。雖然這種做法看起來像是增加整體可擴展性的好方法，但因為核心系統為單體，所以注意這樣的拓撲結構（圖 12-6）仍只有一個架構量子。每一個請求都必須先通過核心系統，才能觸及外掛元件服務。

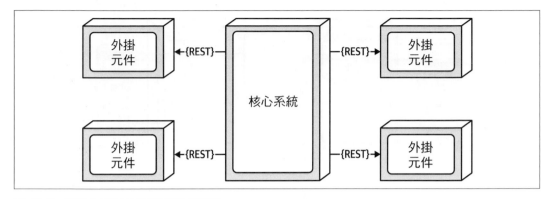

圖 12-6　利用 REST 存取遠端外掛元件

以遠端方式存取外掛元件（實作成個別的服務）的好處在於：整體的元件獨立性更好，使得可擴展性與吞吐量更好，並且在執行期的變更無須動用像 OSGi、Jigsaw、Prism 這樣的特殊框架。也可以利用非同步與外掛元件通信，而且依照使用情境的不同，有可能大大提升整體的使用者回應性。以電子回收範例來看，就不用等待電子裝置評估開始執行——核心系統可以發送非同步**請求**，去啟動特定裝置的評估程序。當評估程序結束，外掛元件透過另一個非同步傳訊通道通知核心系統，再通知使用者程序已結束。

雖然有這些好處，但仍有取捨。存取遠端外掛元件的做法，會把微核心架構變成分散式而非單體架構，使其對大部分第三方預置型產品來說，不好實作也不易部署。此外，整體複雜度與費用升高，也讓整體部署拓撲變得複雜。如果有個外掛元件停止回應或執行，特別是在使用 REST 的時候，請求便可能無法完成。單體部署的情況下就不會這樣。核心系統與外掛元件之間的通信，無論是選擇點對點或遠端，都應該基於特定需要而定，所以必須仔細分析好、壞處各種取捨。

外掛元件不常直接連接到共享的中央資料庫。相反地，這個責任由核心系統承擔，將需要的資料傳送給外掛元件。這麼做的主要原因是要達成去耦合。更動資料庫應該只影響到核心系統，而不是外掛元件。雖然如此，外掛元件可以有供自己存取的資料存儲。例如，在電子回收系統範例中，電子裝置評估外掛元件可以有自己的簡單資料庫，或含有每個產品之特定評估規則的規則引擎。外掛元件的資料存儲可在外部（如圖 12-7），或內嵌為外掛元件或單體部署的一部分（如記憶體內或嵌入式資料庫的例子）。

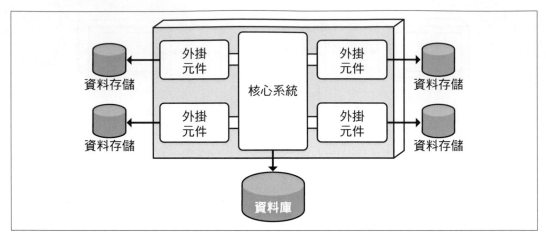

圖 12-7　外掛元件可以有自己的資料存儲

註冊表

核心系統得清楚哪些外掛模組可用，以及如何找到它們。一種常見的方法是透過外掛註冊表。該註冊表存放每個外掛模組的資訊，包括名字、資料合約、遠端存取協定細節（依據外掛元件如何連接到核心系統而定）。例如，揭示高風險稅務稽核項目的稅務軟體外掛元件，在註冊表裡面有一筆資料，上面有服務名稱（AuditChecker）、資料合約（輸入與輸出資料）、以及合約格式（XML）。

註冊表可以簡單到像核心系統的內部映射結構——有一個鍵碼加上外掛元件參照，也能複雜到除了註冊表外，還有個查詢工具——內嵌在核心系統，或部署在外部，例如 Apache ZooKeeper（*https://zookeeper.apache.org*）或 Consul（*https://www.consul.io*）。以電子回收範例來看，下面的 Java 程式碼實作一個核心系統內部的註冊表，分別展示了評估 iPhone 6S 裝置的點對點項目、傳訊項目、以及 REST 項目的範例：

```
Map<String, String> registry = new HashMap<String, String>();
static {
  // 點對點存取範例
  registry.put("iPhone6s", "Iphone6sPlugin");

  // 傳訊範例
  registry.put("iPhone6s", "iphone6s.queue");
```

```
    // restful 範例
    registry.put("iPhone6s", "https://atlas:443/assess/iphone6s");
}
```

合約

外掛元件與核心系統的合約，通常在同領域的外掛元件內被標準化，其內容包含行為、輸入資料、外掛元件傳回的輸出資料。客製化合約通常出現在外掛元件由第三方發展（所以對外掛使用的合約並無控制權）的情形下。在這種情況下，常常會在外掛合約與標準合約間打造一個配適器（adapter），這樣核心系統便無須對每個外掛撰寫特殊程式。

外掛合約可以用 XML、JSON、或甚至是在外掛與核心系統間來回傳遞的物件來實作。在電子回收應用上，下面合約（實作成名字為 AssessmentPlugin 的標準 Java 介面）定義整體的行為（assess()、register()、deregister()），以及相應外掛元件的預期輸出資料（AssessmentOutput）：

```
public interface AssessmentPlugin {
        public AssessmentOutput assess();
        public String register();
        public String deregister();
}

public class AssessmentOutput {
        public String assessmentReport;
        public Boolean resell;
        public Double value;
        public Double resellPrice;
}
```

在這個合約範例，裝置評估外掛應該以格式化字串傳回評估報告：有一個 resell 旗標（真或偽）指示裝置可否在第三方市場重新銷售、或者應安全地處理掉。最後，如果可以重新銷售的話（另一種形式的回收），其估計值與建議售價各是多少。

注意這個例子中核心系統與外掛元件的角色與責任模型，特別是 assessmentReport 這個欄位。核心系統沒有責任去格式化、以及了解評估報告，只需將其印出或顯示給使用者即可。

範例與用例

大部分開發及發行軟體的工具，都是以微核心架構進行實作。舉幾個例子，像是 Eclipse IDE（*https://www.eclipse.org/ide*）、PMD（*https://pmd.github.io*）、Jira（*https://www.atlassian.com/software/jira*）、Jenkins（*https://jenkins.io*）。像 Chrome 與 Firefox 這樣的瀏覽器是另一些微核心架構的常見例子：閱讀器與其他外掛元件，讓基本瀏覽器（代表核心系統）增加許多額外的功能。產品類軟體的例子可說數不勝數，那麼在大型商業應用方面又如何？微核心架構也可以應用到這些情境。做為說明，考慮有關保險理賠處理的保險公司例子。

理賠處理很複雜。不同管轄區對理賠範圍的規則與法規都不同。例如，如果擋風玻璃被石頭損毀，有些管轄區（例如州）可以免費替換，有些則不行。對一個標準理賠程序來說，這幾乎造成無窮多的狀況。

大部分的保險理賠應用，都利用大型、複雜的規則引擎來處理複雜性。但是這種規則引擎會長大成為大泥球——一項規則的改變會影響其他規則，或一個簡單的規則改變竟需要一組分析師、開發人員、測試人員一起確認不會造成故障。利用微核心架構模式便能解決許多這一類的問題。

每個管轄區的理賠規則可以放在個別、單獨的外掛元件（以原始碼、或外掛元件能夠存取的特殊規則引擎實例來實作）。這樣便可以依照特定管轄區增加、移除、更改規則，而不影響系統的其他部分。此外，還可以增減新的管轄區，而且不影響系統其他部分。此例中由核心系統處理理賠申請的標準程序，所以不需要常常變更。

另一個利用微核心架構的大型、複雜商業應用範例，是報稅軟體。例如，美國有基本的兩頁報稅表格 1040，裡面是計算個人稅務之所有必要資訊的總結。1040 稅務表每行有單一個數字——必須透過其他許多表單及工作表才能得到這個數字（例如淨收入）。這些額外的表單與工作表可以實作為外掛元件，然後將 1040 總和稅務表做為核心系統（驅動器）。這樣稅務法的任何變動都與獨立的外掛元件隔離，使得修改更容易、風險也更少。

架構特性的等級

特性等級表格（圖 12-8）的一顆星，表示該架構特性在架構中的支援不佳，五顆星則表示該特性在架構中是其中一個最強的特色。計分卡中每個特性的定義請參考第 4 章。

架構特性	星級等級
分割型態	領域與技術
量子數目	1
可部署性	☆☆☆
彈性	☆
演進式	☆☆☆
容錯	☆
模組化	☆☆☆
整體花費	☆☆☆☆☆
效能	☆☆☆
可靠性	☆☆☆
可擴展性	☆
簡單性	☆☆☆☆
可測試性	☆☆☆

圖 12-8　微核心架構特性等級

與分層架構類似，簡單與整體花費是微核心架構的主要強項，至於可擴展性、容錯、及擴充性則是主要缺點。這些缺點來自於微核心架構常採用的單體部署方式。另外，跟分層架構一樣，量子數為 1——因為所有請求必須通過核心系統，才能到達獨立的外掛元件。不過相似處也到此為止。

微核心架構的獨特處在於：它是唯一一個可以同時被領域與技術分割的架構。雖然大部分微核心架構採取技術分割，領域分割則多是透過密切的領域 - 架構同構而發生的。例如，需要針對每個位置、或客戶做不同設定的問題，就非常適合這種架構。另一個例子是很強調使用者客製化、以及功能擴充性的產品或應用（例如 Jira 或像 Eclipse 這類的IDE）。

可測試性、可部署性、以及可靠度只比平均高一點（三顆星），主因是其功能性被隔離至獨立的外掛元件。如果做得好，可以降低修改的整體測試範圍及部署風險，特別在當外掛元件是以執行期方式進行部署的時候。

模組化與擴充性也比平均高一些（三顆星）。在微核心架構下，可以透過獨立自足的外掛元件，加入、移除、及更動額外的功能，所以要擴充及強化應用相對容易，也使得團隊對於變動的反應更快。考慮前一節的報稅軟體範例。如果美國稅法改變（確實常如此）、需要一份新的稅務表單，則可以利用外掛元件建立新表單，不必太費力就能加到應用裡。同樣地，如果某個稅務表單或工作表不需要了，把相應的外掛元件移除即可。

評比微核心架構的效能一直是件有趣的事。我們給三顆星（比平均高一些），大致上是因為微核心應用通常比較小，也不會像大部分分層架構長得那麼巨大。另外，也比較不會遭遇第 10 章討論的架構汙水池反模式這種缺點。最後，透過移除不需要的功能，微核心架構可以被簡化，使得應用執行的速度更快。一個很好的例子是 Wildfly（ *https://wildfly.org* ，也就是之前的 JBoss 應用伺服器）。移除像集群、快取、傳訊等不需要的功能後，應用伺服器的效能比擁有這些功能的時候要快得多。

第十三章

服務式架構風格

服務式架構混合了微服務架構，也因為架構上的靈活性，所以被認為是最實用的架構之一。雖然服務式架構是分散式架構，卻沒有其他分散式架構（例如微服務或事件驅動架構）的複雜度與高費用，使其在許多商業應用上很受歡迎。

拓撲結構

服務式架構的基本拓撲採用巨觀分層結構，由分開部署的使用者介面、遠端粗顆粒服務、以及單體資料庫所組成。其基本拓撲顯示在圖 13-1。

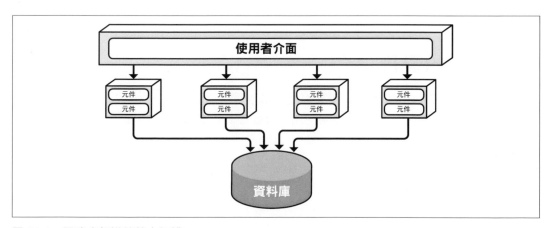

圖 13-1　服務式架構的基本拓撲

架構中的服務，通常是應用中顆粒較粗、獨立及分開部署的「部分」（通常被稱為**領域服務**）。這些服務部署的方式與任何單體應用相同（例如一個 EAR 檔案、WAR 檔案、或一組打包），因此無須使用容器化（雖然可將領域服務部署到像 Docker 這樣的容器）。因為這些服務共享單一個單體資料庫，一個應用的背景服務之數量通常在 4 到 12 之間，平均大約是 7 個。

在服務式架構大部分情況下，每種領域服務都只有單一實例。但是依據可擴展性、容錯、及吞吐量的需求，領域服務當然可以有多重實例。多重實例要求使用者介面與領域服務之間擁有某種負載平衡的能力，這樣使用者介面的請求才能導向到一個正常、可用的服務實例。

使用者介面透過遠端存取協定，從遠端存取各項服務。雖然使用者介面通常利用 REST 來存取服務，但是也可以使用傳訊、遠端程序呼叫（RPC）、甚或是 SOAP。雖然能使用 API 層（由代理伺服器或閘道構成）從使用者介面（或其他外部請求）存取服務，但在大部分情況下，使用者介面乃透過內嵌在使用者介面、API 閘道、或代理伺服器的服務定位模式（*https://oreil.ly/wYLF2*），來直接存取服務。

服務式架構還有個重要面向，就是通常會使用中央共享的資料庫。這使得服務能使用像傳統單體分層架構般一樣的方法，來利用 SQL 的查詢及連接。因為服務數目少（4 到 12），資料庫連線在服務式架構上通常不是個問題 —— 但是資料庫變動可能會是個問題。第 161 頁的「資料庫分割」會討論在服務式架構下，處理與管理資料庫變動的技巧。

拓撲結構的變形

服務式架構有許多種拓撲變形，使其可能為最有彈性的架構之一。例如圖 13-1 的單一單體使用者介面，可以被拆分成幾個使用者介面領域，甚至到達與領域服務一樣多的程度。這些使用者介面變形顯示在圖 13-2。

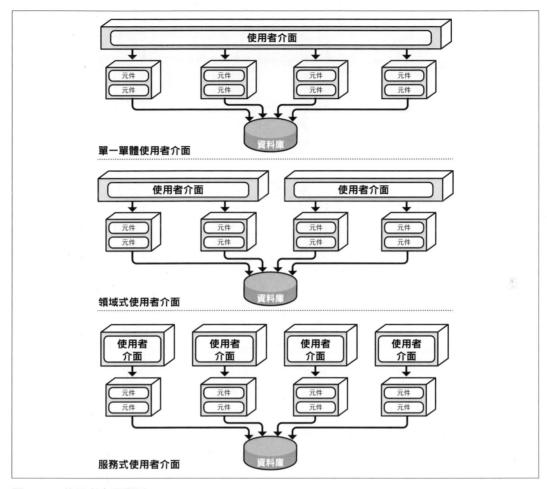

圖 13-2　使用者介面變形

同樣地，也可以把單一的單體資料庫拆分，甚至到達每個領域服務（類似微服務）都有自己的領域資料庫的程度。在這些例子中，重要的是必須確定另一個領域服務不需要與之分開的資料庫。這樣就可以避免領域服務之間的跨服務通信（這一點在服務式架構一定得避免），以及資料庫之間的資料複製。這些資料庫變形顯示在圖 13-3。

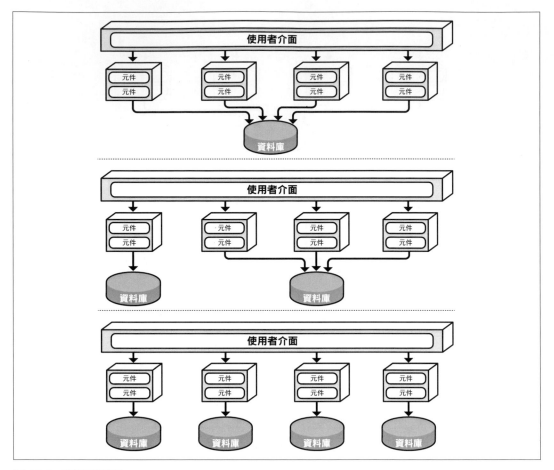

圖 13-3　資料庫變形

最後，也可以在使用者介面與服務之間，增加一層由反向代理伺服器或閘道構成的 API 層，如圖 13-4 所示。在對外部系統揭露領域服務功能，或統整共有且互相交錯的考量、並將其移出使用者介面時（例如指標、安全性、稽核需求、以及服務發現），這是一種良好的實務做法。

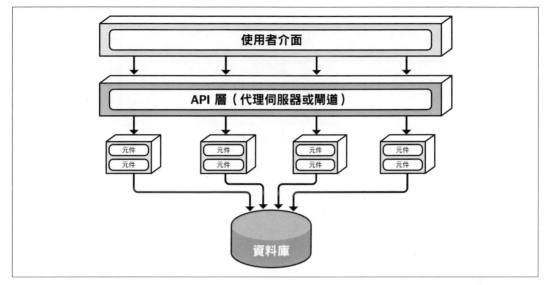

圖 13-4　在使用者介面與領域服務之間，增加一個 API 層

服務設計與顆粒度

因為服務式架構的領域服務通常顆粒較粗，所以領域服務常以分層架構（由 API 外觀層、業務層、持久層組成）來設計。另一個受歡迎的設計方法，是像模組化單體架構那般，透過子領域對領域服務進行領域分割。這些設計方法顯示在圖 13-5。

不管服務怎麼設計，領域服務必須有某種與使用者介面互動的 API 存取門面，以執行某種業務功能。通常 API 存取門面的責任，是安排來自於使用者介面的業務請求。例如，考慮一個來自於使用者介面、要求下單的業務請求（也稱為前台結帳）。此單一請求由 OrderService 領域服務的 API 存取門面接收，然後在內部為此業務請求做安排：下單、產生訂單編號、付款、更新每項訂購產品的庫存。在微服務架構中，這有可能牽涉到許多分開部署、位於遠端之單一功能服務的協作，才能把請求完成。這種內部類別層級的協作與外部服務協作之間的差異，揭示出在顆粒度方面，服務式架構與微服務之間的許多重要差異之一。

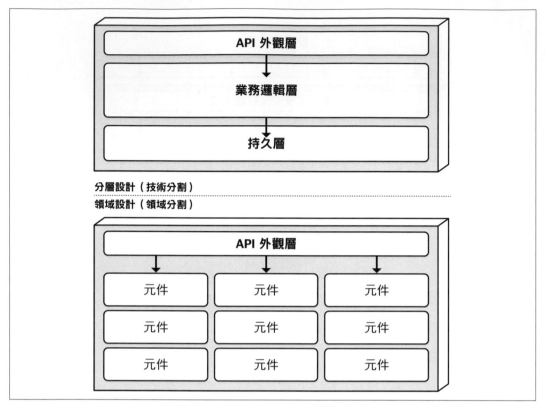

圖 13-5　領域服務設計變形

因為領域服務的顆粒較粗，牽涉資料庫之確認及撤回的常規 ACID（原子性、一致性、隔離性、持久性）資料庫交易，被用來在單一領域服務內確保資料庫的完整性。另一方面像微服務這類高度分散的架構，通常擁有顆粒較細的服務，並且使用稱為 BASE（基本可用性、軟性狀態、最終一致性）交易的分散式交易技巧。這些交易依賴最終一致性，因此不支援服務式架構中、與 ACID 交易同等級的資料庫完整性。

為說明這一點，考慮一個服務式架構的前台結帳例子。假設客戶下單，但是付款用的信用卡已經過期。因為這是同一個服務內的原子化交易，新增到資料庫的任何東西可以利用撤回來移除，再知會客戶其付款無法完成。現在考慮在服務顆粒度較小的微服務架構下，進行同樣的程序。首先，OrderPlacement 服務會接受請求、建立訂單、產生訂單編號、以及將訂單插入訂單表格。完成之後，訂單服務再遠端呼叫 PaymentService，由其嘗試處理付款。如果因為信用卡過期導致付款失敗，那麼便無法下單，而且此時資料處於不一致的狀態（已訂單資訊已加入，但尚未被認可）。在這種情況下，訂單相關的庫存該怎麼處理？應該被標記為已訂購並減少數量嗎？如果庫存低，又有另一個客戶想買同樣的品項該怎麼辦？應該讓新客戶購買，還是保留給想下單但信用卡過期的客戶？上面只是利用多個顆粒更細的服務來安排業務程序時，必須去處理的一些問題。

粗顆粒的領域服務，雖可以實現較佳的資料完整性與一致性，但仍有取捨。在服務式架構，OrderService 下單功能的變動就得測試整個粗顆粒服務（包括付款處理）。但在微服務底下，同樣的變動只影響小小的服務 OrderPlacement（無須更改 PaymentService）。另外因為部署的程式更多，所以服務式架構的風險更高──有些東西可能故障（包括付款處理）。如果是微服務，因為每個服務只負有一項責任，所以在更動時比較不會破壞其他功能。

資料庫分割

雖然並非必要，但在某些應用背景下，因為服務數目不大（4 到 12），所以服務式架構中的服務經常共享單一個單體資料庫。這種資料庫耦合在資料庫表格綱要（schema）變動的時候，可能產生問題。如果沒有適當處理，表格綱要的變動潛在可能影響每個服務，使得資料庫變動在工夫與協調方面顯得極其昂貴。

在服務式架構中，代表資料庫表格綱要的共享類別檔案，被存放在由所有領域服務共享的一個客製化程式庫（像 JAR 檔案或 DLL）。共享程式庫可能內含 SQL 程式碼。打造單一個實體物件共享程式庫，是實現服務式架構最無效的一個做法。任何資料庫表格結構的變動，都必須更動內含所有相應實體物件的單一共享程式庫，所以需要更動及重新部署每個服務──不管該服務是否存取那一個被變更的表格。共享程式庫的更版有助於處理這個問題。但在只有單一共享程式庫的情形下，如果沒有經過人工、仔細的分析，很難知道哪些服務會真正受到表格變動的影響。這種單一共享程式庫的情境顯示在圖 13-6。

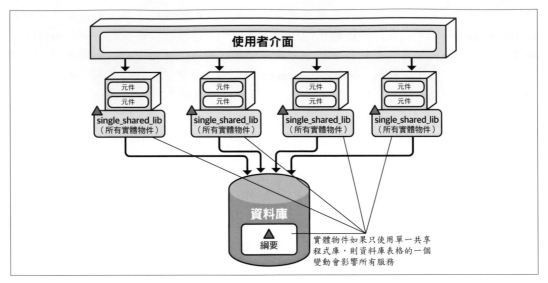

圖 13-6　使用單一共享程式庫的資料庫實體物件

一種降低資料庫變動的影響與風險的方法，是從邏輯上分割資料庫，並透過聯合共享程式庫實現邏輯分割。注意在圖 13-7，資料庫被邏輯分割成 5 個分開的領域（共同、客戶、開票、下單、及追蹤）。也請注意到領域服務使用了 5 個相應的共享程式庫，剛好與資料庫的邏輯分割相符。透過這項技巧，某邏輯領域的表格更動與對應的共享程式庫（內含實體物件，可能也有 SQL）相符，所以只會影響到使用該程式庫的服務——在本例中就是開票服務。沒有其他服務會被這個變動影響。

注意圖 13-7 的**共同**領域，以及相應的、所有服務皆使用的 `common_entities_lib` 共享程式庫。這個情況相對很常見。這些表格被所有服務共用，所以更動這些表格需要協調所有存取此共享資料庫的服務。一種緩和表格（及相應實體物件）變動之影響的做法，是在版本控制系統中鎖定這些共同的實體物件，並限制只有資料庫團隊才能對其進行修改。這樣有助於控制變更，也強調了對所有服務都使用的共同表格進行變更的重要性。

　在維持明確的資料領域、使人們能在服務式架構中更好地控制資料庫變動的情形下，應該讓資料庫的邏輯分割之顆粒度越細越好。

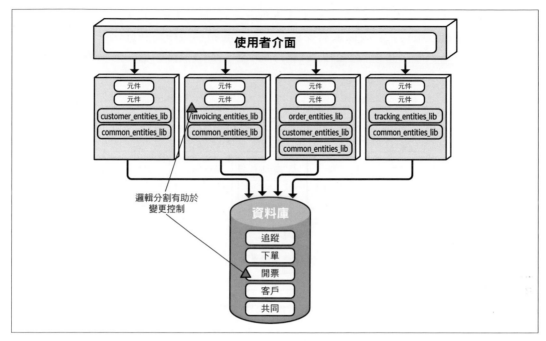

圖 13-7　使用多個共享程式庫的資料庫實體物件

範例架構

為說明服務式架構的靈活性與威力，考慮一個實際範例——回收老舊電子裝置（例如
iPhone 或 Galaxy 行動電話）的電子回收系統。回收老舊電子裝置的處理流程如下：首
先，客戶詢問公司（透過網站或公共資訊站）能從老舊電子裝置拿到多少錢（稱為**報
價**）。如果滿意，客戶再把實體電子裝置送至回收公司（稱為**接收**）。一旦收到裝置，回
收公司會評估裝置，以判定其運作是否正常（稱為**評估**）。如果裝置正常，公司把承諾
的金錢付給客戶（稱為**會計**）。透過此程序，客戶隨時能到網站檢視物品的狀態（稱為
物品狀態）。依照評估的結果，裝置要不是被安全地摧毀回收，便是被重新銷售（稱為
回收）。最後，公司依照回收活動，週期性地執行特別及安排好的財務與營運報表（稱
為**報表**）。

圖 13-8 利用服務式架構顯示此系統。注意前面描述的每個領域，是如何被實作成一個分開部署的獨立領域服務。只要擴大需要更高吞吐量的服務規模（在此例中為面向客戶的報價服務及物品狀態服務），就可以實現可擴展性。其他服務無須擴大規模，因此只須單個服務實例。

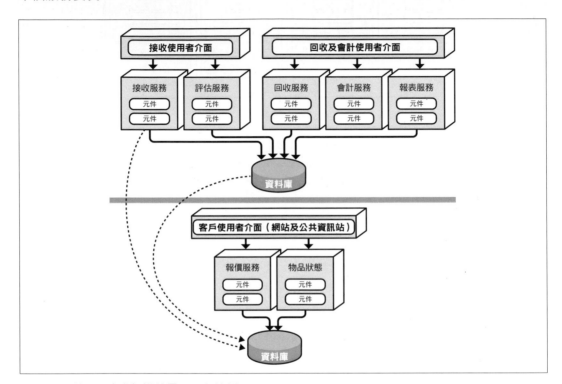

圖 13-8　利用服務式架構的電子回收範例

也注意在圖 13-8 中，使用者介面應用如何在個別領域內聯合：**面向客戶**、**接收**、**回收**及**會計**。這種聯合使得使用者介面的容錯、可擴展性、與安全性（外部客戶沒有接觸內部功能的網路路徑）得以實現。最後，注意在這個例子中，有兩個分開的實體資料庫：一個是外部、面向客戶的營運，一個是內部的運維。這樣內部的資料與運維跟外部的營運位於分開的網路區（以橫線表示），因此提供更好的安全性存取限制與資料保護。透過防火牆的單向存取，內部服務可以存取及更新面向客戶的資訊，但反方向的操作則不行。不然依照使用的是哪個資料庫，也可以使用內部表格鏡像以及表格的同步。

這個例子說明了服務式架構做法的許多好處：除了敏捷性、可測試性、可部署性之外，還有可擴展性、容錯、安全性（資料與功能保護及存取）。例如，評估服務常常變更，因為收到新的產品就得增加評估規則。這種經常性的變動被隔離成為單獨的領域服務，以提供敏捷性（對變動能快速回應）、可測試性（測試的簡易程度及完整性）、及可部署性（部署的簡易程度、頻率、以及風險）。

架構特性的等級

特性等級表格（圖 13-9）的一顆星，表示該架構特性在架構中的支援不佳，五顆星則表示該特性在架構中是其中一個最強的特色。計分卡中每個特性的定義請參考第 4 章。

架構特性	星級等級
分割型態	領域
量子數目	1 到多
可部署性	★★★☆
彈性	★☆
演進式	★★☆
容錯	★★★★☆
模組化	★★★★☆
整體花費	★★★★☆
效能	★★★☆
可靠性	★★★★☆
可擴展性	★★★☆
簡單性	★★☆
可測試性	★★★★☆

圖 13-9　服務式架構特性等級

服務式架構是**領域分割架構**，也就是其結構乃受領域、而非技術考量（例如展示或持久邏輯）所驅動。考慮前面的電子回收應用：每個服務都是分開部署的軟體單元，其範圍都只限於某特定領域（例如物品評估）。在此領域的變動只影響特定的服務、相應的使用者介面及資料庫。為支援特定評估規則的更動，並不需要修改其他部分。

因為是分散式架構，量子數目可以是 1 或大於 1。即使可能有 4 到 12 個分開部署的服務，如果這些服務共用一樣的資料庫或使用者介面，那麼整個系統仍只有一個量子。但是如第 156 頁的「拓撲結構的變形」所示，使用者介面與資料庫皆可採聯合形式，使整個系統有多個量子。在電子回收範例中，系統有兩個量子，如圖 13-10 所示：一個是面向客戶的部分，有自己的客戶使用者介面、資料庫、服務群（報價與物品狀態）；另一個是處理接收、評估、及回收電子裝置的內部運維部分。注意雖然內部運維量子有分開部署的服務、以及兩個使用者介面，但因為共享同一個資料庫，所以內部運維只能算是一個量子。

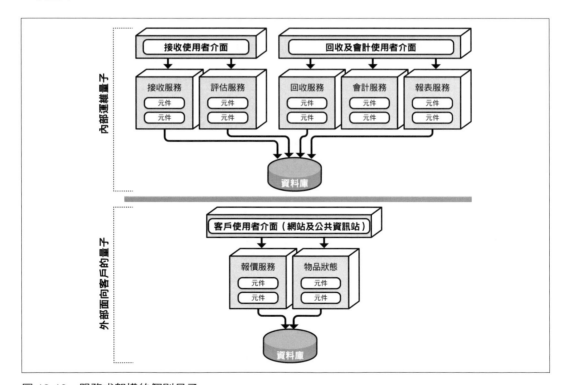

圖 13-10　服務式架構的個別量子

雖然服務式架構沒有任何五星評等，但是在許多重要區域的等級頗高（四顆星）。利用這種架構風格，把應用拆成分開部署的領域服務，使得快速修改（敏捷性）與較好的測試覆蓋率得以實現——這是由於領域的範圍有限（可測試性），以及能夠更常進行部署而且風險比大型單體來得低（可部署性）。這三種特性促成更短的上市時間，讓組織能以相對更快的速度發表功能及修改臭蟲。

服務式架構在容錯、與整體應用可用性的評比也很高。即使領域服務較傾向於較粗的顆粒度，但在此架構下，服務不但獨立、而且不必利用因為資料庫與程式碼共享所必須採用的跨服務通信，所以得到四顆星的評等。結果，如果有個領域服務當掉（例如電子回收應用範例的接收服務），並不會影響其他的六個服務。

因為服務的粗顆粒特性，所以可擴展性只有三顆星，相應的彈性只有兩顆星。當然在此架構下實現程式化的可跨展性與彈性仍有可能，但與較細顆粒的服務（例如微服務）相比，有更多的功能必須進行複製。因此，以機器資源的觀點來看，就比較沒效率，成本效益也較差。通常在服務式架構下，服務實例都只有單獨一個——除非需要更好的吞吐量、或失效備援。一個好例子就是電子回收應用範例——只有報價與物品狀態兩個服務必須擴展，以支援可能發生的大量客戶的狀況。但是其他的運維服務只要單一個實例就夠了，也使其支援記憶體內的快取、以及資料庫連線的共用變得更為容易。

區分此架構與其他架構（更昂貴、複雜的分散式架構，例如微服務、事件驅動架構、或甚至是空間式架構）的差異還有另外兩種驅動因素，就是簡易性及整體花費。所以服務式架構是最簡易、且具有成本效益的其中一種分散式架構。雖然這樣的主張聽起來很吸引人，但在所有四星評等的特性中，對於省錢與簡易性便不得不有所取捨。費用與複雜度越高，這些評等便會更好。

由於領域服務的粗顆粒本質，服務式架構要比其他分散式架構來得可靠。大型服務意味著服務間的交通量變小、更少的分散式交易、使用的頻寬更少，因此在網路上的整體可靠性就會更好。

使用此架構的時機

這種架構的靈活性（第 156 頁的「拓撲結構的變形」），加上三星、四星架構特性評比的數目，使服務式架構成為其中一種最務實的架構。當然一定有其他強大得多的分散式架構——有些公司發現這種強大是以高漲的費用為代價，還有些公司就只是不需要這麼強的系統。這就好像開一台馬力、速度、操控很好的法拉利上下班，卻因塞車時速只能到50 公里——當然看起來還是很酷，但是多麼浪費資源與金錢啊！

在從事領域驅動設計時，採用服務式架構也很適合。由於這些服務本身是粗顆粒而且以領域為範圍，每種領域都恰好與分開部署的領域服務契合。服務式架構的每個服務涵蓋了某一個特定領域（例如電子回收應用裡面的回收），所以將其功能劃分到單一軟體單元，就能讓該領域的任何修改變得容易一些。

在分散式架構中，維護及協調資料庫交易一直是個問題，因其通常依賴的是最終的一致性，而非傳統的 ACID（原子性、一致性、隔離性、持久性）交易。但相較於其他分散式架構，由於領域服務的粗顆粒特性，服務式架構保留了更多的 ACID 交易。在有些情況下，使用者介面或 API 閘道安排了兩個或更多個領域服務，而且其中的交易必須依賴 sagas（傳奇）及 BASE 交易模式。但是在大部分情況下，交易的範圍只限於特定的領域服務，使得大部分單體應用上常見的傳統確認及撤回交易功能得以實現。

最後，如果不想在顆粒度的複雜性與陷阱中糾纏、並且達到良好的架構模組化，那麼服務式架構是個好選擇。當服務的顆粒度變細，圍繞協作與編排的問題將開始出現。在多個服務必須協調以完成特定業務交易時，協作與編排就有必要了。協作乃是透過另一個調停者服務（控制及管理交易的工作流程），來協調多個服務（就像樂隊的指揮）。另一方面，編排是透過讓服務之間互相通話（不利用中心化的調停者），來協調多個服務（就像舞蹈中的舞者）。當服務顆粒度變得更細，就需要協作與編排來把服務綁在一起，以完成業務交易。但是因為服務式架構的服務比較屬於粗顆粒，所以不像其他分散式架構需要那麼多的協調工作。

第十四章

事件驅動架構風格

事件驅動架構是種廣受歡迎的分散非同步架構,用來產出高擴展性、高效能的應用。它的可適性也很高,可用在小型及大型、複雜的應用上。事件驅動架構,乃由以非同步方式接收及處理事件的去耦合處理元件組成。它可以被當成獨立架構使用,或內嵌至其他架構風格(例如事件驅動微服務架構)。

大部分應用都遵循所謂的**請求式模型**(圖 14-1)。在此模型下,發送至系統要求執行某種行動的請求,會被送給**請求協作者**。請求協作者通常是一個使用者介面,但也可以透過 API 層或企業服務匯流排來實作。它的角色是確切、同步地把請求導向各種**請求處理器**。請求處理器透過提取或更新資料庫的資訊,來處理各項請求。

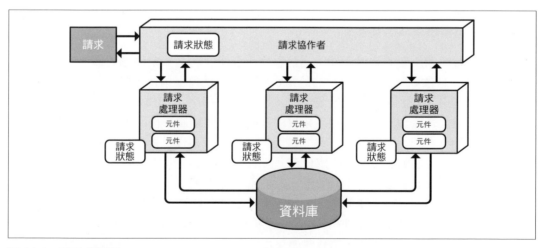

圖 14-1 請求式模型

請求式模型的一個好例子，就是客戶想提取過去六個月之訂單歷史的請求。提取訂單歷史資訊是一種發送至系統，在特定背景下由資料驅動的確定性請求，而不是一件系統不得不反應的事件。

另一方面，事件式模型則對特定的情況反應，並依據該事件採取行動。事件式模型的一個例子，是在線上拍賣上針對特定物品出價。此時出價不算是發給系統的請求，而比較像在即時報價宣布後才發生的一個事件。系統必須透過對同時收到的出價比較，來回應此事件，並決定目前最高的出價者。

拓撲結構

事件驅動架構有兩種主要的拓撲結構：調停者拓撲與代理者拓撲。在需要控制事件程序的工作流程中，常使用調停者拓撲；至於在事件的處理上，如果要求更高程度的反應性與動態控制，則使用代理者拓撲。這兩種拓撲的架構特性與實作策略不同，所以對兩者必須有所了解，才知道在特定情況下哪一種最適合。

代理者拓撲

代理者與調停者拓撲不同，因為沒有中心化的事件調停者。相反地，訊息流透過輕量級的訊息代理者（像是 RabbitMQ、ActiveMQ、HornetQ 等等）、以鏈條般的廣播形式，分散至事件處理器的元件。如果事件處理流程相對簡單，也不需要中心化的事件協作與協調，那麼這種拓撲甚為有用。

代理者拓撲有四個主要的架構元件：初始事件、事件代理者、事件處理器、以及處理事件。初始事件是啟動整個事件流程的最初事件，不管是線上拍賣出價那樣的簡單事件，或是保健福利金系統裡面換工作、結婚之類更複雜的事件。初始事件被送至事件代理者的事件通道進行處理。因為代理者拓撲中沒有管理與控制事件的調停者元件，單一事件處理器從事件代理者接收初始事件，接著開始處理該事件。接收初始事件的事件處理器，執行與該事件之處理相關的特定任務。接著透過創造一個所謂的處理事件，非同步地告知系統其他部分它已經採取的行動。此處理事件接著以非同步方式傳送至事件代理者進一步處理——如果有必要的話。其他的事件處理器聆聽此處理事件，做些動作以反應此事件，接著再透過新的處理事件宣布它們的行動。這道程序一直持續，直到沒有人對最後一個事件處理器的所作所為有興趣為止。圖 14-2 說明這個事件處理流程。

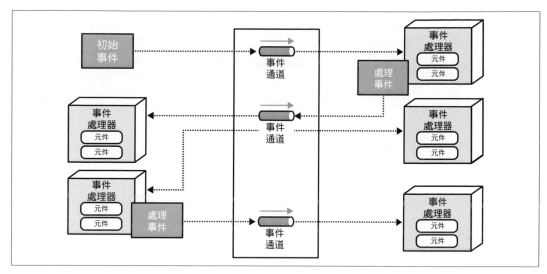

圖 14-2 代理者拓撲

事件代理者元件常以聯合形式（意即有許多個領域式集群實例）呈現，而且每個聯合代理者都包含特定領域事件流程的所有事件通道。因為代理者拓撲具備獨立、非同步，射後不理的廣播特性，所以通常會使用主題（或在 AMQP 中使用主題轉發器）的發布 - 訂閱傳訊模式。

在代理者拓撲中，讓每個事件處理器對系統其他部分宣揚其行為——不管其他事件處理器是否在意，一直是一種良好的實務做法。這種做法在需要額外的功能來處理該事件的時候，就能提供架構上的擴充性。例如，假設在圖 14-3 的部分複雜程序，產生一個電子郵件並傳送給客戶，通知已經採取某個行動。通知事件處理器會產生並傳送電子郵件，然後透過傳送給主題的新處理事件，讓系統其他部分知道此項行動。然而在此例中，其他事件處理器不在意該主題之事件，所以這個訊息就被捨棄了。

這是一個很好的**架構擴充性**例子。雖然傳送會被忽略的訊息似乎浪費資源，但其實不然。假定有個新需求，要分析送給客戶的電子郵件。此新事件處理器可以用最少的力氣加入系統——因為透過電子郵件主題，電子郵件資訊可被此新加入的分析程式取用，而且不需要另外增加基礎設施、或修改其他事件處理器。

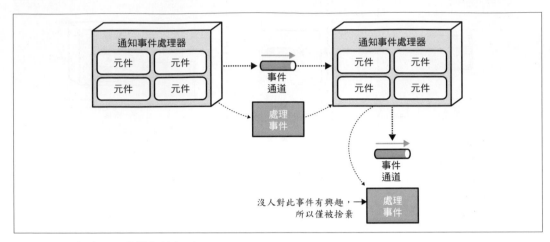

圖 14-3　通知事件已傳送但被忽視

為說明代理者拓撲的工作原理，考慮圖 14-4 一個典型的零售訂單輸入系統之處理流程，乃是針對某物品（比如像這本書）下單。在此例中，下單事件處理器接收到初始事件（PlaceOrder），將訂單加進資料庫表格，然後回復訂單 ID 給客戶。接著再透過 order-created 處理事件，告知系統其他部分它已經建立一筆訂單。注意有三個事件處理器對此事件有興趣：通知、付款、庫存事件處理器。這三個事件處理器以平行方式執行任務。

通知事件處理器收到 order-created 處理事件、寄電子郵件給客戶，接著產生另一個處理事件（email-sent）。注意沒有其他事件處理器正在聆聽該事件。這種情況很常見，也解釋了前面有關架構擴充性的例子——工具已到位，需要的話其他事件處理器最終便可接上該事件饋送機制。

庫存事件處理器也會聆聽 order-created 處理事件，然後減少該書籍的庫存數量。接著透過 inventory-updated 處理事件宣告自己採取的行動——此事件由庫房事件處理器接收，以管理庫房的庫存，並在庫存太少時重新訂購物品。

付款事件處理器也收到 order-created 處理事件，並且針對剛產生的訂單向客戶的信用卡收款。注意圖 14-4 中，付款事件處理器的行動產生了兩個事件：一個是通知系統其他部分已向客戶收款（payment-applied），另一個處理事件則通知系統其他部分該收款遭到拒絕（payment-denied）。請注意通知事件處理器對 payment-denied 處理事件有興趣——因為它必須接著傳送電子郵件給客戶，通知其更新信用卡資訊、或選擇不同的付款方式。

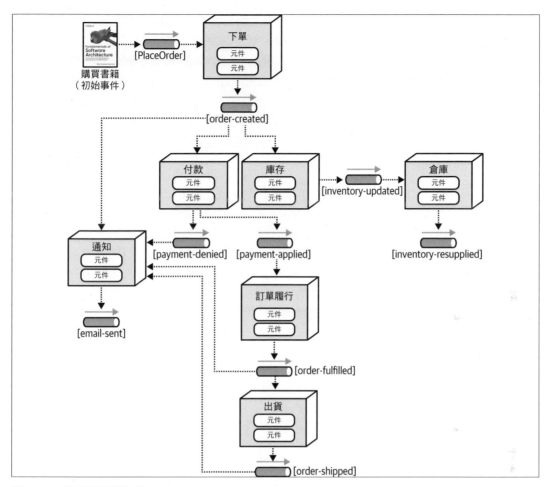

圖 14-4　代理者拓撲範例

訂單履行事件處理器聆聽 `payment-applied` 處理事件，然後進行撿貨與包裝。完成後它會透過 `order-fulfilled` 處理事件，通知系統其他部分該訂單已經包裝完畢。請注意通知與出貨處理單元都會聆聽此項事件。同時，通知單元也會通知客戶，告知其訂單已包裝好準備出貨，同時間出貨事件處理器也選了一種出貨方式。出貨事件處理器接著出貨，並送出 `order-shipped` 處理事件——通知事件處理器也聆聽此一事件，並通知客戶訂單狀態的改變。

在分析前面例子的時候，注意所有事件處理器之間皆為高度去耦合且互相獨立。了解代理者拓撲最好的方法是將之視為接力賽。接力賽中跑者拿著接力棒（木棍），跑上一段特定距離（例如 1.5 公里），然後交棒給下一個跑者，一直到最後一個跑者跑經終點線。在接力賽中，一旦跑者交出接力棒，該名跑者在比賽的任務便已終結，可以做別的事了。代理者拓撲也是如此。一旦事件處理器交出事件，便跟該事件的處理沒有關係，已經能去處理別的初始或處理事件。此外，事件處理器能彼此獨立地擴展規模，以處理不同的負載情況或備援。如果事件處理器當掉或因為某些環境因素變慢，還可透過主題來提供背壓（back pressure）點進行應對。

雖然效能、回應性、可擴展性都是代理者拓撲極大的優點，但也有些壞處。首先，沒有辦法控制與初始事件（此例的 PlaceOrder 事件）相關的整個工作流程。依據不同狀況，此流程極為動態，整個系統中沒人知道什麼時候下單交易才會真正完成。錯誤處理也是代理者拓撲的一項大挑戰。因為沒有調停者監督或控制交易，如果處理失敗（例如付款事件處理器當掉，所以沒有完成指定的工作），系統內也是無人知曉。此時業務程序會卡住，如果沒有自動或手動介入將無法繼續前進。此外，所有其他程序不會考慮這項錯誤，繼續往前處理。例如，庫存事件處理器仍會減少庫存數量，至於其他的事件處理器則假定沒啥事出錯、一切照舊。

代理者拓撲也不支援重啟交易（可恢復性）。因為在初始事件的初步處理過程中，其他動作都是非同步的，所以無法重新提交初始事件。代理者拓撲中沒有哪個元件清楚現在的狀態、或是知道原始業務請求時候的狀態，所以沒有人能負責重啟該項業務交易（亦即初始事件），也不清楚上次的進度到哪兒。代理者拓撲的好壞處總結在表 14-1。

表 14-1　代理者拓撲的各種取捨

好處	壞處
高度去耦合的事件處理器	工作流程控制
高可擴展性	錯誤處理
高回應性	可恢復性
高效能	重啟能力
高容錯	資料不一致

調停者拓撲

事件驅動架構的調停者拓撲，解決了前述代理者拓撲的一些缺點。此拓撲的中心有個事件調停者，為需要協調多個事件處理器的初始事件，管理及控制工作流程。此種拓撲的架構元件包括初始事件、事件佇列、事件調停者、事件通道、以及事件處理器。

就像代理者拓撲一樣，初始事件啟動整個事件程序。但跟代理者拓撲不同的是，初始事件被送到一個初始事件佇列，再由事件調停者接收。事件調停者只知道事件處理的步驟，所以會產生對應的處理事件、並以點對點傳訊的方式送到專屬的事件通道（通常就是佇列）。事件處理器會聆聽專屬的事件通道，處理事件、並且通常會回應調停者其工作已完成。跟代理者拓撲不同的是，調停者拓撲的事件處理器不對系統其他部分宣告其所完成的動作。調停者拓撲圖示在圖 14-5。

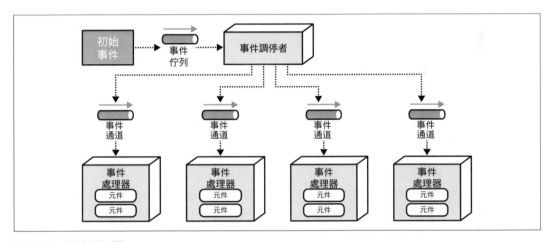

圖 14-5　調停者拓撲

大部分調停者拓撲的實作中，會有多個與特定領域、或特定一組事件相關的調停者。這樣減少了拓撲的單點故障問題，也增加整體的吞吐量與效能。例如，有一個客戶調停者處理所有有關客戶的事件（例如新客戶註冊、以及個資更新），還有另一個調停者處理訂單相關的活動（例如增加一項物品到購物車、以及結帳）。

事件調停者的實作方法有許多種，端視有待處理事件之本質與複雜性而定。例如，需要簡單錯誤處理與協作的事件，像 Apache Camel（*https://camel.apache.org*）、Mule ESB（*https://www.mulesoft.com*）、或 Spring Integration（*https://oreil.ly/r2e4r*）就夠用了。這幾種調停者的訊息流與訊息路徑通常是以程式碼（例如 Java 或 C#）客製化，以控制事件處理的工作流程。

但是，如果事件的工作流程需要許多條件式處理、以及擁有複雜錯誤處理指令的多重動態路徑，那麼像 Apache ODE（*https://ode.apache.org*）或 Oracle BPEL Process Manager（*https://oreil.ly/jMtta*）是不錯的選擇。這些調停者乃以業務流程執行語言（BPEL，*https://oreil.ly/Uu-Fo*）為基礎——亦即一種像 XML 的結構，用來描述事件處理的各個步驟。BPEL 工件也包含結構化元素，用在錯誤處理、重新導向、群播等等。BPEL 是個威力強大、但學起來相對複雜的語言，因此通常是利用產品的 BPEL 引擎套件提供的圖形使用者介面工具來編寫。

BPEL 在複雜、動態的工作流程上很管用，但是對那些必須在事件程序中牽扯到人為介入、交易執行期長的事件工作流程，就不是很適合了。例如，假設有個交易透過 place-trade 初始事件下單。事件調停者接收此事件，但處理時發現需要人工核准——因為該筆交易超過一定股數。在此情況下，事件調停者得停止事件的處理、並通知資深交易員人工核准，接著等待核准的確立。在這些例子中，必須有業務程序管理（BPM）引擎，例如 jBPM（*https://www.jbpm.org*）才行。

為了正確選擇事件調停者的實作方式，瞭解透過調停者要處理的事件種類為何很重要。對複雜、需要與人互動且執行期長的事件，如果選擇 Apache Camel 的話，不但很難編寫也很難維護。同樣地，針對簡單的事件流程使用 BPM 引擎，將會浪費數個月的功夫——此時若選擇 Apache Camel，只需幾天就可搞定。

鑑於很少遇到所有事件的複雜度都屬於同一類的情形，我們建議把事件分類成簡單、困難、或複雜，並且讓每個事件都經過一個簡單的調停者（例如 Apache Camel 或 Mule）。簡單調停者再查出事件的分類，再依此分類決定由自己處理，或轉發給另一個更複雜的事件調停者。以這種方式，所有種類的事件都可利用其需要的調停者來有效處理。這種調停者委託模式顯示在圖 14-6。

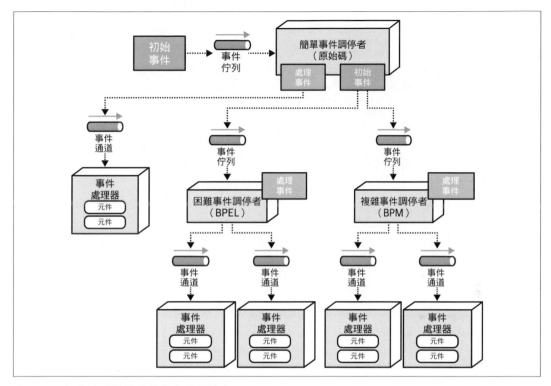

圖 14-6　把事件委託給適當的事件調停者

注意在圖 14-6 中，簡單事件調停者在遇到簡單的事件、可由自己處理時，會產生並送出一個處理事件。但是如果進到簡單事件調停者的初始事件，被歸類為困難或複雜時，則此初始事件便被轉發至相應的調停者（BPEL 或 BMP）。但是攔截原本事件的簡單事件調停者，可能還是得負責知道該事件之處理何時結束，或者把整個工作流程（包括通知客戶）都委託給其他的調停者。

為說明調停者拓撲如何運作，考慮之前代理者拓撲描述的同一個範例——零售訂單輸入系統，不過這次我們採用調停者拓撲。在此例中，調停者知道處理這個特定事件的各個步驟。此事件流程（在調停者元件的內部）顯示在圖 14-7。

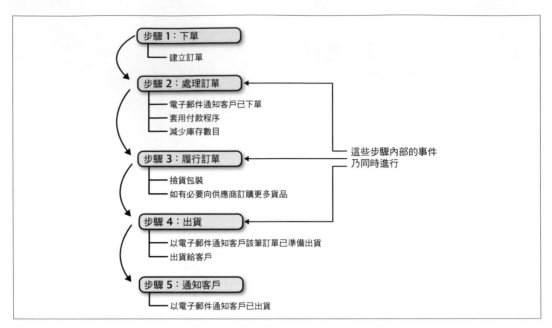

圖 14-7　調停者針對下單採行的步驟

回到前面的例子，同樣的初始事件（PlaceOrder）被送到 customer-event-queue 處理。客戶調停者撿選此初始事件，然後依照圖 14-7 的流程產生處理事件。注意步驟 2、3、4 內部的多重事件乃同時處理，至於步驟與步驟之間則是依序處理。也就是說，步驟 3（履行訂單）得完成且被認可後，才能在步驟 4（出貨）通知客戶已經準備出貨了。

一旦收到初始事件，客戶調停者產生 create-order 處理事件，並將此訊息傳至 order-placement-queue（圖 14-8）。下單事件處理器收到此項事件，接著確認及建立訂單，然後回覆確認以及訂單號碼給調停者。此時調停者可以把訂單號碼回傳給客戶，指示訂單已經成立、或者也可能得繼續處理直到所有步驟結束（依據下單之特定的業務規則）。

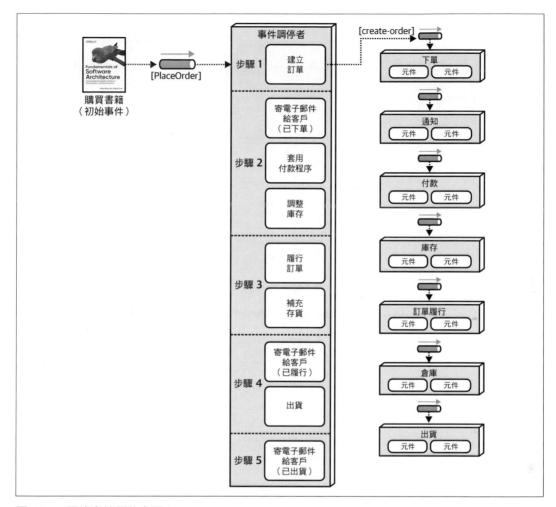

圖 14-8　調停者範例的步驟 1

一旦步驟 1 已完成，調停者現在移到步驟 2（圖 14-9），並同時產生三個訊息：
email-customer、apply-payment、adjust-inventory，這幾個處理事件被送至個別的
佇列。這三個事件處理器收到訊息，執行個別的任務，然後通知調停者已完成處理。注
意調停者得收到這三個平行執行程序的確認通知後，才能前往步驟 3。此時如果有一個
平行事件處理器產生錯誤，調停者可以採取補救措施來修復問題（本節稍後會更詳細
討論）。

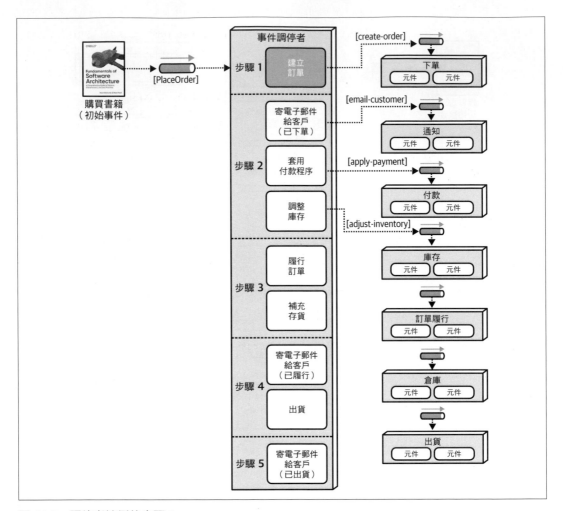

圖 14-9　調停者範例的步驟 2

一旦調停者從步驟 2 的所有事件處理器收到成功完成的確認通知後，就可以移到步驟 3 來履行訂單（圖 14-10）。請再次注意：這兩個事件（`fulfill-order` 及 `order-stock`）可能同時發生。訂單履行及倉庫事件處理器收到這些事件，執行工作、然後回覆確認訊息給調停者。

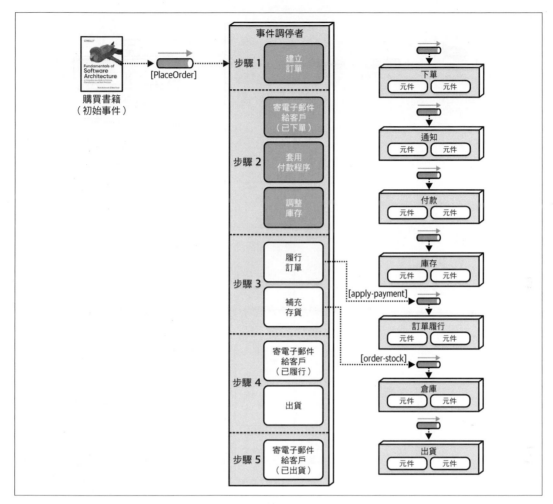

圖 14-10　調停者範例的步驟 3

一旦這些事件都完成，調停者接著進入步驟 4（圖 14-11）執行出貨。此步驟產生另一個
email-customer 處理事件——其中有關於該做什麼的特定資訊（此例則是通知客戶訂單
已經準備出貨），也產生了 ship-order 事件。

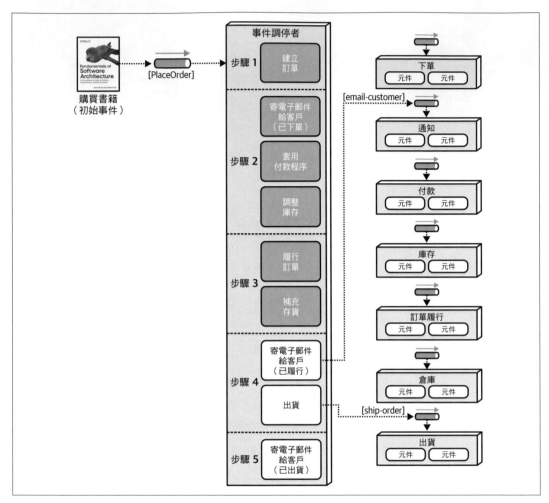

圖 14-11　調停者範例的步驟 4

最後，調停者移至步驟 5（圖 14-12），並產生另一個與背景有關的 `email_customer` 事件，以通知客戶訂單已出貨。至此工作流程已結束，調停者會把初始事件流程標記為已完成，並且移除與此初始事件有關的所有狀態。

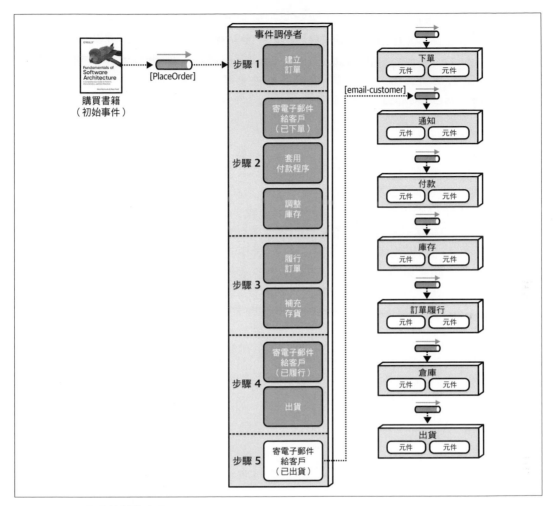

圖 14-12　調停者範例的步驟 5

調停者元件知道也能控制工作流程，這是代理者拓撲做不到的。因為調停者控制工作流程，所以能維護事件狀態，並管理錯誤處理、可恢復性、以及重啟功能。例如，假設在前面的例子中，因為信用卡過期而付款失敗。此時調停者收到錯誤狀況發生的訊息，知道在成功付款前無法履行訂單（步驟 3），所以停止工作流程，並在自己的持久性資料存儲中記錄請求的狀態。一旦最終付款成功，工作流程可以從之前中斷的地方重啟（這個例子是在步驟 3 開頭）。

另一個代理者與調停者拓撲的天生差異是：處理事件代表的意義、及其使用方式有差異。前一節的代理者拓撲範例中，處理事件乃做為發生在系統裡的事件（例如 `order-created`、`payment-applied`、`email-sent`）被發布，等事件處理器處理有所行動後，其他事件處理器再針對該項行動進行反應。但是在調停者拓撲，處理事件（例如 `place-order`、`send-email`、`fulfill-order`）是命令（必須要發生的事情）而非事件（已經發生的事情）。此外在調停者拓撲中，處理事件必須被處理（命令），但在代理者拓撲中卻可以被忽略（反應）。

雖然調停者拓撲處理了代理者拓撲的一些問題，但它也有一些缺點。首先，要在複雜事件流程裡面，明確地建立動態處理的模型很難。結果許多調停者的流程只能應付一般性的處理，所以得利用結合調停者與代理者拓撲的混合模型，來應對複雜事件處理的動態特性（例如庫存不足或其他不常見的錯誤）。此外，雖然事件處理器可輕易擴大規模──就像在代理者拓撲中一樣，但此時調停者也必須跟著擴大規模──偶爾會讓整體事件的處理流程產生瓶頸。最後，調停者拓撲的事件處理器之間的去耦合程度，不像在代理者拓撲那麼高。而且因為有調停者控制事件的處理，效能便沒有那麼好。這些取捨總結在表 14-2。

表 14-2　調停者拓撲的各種取捨

好處	壞處
工作流程控制	事件處理器之間的耦合較強
錯誤處理	可擴展性較低
可恢復性	效能較低
重啟能力	容錯程度較低
資料一致性較佳	為複雜的工作流程建模

選擇代理者或調停者拓撲，本質上是歸結到工作流程控制、錯誤處理能力，或是高效能、高可擴展性之間的取捨。雖然調停者拓撲的效能與可擴展性還算好，但卻沒有代理者拓撲那麼好。

非同步能力

相較於其他架構風格，事件驅動架構有個獨特的特性──不管是射後不理（無須等待任何回應）或請求 / 回覆（事件消費者須有所回應）處理，都只依賴非同步通信。非同步通信是增加系統整體反應性一種強而有力的技巧。

考慮圖 14-13 的例子，其中使用者在網站發表針對特定產品的評論。假定評論服務需要花 3000 毫秒才能貼出評論，因為得先通過多個剖析引擎：找出不應出現字彙的不良字彙檢查器、確認文句結構沒有辱罵字眼的文法檢查器、以及最後一個確認與產品相關而非政治粗言的上下文檢查器。注意在圖 14-13 上方的路徑利用同步的 RESTful 呼叫來張貼評論：服務需等待 50 毫秒才收到評論、花費 3,000 毫秒貼出評論、另外還需要 50 毫秒的網路延遲才能通知使用者其評論已發表。所以對使用者而言，發表評論的回應時間是 3,100 毫秒。接著看底下的路徑，注意在使用非同步傳訊後，從終端使用者的觀點來看，在網站發表評論的回應時間只有 25 毫秒（相較於前面的 3,100 毫秒）。雖然還是得花上 3,025 毫秒才能貼出評論（花 25 毫秒收到訊息，花 3,000 毫秒貼出訊息），但對終端使用者來說早就已經結束了。

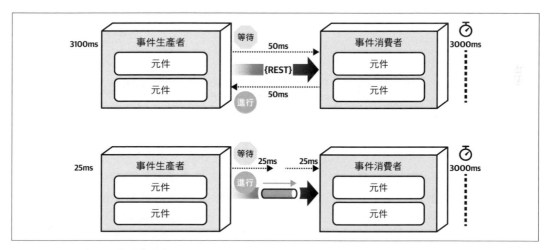

圖 14-13　同步 vs. 非同步通信

這是展示**回應性**與**效能**差異的一個好例子。如果使用者不需要任何回傳資訊（除了確認或感謝之類的訊息），為什麼要讓使用者空等？與回應性有關的是通知使用者某項行動已收到，不久後就會被處理。至於效能則是讓端到端的程序跑得更快。注意這裡並未把評論服務處理文字的方式最佳化，所以兩種情況都需要 3,000 毫秒。談到**效能**就必須對評論服務最佳化，利用快取及其他類似的技巧，以平行方式執行文字及文法剖析引擎。圖 14-13 底下的範例處理了系統的整體回應性課題，但對系統效能並無著墨。

圖 14-13 中兩個例子的回應時間差距（3,100 vs. 25 毫秒）非常驚人。但有件事得警示一下。在圖上方的同步路徑，終端使用者得到保證評論已被貼出。但是下方的路徑只有貼文的確認，並承諾未來最終會把貼文發布。從終端使用者的觀點，評論已經貼出。但是如果評論中有不適當字眼呢？此時評論會被拒絕，但已沒有方法可以聯繫上終端使用者。或者有什麼方法？假設使用者有網站註冊，就可以透過訊息通知使用者評論有問題，也給出一些如何修改的建議。這個例子很單純。如果是更複雜的例子——牽扯到非同步的股票購買（即股票交易），而且無法聯繫上使用者？

非同步通信的主要問題是錯誤處理。雖然回應性大幅改善，但很難考慮產生錯誤的情況，因其會增加事件驅動系統的複雜度。下一節我們將以稱為**工作流程事件模式**的反應式架構模式，來討論這項課題。

錯誤處理

反應式架構的工作流程事件模式，是在非同步工作流程中，對治錯誤處理課題的一種方法。此模式乃是對治彈性、與回應性的反應式架構模式。也就是說，系統在錯誤處理上具備彈性，卻又不至於影響到回應性。

工作流程事件模式透過使用**工作流程委派**，利用到委託、圍堵、修復等方法，如圖 14-14 所示。事件生產者透過訊息通道，非同步地將資料傳給事件消費者。如果消費者處理資料時發生錯誤，會立刻把錯誤委託給**工作流程處理器**，並接著處理事件佇列的下一個訊息。經由這種方式，整體回應性將不受影響，因其立刻處理下一個訊息。如果消費者得花時間搞清楚錯誤原因，那就無法讀取佇列的下一個訊息。如此導致了不只下一個訊息、還包括佇列中等待處理的所有其他訊息的回應性都受到影響。

一旦工作流程處理器收到錯誤，它會嘗試搞清楚訊息有啥問題。這可能是個靜態、確定性的錯誤，或也可利用某些機器學習演算法分析訊息，找出資料不正常的地方。不論是哪一種，工作流程處理器以程式化方式（不用人為介入），嘗試修改及修復原始資料，然後再送回到最初的佇列。事件消費者將此視為一個新事件重新處理，希望這次能夠成功。當然還有很多情況，工作流程處理器無法判定訊息哪兒有問題。這時訊息被送到另一個佇列，由「儀表板」應用程式（看起來類似 Microsoft Outlook 或 Apple Mail）接收處理。這個儀表板通常位於重要人物的桌上電腦——由其檢視訊息、手動修改、然後再提交到原來的佇列（通常是利用訊息標頭的「回覆至」變數）。

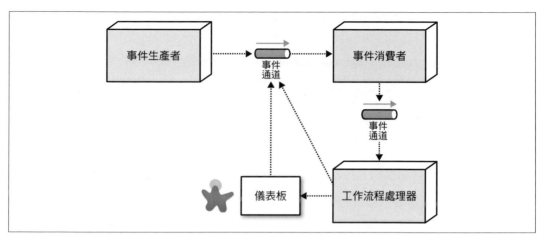

圖 14-14　反應式架構的工作流程事件模式

為說明工作流程事件模式，假定在某個地方，有個代表一間大型交易公司（位在另一個地方）的交易顧問接受交易指令（有關購買股票之種類與數目的指令）。該顧問批次處理這些指令（通稱為一籃子），再非同步地將其送至該大型交易公司，然後由經紀人執行買賣交易。為簡化範例，假設交易指令的合約得遵循底下格式：

```
ACCOUNT(String),SIDE(String),SYMBOL(String),SHARES(Long)
```

假設大型交易公司從顧問收到下列一籃子的 Apple（AAPL）交易單：

```
12654A87FR4,BUY,AAPL,1254
87R54E3068U,BUY,AAPL,3122
6R4NB7609JJ,BUY,AAPL,5433
2WE35HF6DHF,BUY,AAPL,8756 SHARES
764980974R2,BUY,AAPL,1211
1533G658HD8,BUY,AAPL,2654
```

注意第四個交易指令（2WE35HF6DHF, BUY, AAPL, 8756 SHARES）在數字後多了一個字：股份（SHARES）。如果這些非同步交易單在處理時沒有錯誤處理機制，交易下單服務會有底下錯誤產生：

```
Exception in thread "main" java.lang.NumberFormatException:
      For input string: "8756 SHARES"
      at java.lang.NumberFormatException.forInputString
      (NumberFormatException.java:65)
      at java.lang.Long.parseLong(Long.java:589)
      at java.lang.Long.<init>(Long.java:965)
      at trading.TradePlacement.execute(TradePlacement.java:23)
      at trading.TradePlacement.main(TradePlacement.java:29)
```

例外狀況發生的時候，交易下單服務無能為力──因為這是一個非同步請求，能做的只是盡量記錄錯誤的狀況而已。也就是說，沒有辦法同步地回應給使用者並修正錯誤。

套用工作流程事件模式，可以用程式化方式修正錯誤。因為交易公司無法控制交易顧問、及相應的交易指令資料，它得有所反應並自行修正錯誤（如圖 14-15）。如果同樣的錯誤發生（2WE35HF6DHF,BUY,AAPL,8756 SHARES），交易下單服務立即透過非同步傳訊、把錯誤委託給**交易下單錯誤服務**進行錯誤處理，再加上與例外有關的錯誤資訊：

```
Trade Placed: 12654A87FR4,BUY,AAPL,1254
Trade Placed: 87R54E3068U,BUY,AAPL,3122
Trade Placed: 6R4NB7609JJ,BUY,AAPL,5433
Error Placing Trade: "2WE35HF6DHF,BUY,AAPL,8756 SHARES"
Sending to trade error processor  <-- delegate the error fixing and move on
Trade Placed: 764980974R2,BUY,AAPL,1211
...
```

交易下單錯誤服務（充當工作流程的委託者）收到錯誤並檢視該項例外。在了解到問題來自於股份數目欄位的 SHARES 這個字後，**交易下單錯誤服務**把這個字剝除，並重新提出交易使其重新處理：

```
Received Trade Order Error: 2WE35HF6DHF,BUY,AAPL,8756 SHARES
Trade fixed: 2WE35HF6DHF,BUY,AAPL,8756
Resubmitting Trade For Re-Processing
```

修正後的交易就被交易下單服務成功處理了：

```
...
trade placed: 1533G658HD8,BUY,AAPL,2654
trade placed: 2WE35HF6DHF,BUY,AAPL,8756 <-- this was the original trade in error
```

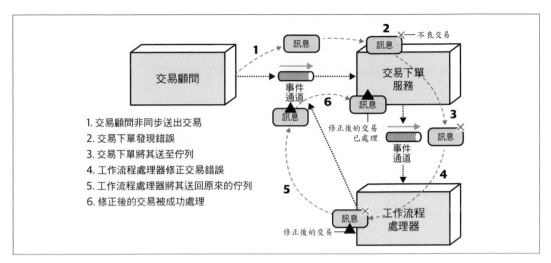

圖 14-15　工作流程事件模式的錯誤處理

採用工作流程事件模式的其中一個後果，便是發生錯誤的訊息被重新提交後，其處理便不照順序了。在交易的例子中，訊息的順序很重要，因為某個帳號的所有交易必須依序處理（例如在同一個經紀人帳戶中，得先賣出 IBM、才能再買入 AAPL）。雖然不是不可能，但要在某個背景下（此例即為某經紀人帳號）維護訊息順序是很複雜的。有個做法是由**交易下單**服務把出錯交易的帳號放到佇列儲存。相同帳號的任何交易都放在一個暫時的佇列，等待後續處理（以先進先出的順序）。一旦原先出錯的交易修復與處理完畢，**交易下單**服務接著解除同一個帳號剩餘交易的排隊等候，依序對其進行處理。

避免資料遺失

處理非同步通信時，資料遺失一直是個主要的顧慮。不幸的是，在事件驅動架構中，可能發生資料遺失的地方有很多。所謂的資料遺失，指的是訊息掉了，或是無法到達最終的目的地。幸好，有些基本現成的技巧可資利用，好在非同步傳訊時避免資料遺失。

為說明事件驅動架構的資料遺失問題，假設事件處理器 A 以非同步方式傳送一個訊息到佇列。事件處理器 B 收到訊息，並將裡面的資料加入資料庫。如圖 14-16 所示，這種典型的情境下有三個地方可能有資料遺失：

1. 從事件處理器 A 發出的訊息未到達佇列；或就算到了，在下個事件處理器來得及取出訊息之前，代理者卻當掉了。

2. 事件處理器 B 從佇列取出下個可用的訊息，卻在處理前當掉了。

3. 由於某種資料錯誤，事件處理器 B 無法將訊息存入資料庫。

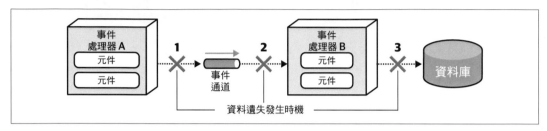

圖 14-16　事件驅動架構中資料可能遺失的地方

透過基本的傳訊技巧，可以減緩各種資料遺失的可能性。問題 1（訊息未到達佇列）透過持久性訊息佇列以及稱為同步傳送的機制，便能輕易解決。持久性訊息佇列支援所謂的保證交付。當訊息代理者收到訊息後，不只將它存放在記憶體以利快速讀取，也會把它存在某種實體資料存儲（例如檔案系統或資料庫）上。如果訊息代理者當掉，訊息實體上仍在磁碟上。等到訊息代理者重新上線，仍然可以對訊息進行處理。同步傳送讓訊息生產者處於阻擋性等待（blocking wait）狀態，直至代理者確認訊息已存放妥當為止。利用這兩項基本技巧，事件生產者與佇列之間不可能會丟失訊息——因為訊息要不是還在生產者那兒，就是已在佇列存放妥當。

問題 2（事件處理器 B 從佇列取出下個可用的訊息，卻在處理前當掉了）也可以利用稱為客戶確認模式的基本傳訊技巧來解決。預設情況下，如果從佇列中取出訊息，該訊息會立刻從佇列中移除（所謂的自動確認模式）。客戶確認模式讓訊息留在佇列，並且在訊息中附上客戶編號，使其他消費者無法讀取訊息。在此模式下，如果事件處理器 B 當掉，此時訊息仍保留在佇列，使訊息不至於在此段流程中遺失。

問題 3（由於某種資料錯誤，事件處理器 B 無法將訊息存入資料庫）可以透過 ACID（原子性、一致性、隔離性、持久性）交易的資料庫認可（commit）來處理。一旦資料庫認可成立，資料已經保證被存放到資料庫了。利用最後參與者支援（LPS）從持久性佇列中移除訊息——透過確認處已結束、並且訊息已存妥。如此便可保證訊息在從事件處理器 A 一直到資料庫的轉移過程中，不至於遺失。這些技巧顯示在圖 14-17。

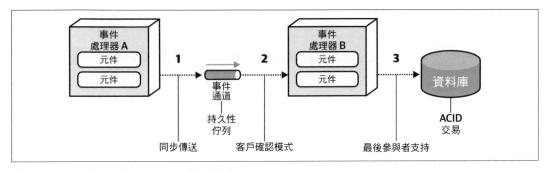

圖 14-17　在事件驅動架構中避免資料遺失

廣播能力

事件驅動架構還有一個獨特的特性，便是在不知道誰（如果有人的話）會收到訊息、以及對訊息如何反應的情況下，具有廣播事件的能力。這項技巧（圖 14-18）顯示當生產者發布訊息，多個訂閱者也能收到同樣的訊息。

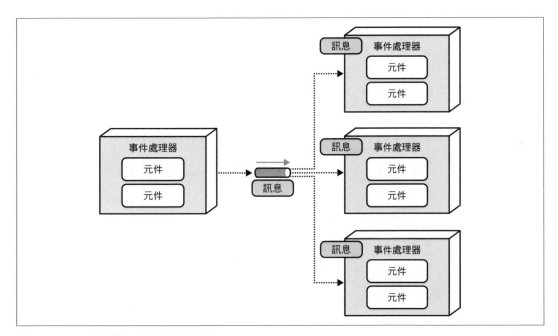

圖 14-18　向其他事件處理器廣播事件

廣播可能是事件處理器之間，所能達成最大程度的去耦合——因為廣播訊息的生產者，通常不清楚哪些事件處理器會收到訊息，還有更重要的——它們對訊息會有何反應。廣播能力是最終一致性的模式、複雜事件處理（CEP）、及許多其他情況下，不可或缺的一部分。讓我們考慮股票市場上，儀器類股之股價的經常性變動。每個點位（特定股票的現價）對許多事情有影響。但是發布最新價格的服務只是進行廣播，並不知道資訊會被如何使用。

請求與回覆

迄今為止，我們討論的非同步請求，並不需要來自於事件消費者的立即回應。如果訂書時需要一個訂單編號呢？如果預定飛機航班需要確認編號呢？這些都是服務或事件處理器互相通信時，需要某種同步通信機制的例子。

在事件驅動架構中，同步通信乃透過**請求/回覆**傳訊（有時被稱為**準同步通信**）來完成。請求/回覆傳訊的每個事件通道由兩個佇列構成：一個請求佇列，以及一個回覆佇列。一開始的資訊請求被非同步地傳送至請求佇列，接著控制權返回到訊息生產者手上。訊息生產者針對回覆佇列實行阻擋性等待，等待回應的產生。訊息消費者收到並處理訊息，接著將回應送至回覆佇列。事件生產者便收到了含有回應資料的訊息。此基本流程顯示在圖 14-19。

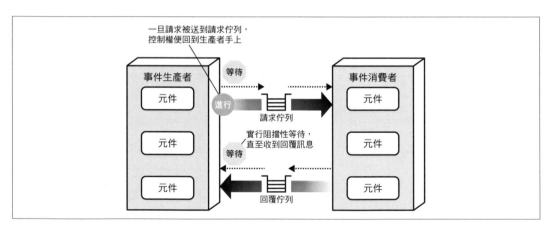

圖 14-19　請求/回覆訊息處理

實作請求／回覆傳訊有兩種主要技巧。第一個（最常見）技巧是利用訊息標頭的**相關性編號**。相關性編號是回覆訊息的一個欄位，通常被設成為原始請求訊息的訊息編號。這種技巧的工作原理如圖 14-20，其中訊息編號以 ID 表示，至於相關性編號則以 CID 表示：

1. 事件生產者傳送訊息至請求佇列，並記錄獨特的訊息編號（本例之 ID 為 124）。注意此時相關性編號（CID）為 null（空）。

2. 事件生產者利用訊息過濾器（或稱為訊息選擇器），針對回覆佇列實行阻擋性等待，其中訊息標頭的相關性編號與原來訊息之編號相同（本例為 124）。注意回覆佇列中有兩個訊息：CID 120、ID 855 的訊息，以及 CID 122、ID 856 的訊息。這兩個訊息都未被提取，因其相關性編號與事件消費者尋找的（CID 124）不一致。

3. 事件消費者收到編號 124 的訊息，然後處理該項請求。

4. 事件消費者建立含有回應的回覆訊息，並設定訊息標頭的 CID 為原訊息編號（124）。

5. 事件消費者把新訊息（ID 857）送到回覆佇列。

6. 因為 CID（124）吻合步驟 2 的訊息選擇器條件，所以事件生產者會收到訊息。

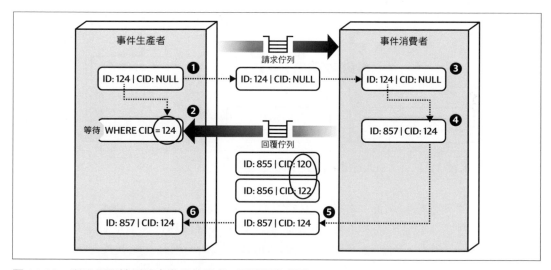

圖 14-20　利用相關性編號來進行的請求／回覆訊息處理

另一個實作請求／回覆傳訊的技巧，是在回覆佇列上使用**暫時性佇列**。暫時性佇列專門用於特定請求——在請求出現時建立，當請求結束時刪除。這種技巧（如圖 14-21）不需要使用相關性編號，因為暫時性佇列是特定請求專屬、也只有事件生產者才知道。暫時性佇列的工作原理如下：

1. 事件生產者建立暫時性佇列（或自動產生一個，依訊息代理者而定），將訊息送到請求佇列，並在「回覆至」標頭（或其他某個彼此同意、放在訊息標頭的客製屬性）傳入暫時性佇列的名字。

2. 事件生產者針對暫時性回覆佇列，實行阻擋性等待。這時不需要任何訊息選擇器——因為任何送至此佇列的訊息，只屬於在最初傳送訊息的事件生產者。

3. 事件消費者收到訊息，處理請求，然後把回應訊息送至名字在「回覆至」標頭上的回覆佇列。

4. 事件處理器收到訊息，然後將暫時性佇列移除。

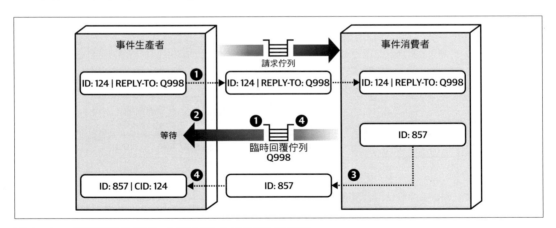

圖 14-21　利用暫時性佇列，來進行請求／回覆訊息處理

雖然暫時性佇列這項技巧簡單得多，但是訊息代理者必須針對每個請求建立暫時性佇列，稍後又得立刻刪除。當傳訊量很大的時候，可能大幅減緩代理者的速度，並且影響整體的效能及回應性。因為這個原因，我們通常會建議採用相關性編號技巧。

在請求式或事件式之間做出選擇

請求式或事件式兩種模型，在軟體系統設計上皆可行。但是，選擇正確的模型對系統成敗至關重要。如果需要確定性以及對工作流程的控制，我們會建議針對這些結構良好、由資料驅動的請求（例如提取客戶個人資料）採用請求式的模型。而如果需要高度的回應性與規模化、伴隨著複雜動態的使用者處理，我們建議針對靈活、以行動為基礎的事件採用事件式模型。

了解事件式模型的各種取捨，也有助決定哪一個才最適合。表 14-3 列出事件驅動架構中、事件式模型的優缺點。

表 14-3　事件式模型的優缺點

相較於請求式模型的優點	取捨
對動態使用者內容有更好的回應	只支援最終一致性
更好的可擴展性與彈性	對處理流程的控制度較低
更好的敏捷性與變動管理	事件流程的結果較難確定
更好的適應性與擴充性	不易測試與除錯
更好的回應性與效能	
更好的即時決策	
對態勢感知的反應更好	

混合式事件驅動架構

雖然許多應用採用事件驅動架構為主架構，但在許多例子中，事件驅動架構跟其他架構合用，形成所謂的混合架構。有些常見架構（包括微服務及空間式架構），把事件驅動架構做為另外一種架構的一部分。其他可能的混合架構還有事件驅動微核心架構、以及事件驅動管道式架構。

任何架構加入事件驅動架構後，有助於消除瓶頸、提供回壓點（因為事件請求會被備份）、並提供其他架構無法達到的使用者回應性。微服務及空間式架構在資料幫浦上利用傳訊，以非同步方式傳送資料給另一個處理器，再由其更新資料庫的資料。這兩者也在使用傳訊的跨服務通信中，透過事件驅動架構，讓微服務架構的服務、以及空間式架構的處理單元，具備某種程度的可程式規模化之能力。

架構特性的等級

特性等級表格（圖 14-22）的一顆星，表示該架構特性在架構中的支援不佳，五顆星則表示該特性在架構中是其中一個最強的特色。計分卡中每個特性的定義請參考第 4 章。

架構特性	星級等級
分割型態	技術
量子數目	1到多
可部署性	☆☆☆
彈性	☆☆☆
演進式	☆☆☆☆☆
容錯	☆☆☆☆☆
模組化	☆☆☆☆
整體花費	☆☆☆
效能	☆☆☆☆☆
可靠性	☆☆☆
可擴展性	☆☆☆☆☆
簡單性	☆
可測試性	☆☆

圖 14-22　事件驅動架構特性等級

事件驅動架構主要是一個技術分割架構，因為任一特定領域被分散到多個事件處理器，並透過調停者、佇列、主題聯繫起來。某個領域的更動常常會影響許多事件處理器、調停者、以及其他的傳訊工件，這就是為什麼事件驅動架構不算是領域分割。

事件驅動架構的量子數目,可以從一個到多個——通常是依每個事件處理器及請求/回覆處理所涉及的資料庫互動而定。即使事件驅動架構中所有通信都是非同步,如果多個事件處理器共享單一個資料庫實例,那麼它們仍屬於同一個架構量子。請求/回覆的處理也是如此:即使事件處理器之間的通信為非同步,如果事件消費者收到請求,它會同步地把事件處理器聯繫起來,所以它們仍屬於同一個量子。

為說明此點,考慮某個事件處理器為了下單,傳送一個請求給另一個事件處理器的例子。第一個事件處理器得等候其他事件處理器提供訂單編號,才能接著執行。如果執行下單並產生訂單編號的第二個事件處理器當掉了,那麼第一個事件處理器便無法繼續執行。所以它們是同一個架構量子的一部分,也共享同樣的架構特性——即使是接收及傳送非同步訊息。

事件驅動架構在效能、可擴展性、容錯上得到五顆星,這些是此架構的強項。高效能是透過非同步通信、及高度平行處理達成的。高可擴展性則利用事件處理器的程式化負載平衡(也稱為**競爭消費者**)來實現。如果請求的負載加重,可以利用程式化方式增加額外的事件處理器,來處理多出來的請求。容錯則是透過高度去耦合及非同步的事件處理器(由其提供最終的一致性、以及事件工作流程的最終處理)來達成的。使用者介面或提出請求的事件處理器,並不需要立即的回應——如果其他下游的處理器沒空,可以透過 promises/futures(計算方式/唯讀值)在稍後才對事件進行處理。

事件驅動架構整體的**簡單性**與**可測試性**不佳,大部分原因來自於此架構常有的非確定性與動態事件流程。雖然在請求式模型中,要測試確定性流程相對簡單——因為路徑與結果一般都是已知的,但在事件驅動模型中並非如此。有時候我們不清楚事件處理器對動態事件如何反應,也不知道它們會產生何種訊息。這些「事件樹圖表」可能非常複雜,產生數百或甚至是數千種場景,使得管理與測試都很困難。

最後,事件驅動架構仍在高度演進中,所以得到五星評等。透過現有或新的事件處理器來加入新的功能,相對上還算直接——特別是在代理者拓撲底下。在這種拓撲下透過發布的訊息提供掛鉤(hooks),資料就已經備妥。所以在增加新功能的時候,不必更改基礎設施、或現有的事件處理器。

第十五章

空間式架構風格

大部分基於網站的商業應用，遵循相同的一般性請求流程：來自於瀏覽器的請求送抵網站伺服器，接著到應用伺服器，最終到達資料庫伺服器。這種模式在使用者少的時候表現優良，但如果使用者負載增加，瓶頸便開始出現──先發生在網站伺服器層，接著在應用伺服器層，最後在資料庫伺服器層。在面對使用者負載增加造成的瓶頸時，通常的回應是擴展網站伺服器的規模。這麼做相對簡單又便宜，有時候也確實能解決瓶頸的問題。但是在大部分高使用者負載的情形下，擴大網站伺服器這一層的規模，只是把瓶頸向下移動到應用伺服器。擴大應用伺服器的規模，要比針對網站伺服器來得更加複雜及昂貴──而且通常是把瓶頸又移到規模化更難、更昂貴的資料庫伺服器上。即使有辦法擴展資料庫的規模，但最終得到的是一個三角形的拓撲──最寬的部分是網站伺服器（最容易規模化），最窄的則是資料庫（最難規模化），如圖 15-1 所示。

在任何一個擁有大量同時使用者負載的高容量應用上，資料庫常常是最終能夠同時處理多少交易的限制因素。雖然有許多快取技術以及資料庫規模化的產品，可以幫忙應對這些課題，但事實是：要讓一個正常應用能夠規模化，使其能夠處理極端負載的情況，則仍然是極其困難的一件事。

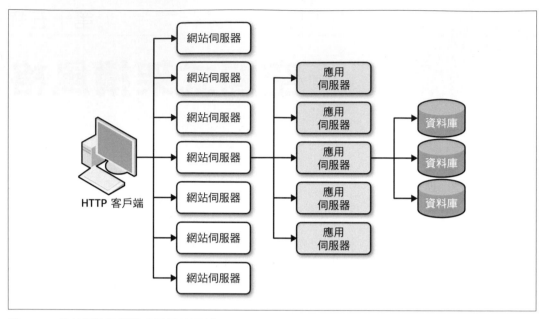

圖 15-1　傳統網站拓撲的可擴展性限制

空間性架構特別被設計來處理高可擴展性、彈性、高度同時性的問題。對於同時使用者的數目既不固定、也不可預測的應用來說，這種架構也很有用。從架構上解決極端及多變的規模化問題，通常是較好的做法——而不是嘗試去擴增資料庫、或翻新快取技術，最後卻變成難以規模化的架構。

一般性拓撲結構

空間式架構之名稱來自於**元組空間**（*tuple space*）（*https://oreil.ly/XVJ_D*）的概念，這是透過共享記憶體溝通，來使用多個平行處理器的技巧。藉由移除成為系統同步限制的中央資料庫，並以複製在記憶體內的資料網格來代替，便可達成高可擴展性、高彈性、高效能。應用資料保存在記憶體內，並且複製到所有活躍中的處理單元。如果有個處理單元更新資料，該資料便會非同步地、通常是透過持久性佇列以傳訊的方式傳送到資料庫。隨著使用者負載的增加或減少，處理單元會動態地啟動或關閉，因此能夠應付可擴展性所需要的變化。因為應用的標準交易處理未牽扯到中央資料庫，所以不會有資料庫瓶頸，因而提供了幾近無限的可擴展性。

空間式架構有幾種架構元件：包含應用程式碼的**處理單元**、管理及協調處理單元的**虛擬化中介軟體**、將更新的資料非同步送至資料庫的**資料幫浦**、執行來自於資料幫浦之更新的**資料寫入器**、以及在啟動時從資料庫讀取資料並傳給處理單元的**資料讀取器**。圖 15-2 顯示這些主要的架構元件。

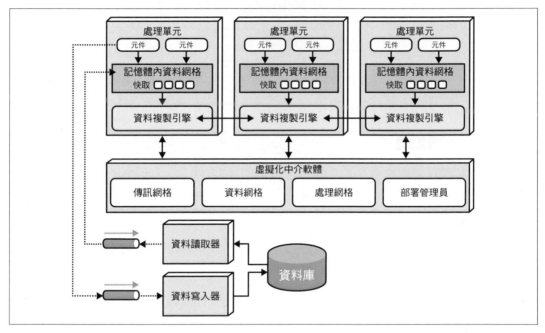

圖 15-2　空間式架構的基本拓撲

處理單元

處理單元（如圖 15-3）含有應用邏輯（或其一部分）——通常包含網站元件，以及後端的業務邏輯。處理單元的內容依應用種類而定。小型網站應用可能部署到單一處理單元，較大型的應用則依照應用的功能領域，將其功能分散到多個處理單元。處理單元也可以包含小型、單一功能的服務（就像在微服務一樣）。除了應用邏輯，處理單元也可以包含記憶體內資料網格以及複製引擎——通常是利用像是 Hazelcast（*https://hazelcast.com*）、Apache Ignite（*https://ignite.apache.org*）、及 Oracle Coherence（*https://oreil.ly/XOUJL*）之類的產品進行實作。

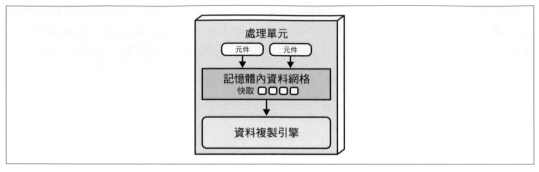

圖 15-3　處理單元

虛擬化中介軟體

虛擬化中介軟體在架構內處理與基礎設施有關的各種考慮，包含控制資料同步與請求處理的各個面向。虛擬化中介軟體的組成元件包含**傳訊網格、資料網格、處理網格、部署管理員**。這些將在下面幾節詳細描述的元件，可以用客製化方式打造、或者購買第三方產品。

傳訊網格

顯示在圖 15-4 的傳訊網格，負責管理輸入請求以及工作階段的狀態。如果有個請求進入虛擬化中介軟體，傳訊網格元件會判定由哪個上線中的處理元件來接收請求，並將其轉送至其中一個處理單元。傳訊網格的複雜度，可以從簡單的輪替（round-robin）演算法，一直到追蹤哪個請求被哪個單元處理、更複雜的下個可用（next-available）演算法。此元件常以典型具備負載平衡能力的網站伺服器來實作（例如 HA Proxy、Nginx）。

資料網格

在此架構中，可能最重要的元件就是資料網格。在大部分的現代實作中，資料網格在處理單元內只以複製快取來實現。但是，對於需要外部控制器的複製快取、或是使用分散式快取的情形下，這部分功能就會實作在處理單元、以及虛擬化中介軟體的資料網格元件。既然傳訊網格能將請求轉發給任一個可用的處理單元，所以有必要讓每個處理單元的記憶體內的資料網格，擁有完全一樣的資料。雖然圖 15-5 顯示的是處理單元之間的同步資料複製，但實際上乃是以非同步、極其快速的方式完成，通常是在 100 毫秒內完成資料同步。

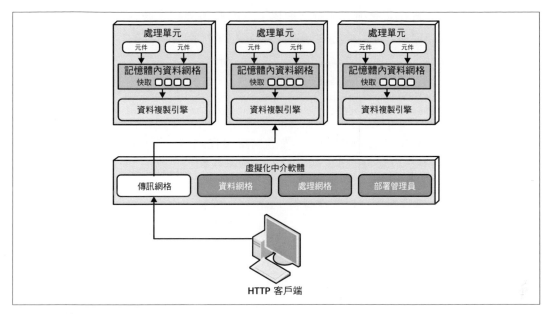

圖 15-4　傳訊網格

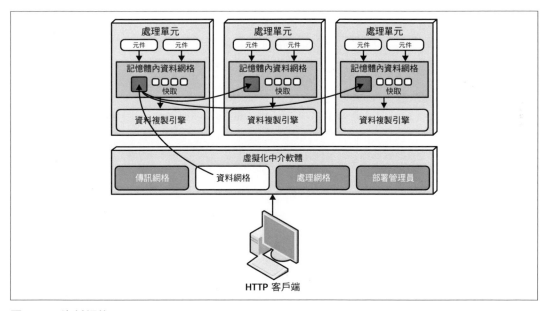

圖 15-5　資料網格

資料在處理單元（內含名字相同的資料網格）之間取得同步。做為說明，考慮下面使用 Hazelcast（替處理單元建立內部的複製資料網格，裡面有客戶的個人資訊）的 Java 程式碼：

```
HazelcastInstance hz = Hazelcast.newHazelcastInstance();
Map<String, CustomerProfile> profileCache =
        hz.getReplicatedMap("CustomerProfile");
```

需要存取客戶個人資訊的所有處理單元，都含有這段程式碼。任一處理單元，如對名為 **CustomerProfile** 的快取有所修改，這些修改都會被複製到其他有同樣名稱快取的處理單元。一個處理單元為完成其工作，可以有任意數目的複製快取。或者，處理單元可透過遠程呼叫另一個處理單元、以取得資料（編排），或利用處理網格（在下一節討論）對請求進行協作。

在處理單元內的資料複製，只要至少有一個實例擁有某個名字的複製快取，就能在不需要從資料庫讀取資料的情形下，讓服務實例得以啟動及關閉。啟動處理單元實例的時候，會連接到快取提供者（例如 Hazelcast），並且發出請求想取得某個名字快取的資料。一旦連接到其他處理單元，快取便會從其他實例的其中一個載入資料。

透過一個**成員清單**，每個處理單元都知道所有其他的處理單元實例。成員清單內含所有其他處理單元（皆使用相同名字的快取）的 IP 位址及使用的埠號。例如，假設有單一處理單元，裡面有程式碼以及與客戶個人資料有關的複製快取資料。這時只有一個實例，所以其成員清單就只有自己，如底下 Hazelcast 產生的登錄敘述所示：

```
Instance 1:
Members {size:1, ver:1} [
        Member [172.19.248.89]:5701 - 04a6f863-dfce-41e5-9d51-9f4e356ef268 this
]
```

如果擁有同名快取的另一個處理單元啟動，那麼兩個服務的成員清單都會更新，以反映每個處理單元個別的 IP 位址與埠號：

```
Instance 1:
Members {size:2, ver:2} [
        Member [172.19.248.89]:5701 - 04a6f863-dfce-41e5-9d51-9f4e356ef268 this
        Member [172.19.248.90]:5702 - ea9e4dd5-5cb3-4b27-8fe8-db5cc62c7316
]

Instance 2:
Members {size:2, ver:2} [
        Member [172.19.248.89]:5701 - 04a6f863-dfce-41e5-9d51-9f4e356ef268
        Member [172.19.248.90]:5702 - ea9e4dd5-5cb3-4b27-8fe8-db5cc62c7316 this
]
```

如果第三個處理單元也啟動，實例 1 與 2 的成員清單都被更新反映此新增的第三個
實例：

```
Instance 1:
Members {size:3, ver:3} [
        Member [172.19.248.89]:5701 - 04a6f863-dfce-41e5-9d51-9f4e356ef268 this
        Member [172.19.248.90]:5702 - ea9e4dd5-5cb3-4b27-8fe8-db5cc62c7316
        Member [172.19.248.91]:5703 - 1623eadf-9cfb-4b83-9983-d80520cef753
]

Instance 2:
Members {size:3, ver:3} [
        Member [172.19.248.89]:5701 - 04a6f863-dfce-41e5-9d51-9f4e356ef268
        Member [172.19.248.90]:5702 - ea9e4dd5-5cb3-4b27-8fe8-db5cc62c7316 this
        Member [172.19.248.91]:5703 - 1623eadf-9cfb-4b83-9983-d80520cef753
]

Instance 3:
Members {size:3, ver:3} [
        Member [172.19.248.89]:5701 - 04a6f863-dfce-41e5-9d51-9f4e356ef268
        Member [172.19.248.90]:5702 - ea9e4dd5-5cb3-4b27-8fe8-db5cc62c7316
        Member [172.19.248.91]:5703 - 1623eadf-9cfb-4b83-9983-d80520cef753 this
]
```

注意所有三個實例都知道對方（以及它們自己）。假設實例 1 收到一個請求，要求更新
客戶個人資訊。當實例 1 利用 cache.put() 或類似的快取更新方法更新快取之後，資料
網格（例如 Hazelcast）會以同樣的資料、非同步地更新其他複製快取，以確保所有三個
客戶資料快取一直保持同步。

如果有處理單元實例下線，所有其他的處理單元會自動更新，以反映失去的成員。例
如，如果實例 2 下線，那麼實例 1 與 3 的成員清單會更新如下：

```
Instance 1:
Members {size:2, ver:4} [
        Member [172.19.248.89]:5701 - 04a6f863-dfce-41e5-9d51-9f4e356ef268 this
        Member [172.19.248.91]:5703 - 1623eadf-9cfb-4b83-9983-d80520cef753
]

Instance 3:
Members {size:2, ver:4} [
        Member [172.19.248.89]:5701 - 04a6f863-dfce-41e5-9d51-9f4e356ef268
        Member [172.19.248.91]:5703 - 1623eadf-9cfb-4b83-9983-d80520cef753 this
]
```

處理網格

顯示在圖 15-6 的處理網格是選擇性的（位於虛擬化中介軟體），當單一業務請求牽涉多個處理單元時，被用來管理請求處理的協作。如果有一個請求需要在不同處理單元種類（例如一個是訂單處理單元、一個是付款處理單元）之間進行協調，那麼便由處理網格來調解，使請求在這兩個處理單元上協作進行。

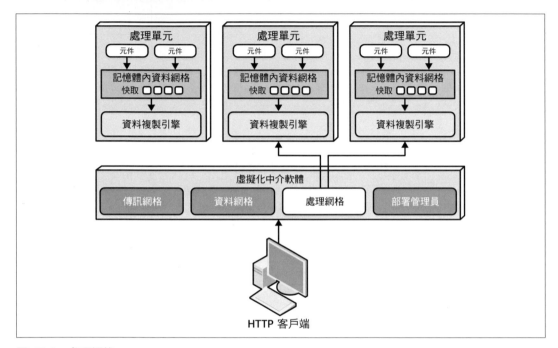

圖 15-6　處理網格

部署管理員

部署管理員元件依據負載的狀況，管理處理單元實例的啟動及關閉。此元件持續監測回應時間及使用者負載。當負載增加時，啟動新的處理單元；負載減少時，關閉處理單元。為實現多變化的可擴展性（彈性）需求時，這是很重要的一項元件。

資料幫浦

資料幫浦是一種把資料送至另一個處理器，再由其更新資料庫資料的方法。資料幫浦在空間式架構不可或缺，因為處理單元不會直接讀寫資料庫。此架構下，提供記憶體內快

取與資料庫間之最終一致性的資料幫浦，始終是非同步的。當某處理單元實例收到請求並更新快取，處理單元便擁有該項更新，所以得負責透過資料幫浦傳送該項更新，使資料庫最終也得到更新。

資料幫浦通常以傳訊方式實作，如圖 15-7 所示。在空間式架構下，對資料幫浦來說，傳訊是個好選擇。傳訊不只支援非同步通信，也支援保證送達，並透過先進先出（FIFO）佇列保持訊息的順序。此外，傳訊讓處理單元與資料寫入器互相獨立，所以即使沒有資料寫入器可用，仍可以在處理單元內進行不間斷的處理。

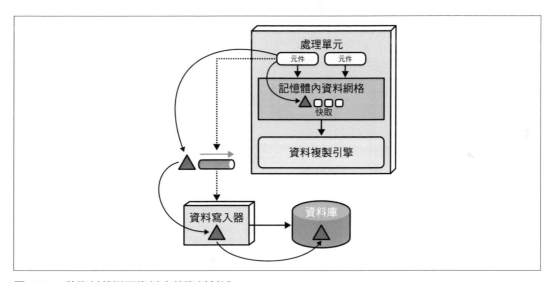

圖 15-7　將資料傳送至資料庫的資料幫浦

大部分情況下有好幾個資料幫浦，每個專屬於特定的領域或子領域（例如客戶或庫存）。資料幫浦可以專門服務某種快取（例如 CustomerProfile、CustomerWishlist 等等），或專屬於一個擁有更大且通用之快取的處理單元領域（例如客戶）。

資料幫浦通常有一些相關的合約，內含與合約資料有關的動作（增加、刪除、或更新）。合約可能是 JSON 綱要、XML 綱要、物件、甚或是由值驅動的訊息（內含名字 - 數值對的映射訊息）。如果是在更新的情況，資料幫浦的訊息中所含的資料，通常只有新的資料值。例如客戶個人資料的電話號碼有變動，則只會傳送新的電話號碼、客戶編號、以及一項更新資料的行動。

資料寫入器

資料寫入器元件從資料幫浦接收訊息，然後利用裡面所含的資訊更新資料庫（圖 15-7）。它可以被實作成服務、應用，或資料中樞（例如 Ab Initio（*https://www.abinitio.com/en*））。資料寫入器的顆粒度，依據資料幫浦與處理單元的視野而有所不同。

領域式的資料寫入器，包含處理特定領域（例如客戶）所有更新的必要資料庫邏輯——不管會從多少個資料幫浦收取資料。注意在圖 15-8 有四個不同的處理單元、以及四個不同的資料幫浦代表客戶領域（個人資料、購物清單、錢包、偏好設定），但是只有一個資料寫入器。此單一客戶資料寫入器將聆聽所有四個資料幫浦，也擁有更新資料庫客戶相關資料的必要資料庫邏輯（例如 SQL）。

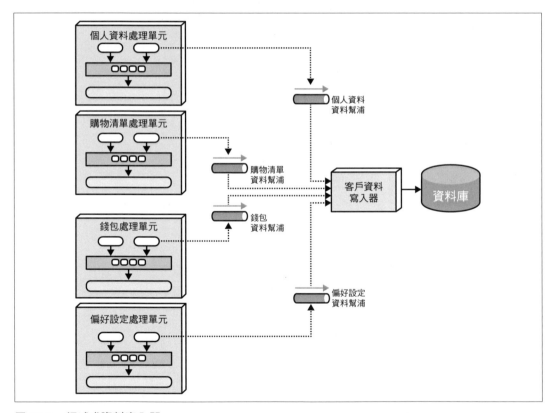

圖 15-8　領域式資料寫入器

或者，每種處理單元可以有自己專屬的資料寫入器元件，如圖 15-9 所示。在此模型中，資料寫入器專屬於對應的資料幫浦，也只含有該特定處理單元（例如**錢包**）的資料庫處理邏輯。雖然這種模型需要的資料寫入器元件過多，但是由於處理單元、資料幫浦、資料寫入器的協調一致，所以能提供更好的可擴展性及敏捷性。

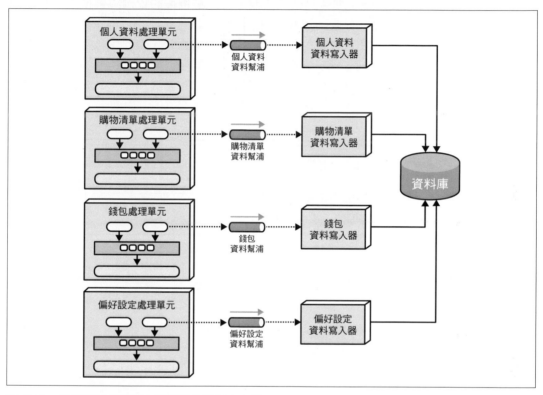

圖 15-9　每個資料幫浦都有個專屬的資料寫入器

資料讀取器

資料寫入器的責任是更新資料庫，資料讀取器則是負責從資料庫讀取資料，並透過反向資料幫浦傳送給處理單元。空間式架構的資料讀取器，只在三種情況之一啟動：有著同名快取的所有處理單元實例一起當掉、重新部署所有擁有同名快取的處理單元、提取不在複製快取內的封存資料。

如果所有實例都當掉（因為系統層面的當機、或重新部署所有實例），資料得從資料庫讀取（通常在空間式架構中應當避免）。當某類處理單元的實例開始啟動，每個實例都會嘗試去鎖定快取。第一個取得此權限的單元成為暫時的快取掌控者，其他的單元則進入等待狀態，直至鎖定被釋放（這得依不同的快取實作方式而定，但不管如何，只會有一個主要的快取掌控者）。為了把資料載入快取，取得掌控權的實例將會傳送資料請求的訊息到佇列。資料讀取器元件收到讀取的請求，接著執行必要的資料庫查詢邏輯，以提取處理單元所需的資料。在資料讀取器從資料庫查得資料後，資料會被送至另一個不同的佇列（即為反向資料幫浦）。暫時掌控快取的處理單元從反向資料幫浦收取資料，並將其載入快取。等所有資料載入後，快取鎖定會被釋放，接著所有其他實例的資料都被同步，然後開始進行處理工作。這個處理流程顯示在圖 15-10。

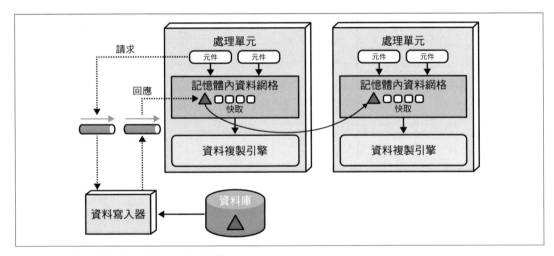

圖 15-10　資料讀取器以及反向資料幫浦

跟資料寫入器一樣，資料讀取器也可以是基於領域、或是專屬於特定類別的處理單元（通常是這種情況）。實作上也跟資料寫入器一樣，不是服務、應用、便是資料中樞。

資料寫入 / 讀取器，實質上構成所謂的**資料抽象層**（或某些情況下的**資料存取層**）。這兩個的差異在於：處理單元對於資料庫表格結構（或綱要）的細部了解到底有多少。資料存取層意味著處理單元與底層的資料庫資料結構耦合在一起，而且只使用資料讀取與寫入器間接地存取資料庫。另一方面，資料抽象層表示：透過分開的合約，資料處理單元與底層的資料庫表格結構互相獨立。空間式架構通常採用資料抽象層模型。這樣

處理單元的複製快取綱要，便可以與底層資料庫的表格結構不同。如此資料庫的增量式變更，便不會影響處理單元。為促成增量式變更的實現，資料寫入 / 讀取器含有轉換邏輯。使得在某行的資料型態變更、或刪除某行 / 表格的時候，資料讀取 / 寫入器可緩衝資料庫的變動，直到處理單元的快取已經可以套用這些必要的變更。

資料衝突

當任何一個擁有同名快取的實例有更新、且其快取複製機制也在上線中，則有可能因為複製延遲而發生資料衝突。當一個快取實例的資料有更新（快取 A），然後複製到另一個快取實例時（快取 B），同樣的資料卻被該快取更新（快取 B）。在這種情境下，快取 B 的本地更新將會被來自快取 A 的複製舊資料覆蓋；而且透過複製，快取 A 的同一筆資料也會被快取 B 的更新覆蓋。

為說明此問題，假設有兩個服務實例（服務 A 與 B），其內有關於產品庫存的複製快取。底下流程展示資料衝突的問題：

- 藍色部件目前的庫存數目是 500

- 服務 A 將庫存快取的藍色部件數目更新為 490（賣掉 10 個）

- 在複製的過程中，服務 B 把庫存快取的藍色部件更新為 495（賣掉 5 個）

- 服務 B 收到來自於服務 A 的更新，把數目更新為 490

- 服務 A 收到來自於服務 B 的更新，把數目更新為 495

- 服務 A 與 B 的快取都不正確、也不同步（庫存應為 485 才對）

有好幾個因素會影響資料衝突的多寡：擁有相同快取的處理單元實例數目、快取的更新率、快取大小、快取產品的複製延遲。依照這些因素，在機率上判定有多少潛在的資料衝突的式子是：

$$\text{衝突率} = N * \frac{UR^2}{S} * RL$$

其中 N 為擁有同名快取的服務實例數目，UR 代表以毫秒為單位的更新速度（再取平方），S 是快取大小（多少列），RL 是快取產品的複製延遲。

這個公式在判定可能發生資料衝突的百分比、以及複製快取的可行性上面很有用。例如，考慮底下計算中的各個因素值：

更新率（UR）：	20 更新 / 秒
實例數目（N）：	5
快取大小（S）：	50,000 列
複製延遲（RL）：	100 毫秒
更新：	72,000/ 每小時
衝突率：	14.4/ 每小時
百分比：	0.02%

在公式套用這些值得到每小時 72,000 次更新，其中很可能有 14 次相同資料的更新會產生衝突。在低百分比（0.02%）的情形下，複製選項是可行的。

複製延遲的改變對於資料的一致性，有很大的影響。影響複製延遲的因素很多，包括網路種類以及處理單元的實體距離。所以複製延遲鮮少被公布，必須在生產環境透過實際量測來計算及推斷。前例的數字（100 毫秒）在規劃階段還算合理——如果常用來判定資料衝突數目的實際複製延遲不可得的話。例如，把複製延遲從 100 毫秒更改為 1 毫秒，則雖然更新的數目仍相同（每小時 72,000 次），但衝突的機率卻變成每小時 0.1 次！整個情境如下表所示：

更新率（UR）：	20 更新 / 秒
實例數目（N）：	5
快取大小（S）：	50,000 列
複製延遲（RL）：	1 毫秒（本來是 100）
更新：	72,000/ 每小時
衝突率：	0.1/ 每小時
百分比：	0.0002%

擁有同名快取的處理單元數目（利用**實例數目**這個因素來表示），也跟可能的資料衝突數目有直接的正比關係。例如，將處理單元之數目從 5 變成 2，資料衝突率在每小時 72,000 次的更新中，會只有 6 次：

更新率（UR）：	20 更新 / 秒
實例數目（N）：	2（本來是 5）
快取大小（S）：	50,000 列
複製延遲（RL）：	100 毫秒
更新：	72,000/ 每小時
衝突率：	5.8/ 每小時
百分比：	0.008%

快取大小是唯一一個跟衝突率成反比的因子。快取變小，衝突率上升。在我們的例子中，將快取從 50,000 列降成 10,000 列（第一個例子的其他數字保持不變），則衝突率變成 72/ 每小時，比原先 50,000 列的情況要高得多：

更新率（UR）：	20 更新 / 秒
實例數目（N）：	5
快取大小（S）：	10,000 列（原先是 50,000）
複製延遲（RL）：	100 毫秒
更新：	72,000/ 每小時
衝突率：	72.0/ 每小時
百分比：	0.1%

在正常情況下，大部分系統在這麼長的時間內，更新率並不會保持一定。所以使用這個計算式的時候，知道峰值使用量時的最大更新率將有助於計算最小、正常、及最大的衝突率。

雲端 vs. 預置實作

談到部署的環境，空間式架構提供一些獨特的選項。整個拓撲結構，包括處理單元、虛擬化中介軟體、資料幫浦、資料讀取與寫入器、以及資料庫，都可以在雲端環境或是以內部預置（「on-prem」）方式部署。但是此種架構亦可以部署在這些環境之間，因此提供了其他架構看不到的獨特功能。

此種架構有一個強大的特色（圖 15-11）：在部署應用時，能把處理單元、虛擬化中介軟體放置在代管的雲端環境，同時又把實體資料庫與相應的資料預置於內部。透過非同步的資料幫浦以及架構的最終一致性模型，這種拓撲能夠支援非常有效的雲端資料同步。交易處理可以在動態彈性的雲端環境執行，同時還能夠在安全、本地的預置環境下，保有實體資料的管理、報表、以及數據分析。

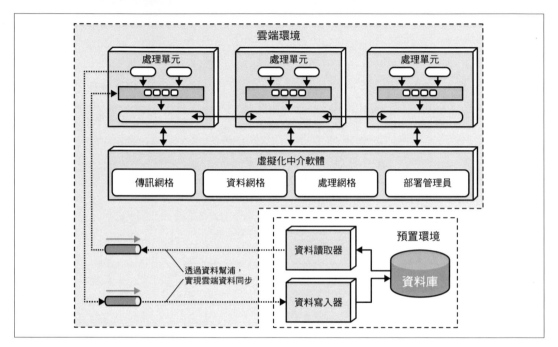

圖 15-11　混合雲端與預置的拓撲結構

複製 vs. 分散式快取

在應用的交易處理上，空間式架構得依賴快取的功能。無須直接讀寫資料庫，是空間式架構得以支援高可擴展性、高彈性、以及高效能的原因。空間式架構大致上依賴複製快取——雖然也可以使用分散式快取。

在複製快取的情形下（如圖 15-12），每個處理單元有自己的記憶體內的資料網格，並透過同名快取在所有處理單元間取得同步。如果有任何處理單元的快取有更新，其他單元會被此項新資訊自動更新。

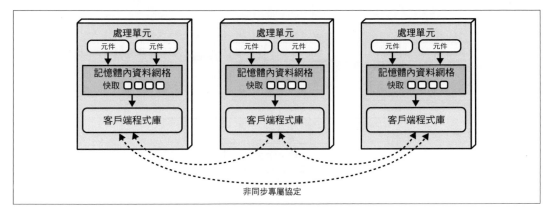

非同步專屬協定

圖 15-12　處理單元間的複製快取

複製快取不僅超快，還支援高容錯。因為沒有中心化的快取伺服器，複製快取不會有單點故障的問題。不過依據快取產品的實作方式不同，可能會有例外。有些產品必須有外部控制器，來監測及控制處理單元間的資料複製，但是大部分的產品供應商不採用這種模式。

雖然複製快取是空間式架構的標準快取模型，但在有些情況下卻無法使用複製快取。這些情況包含高資料容量（快取大小）、高快取資料更新率的場合。如果內部記憶體快取超過 100 MB，由於每個處理單元必須使用這麼多記憶體，將開始對彈性及高擴展性產生影響。處理單元通常部署在虛擬機器上（或本身就代表虛擬機器）。每個虛擬機器只有有限的記憶體可供內部快取使用，所以限制了高吞吐量的情況下所能啟動的處理單元實例之數目。此外，如第 211 頁的「資料衝突」的討論所示，如果快取資料的更新率太高，資料網格可能無法跟上，導致無法確保所有處理單元的資料一致性。如果發生這些情況，就可以使用分散式快取。

分散式快取（如圖 15-13）需要專屬的外部伺服器或服務，來掌控中心化的快取。此模型中，處理單元不把資料存在內部記憶體，而是利用專屬協定從中央快取伺服器存取資料。分散式快取支援高度的資料一致性——因為資料都在同一個地方，而且不需要複製。但是這種模型的效能比不上複製快取，因其只能遠端存取快取資料，導致系統的整體延遲增加。容錯也是分散式快取的問題。如果擁有資料的快取伺服器當機，處理單元無法存取或更新資料，使服務停擺。透過分散式快取的鏡像，雖然可以緩和容錯的問題，但也會產生一致性的問題——當主要的快取伺服器無預期當機，但資料尚未抵達鏡像快取伺服器的時候。

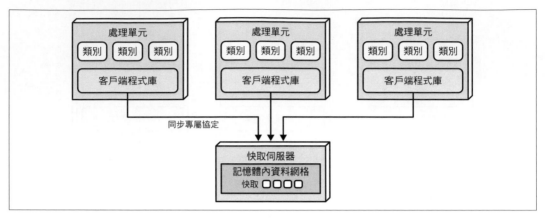

圖 15-13　處理單元之間的分散式快取

如果快取相對小且其更新率夠低，使得快取產品的複製引擎跟得上快取的更新速度，那麼採用複製快取或分散式快取，便會變成是選擇資料一致性、或是選擇效能與容錯的一項決定。分散式快取的資料一致性較好──因為資料快取都在同一個地方（而非分散在好幾個處理單元）。但是複製快取在效能與容錯上的表現更好。很多時候，這個決定最後乃歸結於在處理單元內，存放在快取的是哪種類型的資料。必須保持高度一致性的資料（例如可販售產品的庫存數目），通常會要求使用分散式快取。至於不常更改的資料（例如像名字／數值對、產品碼、產品描述等參考資料），則常採用複製快取，以方便快速查詢。指引該選擇分散式、或複製快取的一些準則，列示在表 15-1。

表 15-1　分散式 vs. 複製快取

決策準則	複製快取	分散式快取
最佳化	效能	一致性
快取大小	小（<100 MB）	大（>500 MB）
資料型態	相對靜態	高度動態
更新頻率	相對低	高更新頻率
容錯	高	低

在空間式架構選擇快取模型的時候，請記得在大部分情況中，**兩者**在任何給定的應用背景下皆可適用。也就是說，沒有哪一個模型可以解決所有的問題。與其在整個應用中採用單一個一致的快取模型並做出妥協，還不如針對其個別的強項加以利用。例如，如

果有個處理單元負責維護目前的庫存資料，那就選擇分散式快取模型，以實現資料一致性；如果是維護客戶個人資料的處理單元，就選擇複製快取，以獲得效能與容錯上的好處。

考慮使用近端快取

近端快取是一種混合快取模型——它在分散式快取中，發揮橋接資料網格的作用。此模型（圖 15-14）的分散式快取被稱為**全備份快取**，至於處理單元的記憶體內資料網格則被稱為**前端快取**。前端快取內含全備份快取的一小部分，並且利用**淘汰機制**移除較舊的資料，好讓新資料能被加入。前端快取可以是擁有最近使用資料的最近使用快取（MRU），或是擁有最常使用資料的最常使用快取（MFU）。或者前端快取也可以採用**隨機取代**的淘汰機制，以隨機方式騰出空間容納新的資料。如果沒有清楚分析資料以判斷該保留最近使用、或最常使用的資料，則隨機取代（RR）算是一個不錯的淘汰機制。

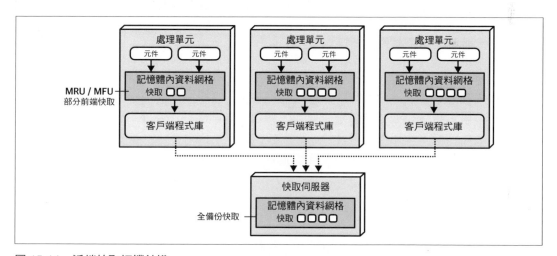

圖 15-14　近端快取拓撲結構

雖然前端快取總與全備份快取同步，但是擁有相同資料的處理單元，其前端快取之間卻未保持同步。這表示共享相同資料背景的許多個處理單元，可能在其前端快取內有不同的資料。這樣造成處理單元在效能與回應性上的不一致——因為這些處理單元的前端快取資料有差異。因此在空間式架構，我們不建議使用近端快取模型。

實作範例

空間式架構很適合使用者或請求數量會出現高峰的應用、以及同時有超過 10,000 個使用者吞吐量的應用上。這種例子有線上音樂會票務系統，以及線上拍賣系統。這兩個例子都要求高效能、高可擴展性、以及高度彈性。

音樂會票務系統

音樂會票務系統的問題領域有其獨特之處，因為在受歡迎的音樂會宣布之前，同時使用者的數量相對很低。一旦音樂會票務販賣開始啟動，尖峰使用者數量從幾百個到幾千個（可能到幾萬個，視音樂會而定）都有可能——大家都想搶張票（最好位子還要夠好）。門票通常在幾分鐘內賣完，所以會需要空間式架構能夠支援的那一類架構特性。

這類系統有很多挑戰。首先，門票數目有限——不管你想坐哪兒。在那麼多同時購票的情形下，還有哪些座位可賣的資訊必須持續更新、且速度越快越好。另外如果可以選指定席，那麼空位資訊也應盡快更新。在這種系統下，不斷地同步存取中央資料庫應該不可行——一般資料庫很難在此規模及更新頻率下，透過標準的資料庫交易來處理數以萬計的同時請求。

對於像音樂會票務系統這類需要高彈性的系統來說，空間式架構很適合。瞬間增加的同時購票者數目，將立即被部署管理員確認，接著由其啟動很多處理單元，以處理大量的請求。在最佳情況下，部署管理員會被設定成在門票開賣前不久，就啟動必要數目的處理單元——因此在使用者負載即將大量增加前不久，就讓這些處理單元實例處於待命的狀態。

線上拍賣系統

線上拍賣系統（在拍賣中對物品出價）與前面的音樂會票務系統有相同的特性——兩者都需要高效能與高彈性，而且兩者在使用者與請求負載上會有預期外的高峰。拍賣開始後，沒有方法能判斷有多少人會參加拍賣，或每個賣出價格同時會有多少買入價格被提出來。

空間式架構很適合這類問題，因為負載增加時可以啟動多個處理單元；且隨著拍賣熱度降低，不需要的處理單元還能被關閉。個別處理單元能用在個別拍賣，以確保拍賣出價資料的一致性。另外因為資料幫浦的非同步特性，出價資料可以用少的延遲，便將出價資料傳給其他處理單元（例如出價歷史、出價分析、以及稽核），因而提高出價程序的整體效能。

架構特性的等級

特性等級表格（圖 15-15）的一顆星，表示該架構特性在架構中的支援不佳，五顆星則表示該特性在架構中是其中一個最強的特色。計分卡中每個特性的定義請參考第 4 章。

架構特性	星級等級
分割型態	領域與技術
量子數目	1 到多
可部署性	★★☆
彈性	★★★★☆
演進式	★★☆
容錯	★★☆
模組化	★★★
整體花費	★☆
效能	★★★★☆
可靠性	★★★★
可擴展性	★★★★☆
簡單性	★
可測試性	★

圖 15-15　空間式架構特性等級

注意空間式架構最大化了彈性、可擴展性、以及效能（都是五顆星）。這些都是驅動採用此架構的屬性與主要的好處。這三個架構特性的高評比，都是透過記憶體內資料快取、以及移除資料庫的限制而達成的。結果，利用這種架構便能夠處理數以百萬計的同時使用者。

雖然這種架構有高度的彈性、可擴展性、與效能等好處，但這些好處的背後仍有取捨，特別是在與整體的簡單性、與可測試性上。因為利用了快取與主要資料存儲（亦即最終的記錄系統）的最終一致性，空間式架構是一種非常複雜的架構。必須非常小心，才能確保在架構的眾多移動部件有任何一個當機時，不會導致資料遺失（參見第 14 章、第 189 頁的「避免資料遺失」）。

測試只拿到一顆星，因為要模擬此架構所支援的高度可擴展性及彈性，其複雜度很高。要測試尖峰負載、以數十萬計的同時使用者非常複雜及昂貴，所以大部分的高容量測試，是在生產環境的實際極端負載下進行的。這使得生產環境下的正常操作，面臨很大的風險。

費用是選擇此架構時，另一個需要考慮的因素。空間式架構相對昂貴——大部分是來自於快取產品的授權費用、雲端資源的高使用率、以及為實現高可擴展性及彈性的預置系統。

要確認空間式架構的分割型態並不容易，因此我們將之認定為既是領域、又是技術分割的形式。之所以是領域分割，不只是因為它與特定種類的領域保持一致（具高彈性與可擴展性的系統），也因其具有處理單元的靈活性。處理單元可以充當領域服務，就像服務式或微服務架構裡的服務一樣。同時空間式架構也可算是技術分割，因其將使用快取的交易處理、與透過資料幫浦將資料實際存入資料庫的顧慮，予以分開考量。就如何處理請求的觀點來看，處理單元、資料幫浦、資料讀取 / 寫入器、以及資料庫形成了一個技術分層，很像單體 n- 層分層架構的結構。

空間式架構的量子數，乃依據使用者介面的設計方式、以及處理單元間的通信方式而定。因為處理單元與資料庫之間並未以同步方式通信，所以資料庫本身不算是量子方程式的一部分。結果，如要描述空間式架構的量子，通常就得透過各種使用者介面及處理單元之間的關聯性。彼此採取同步通信（或透過協作處理網格同步）的處理單元，都算是同一個架構量子的一部分。

第十六章

協作驅動的服務導向架構

架構風格與藝術運動一樣，應該在其演化的時代背景下來理解——這一章要討論的架構相較於其他架構，更能彰顯此項規則。影響架構決策的外部力量，再加上合乎邏輯、但最終卻是災難性的組織哲學，反而讓這種架構變得不恰當。但是這仍提供一個很好的範例——合乎邏輯的特定組織想法，是如何成為開發程序中最重要部分的障礙。

歷史和哲學

這種服務導向架構，出現在公司轉變成企業的 1990 年代後期：合併較小的公司、極快的成長速度、以及需要更複雜的 IT 來容納這樣的成長。然而，計算資源仍然稀缺、寶貴、用於營利目的。分散式計算剛剛出頭、也成為不得不的選擇，而許多公司正需要有變化的可擴展性、以及其他能夠帶來好處的特性。

許多外部驅動因素強迫這個時代的架構師，朝著具有明顯限制的分散式架構前進。在開源作業系統被認定已經穩定到可以處理重要的工作之前，作業系統不但昂貴，而且是依機器數目來授權。同樣地，商用資料庫伺服器採取拜占庭授權機制，導致應用伺服器廠商（提供資料庫連接共用）與資料庫廠商之間的戰爭。所以，人們期望架構師盡可能採用復用這種做法。事實上，各種形式的**復用**成為此架構的主要哲學——其副作用會在第 225 頁的「復用…與耦合」討論。

這種架構也以例子證明了架構師能把技術分割的想法推到多遠——雖然動機是好的，但結果卻不如人意。

拓撲結構

這種服務導向架構的拓撲如圖 16-1 所示。

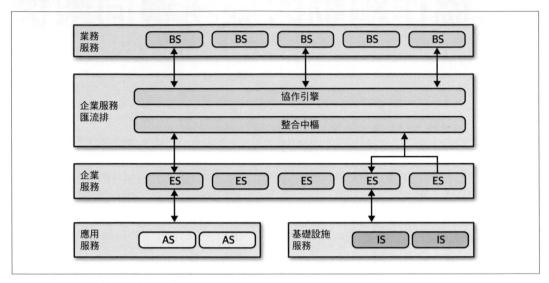

圖 16-1　協作驅動的服務導向架構之拓撲

不是所有例子都有跟圖 16-1 完全相同的分層，但是在建立服務分類的想法上是相同的，其中每個分層都有特定的責任。

服務導向架構是種分散式架構；確切的邊界並未顯示在圖 16-1，因其依組織而定。

分類

驅動架構師採取此架構的哲學，乃是集中在企業層級的復用。許多大型公司為了得持續重寫多少軟體而苦惱，然後想出一個策略漸進地解決問題。分類中的每一層正是為了支援這項目標。

業務服務

*業務服務*位於架構的最上層，並提供進入點。例如，像 `ExecuteTrade` 或 `PlaceOrder` 這樣的服務代表領域行為。此時常進行的檢驗是——架構師能否針對這些服務，肯定地回答這個問題：「⋯是我們的業務範圍嗎？」

這些服務的定義不牽扯到程式碼——只有輸入、輸出、有時還有綱要的資訊。這些通常由業務使用者來定義,所以才有業務服務這樣的名字。

企業服務

企業服務包含細顆粒、共享的一些實作。通常會把打造特定業務領域最基本行為（CreateCustomer、CalculateQuote 等等）的任務,指派給一組開發人員。這些服務是建構粗顆粒業務服務的基石,並透過協作引擎聯繫起來。

責任的分離乃因為此種架構以復用為目標。如果開發人員能夠以正確的顆粒度,來打造細顆粒的企業服務,則企業便不需要再重寫那部分的業務工作流程。漸漸地,企業就能打造一組可復用的資產——以可復用之企業服務的形式呈現。

可惜的是,現實的動態本質讓這些嘗試失效。業務元件不像建築材料,解決方案可以延續數十年不變。市場、技術變化、工程實務、還有許多其他因素,讓想在軟體領域加入穩定性的各項嘗試更形混亂。

應用服務

並非架構中所有的服務,都需要像企業服務那樣同等級的顆粒度或復用能力。應用服務是一次性、單次實作的服務。例如,可能有個應用需要地理位置,但組織不想花時間或力氣將其變成一個可復用的服務。只要一個應用服務（通常由單一應用團隊負責）,便能解決這些問題。

基礎設施服務

基礎設施服務提供運維方面的考量,例如監測、登錄、認證、授權。這些服務的實作比較具體,由跟運維部門緊密合作的共享基礎設施團隊來負責。

協作引擎

協作引擎構成此分散式架構的核心,透過協作——包括像是交易協調與訊息轉換,將業務服務的實作串起來。這種架構通常綁定一個或幾個關聯式資料庫,而不像微服務架構那樣,每個服務都有個資料庫。因此,交易行為是在協作引擎中宣示處理,而不是在資料庫。

協作引擎定義了業務與企業服務的關係、它們如何對應、以及交易的界線何在。它也充當整合中樞，讓架構師得以將客製化程式碼及套件、舊有軟體系統整合起來。

因為這項機制是架構的核心，Conway 法則（第 100 頁的「Conway 法則」）正確地預測了負責引擎的這群整合架構師，形成組織內的一股政治力量，最終成為帶有官僚主義的瓶頸。

雖然這種作法聽起來很吸引人，實際在大部分情況下卻是一場災難。把交易行為卸載到一個協作工具聽起來挺好，但要找出交易的正確顆粒度卻越來越困難。雖然可以把幾個服務打包進一個分散式交易，但是當開發人員必須搞清楚服務之間適當的交易邊界何在時，架構會變得更加複雜。

訊息流

所有請求都會通過協作引擎 —— 這是架構中處理邏輯的所在位置。因此即使是內部呼叫，但是訊息流仍會經過引擎，如圖 16-2 所示。

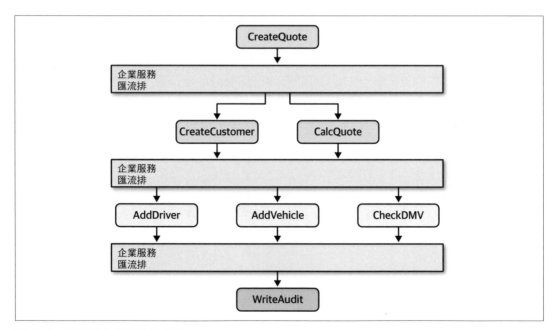

圖 16-2　服務導向架構的訊息流

在圖 16-2，CreateQuote 業務層級的服務呼叫服務匯流排 —— 它定義了由針對
CreateCustomer 與 CalculateQuote 的呼叫所組成的工作流程，且其中每次的呼叫也都
呼叫了另外的應用服務。此架構的服務匯流排充當所有呼叫的中介，既是整合中樞、也
是協作引擎。

復用…與耦合

此種架構的一項主要目標便是服務層次的復用 —— 擁有逐步打造隨著時間、復用程度越
來越高的業務行為的能力。架構師被命令得盡可能找到復用的機會。例如，考慮圖 16-3
的情況。

圖 16-3　在服務導向架構尋找復用的機會

圖 16-3 中，架構師理解到每個部門都有 客戶 的概念。所以，服務導向架構的適當策
略，就必須把客戶相關的部分抽出來成為可以復用的服務，讓原本的服務去參考這個成
為規範的客戶服務，如圖 16-4 所示。

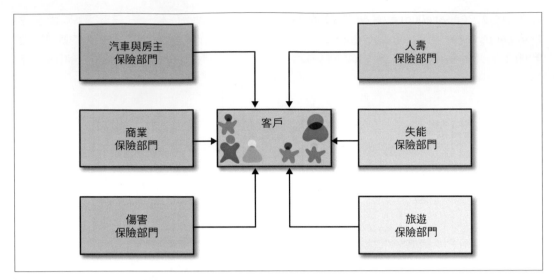

圖 16-4　建立服務導向架構的正則表示形式

圖 16-4 中，架構師把所有的客戶行為分離至單一個客戶服務，達成了明顯的復用目標。

但是這種設計的負面取捨，卻只能慢慢地被架構師理解。首先，主要圍繞著復用這個主題去打造系統，那麼元件間將有大量的耦合。例如在圖 16-4 中，客戶服務的改變會擴散到所有其他服務，讓改變帶有風險。所以在服務導向架構，架構師要做些增量式改變都很費力氣——每個改變潛在可能有巨大的漣漪效應。這樣又會導致協調後的部署、全面測試、以及其他拖累工程效率的事情都難以避免。

另一個將行為合併到一個地方的負面效應是：考慮圖 16-4 的汽車與失能險。要支援單一的客戶服務，得把組織所知道有關客戶的一切都包含進來。汽車險需要駕照——這是人的財產，而不是汽車的。所以客戶服務得包含駕照的細節——雖然 **失能保險部門** 根本不在乎。然而，處理失能的團隊卻必須處理與單一客戶定義相關的額外複雜度。

或許對此架構最具破壞性的啟示，來自於當人們理解到：要打造如此專注在技術分割的架構，根本是不切實際。雖然從分隔與復用的觀點來看有其道理，但實際上卻是個夢魘。像 CatalogCheckout 這樣的領域概念，非常細微地滲入到架構的每個地方——實際上就跟被磨成粉沒兩樣。開發人員常常在做像是「新增一行地址到 CatalogCheckout」這樣的工作。在服務導向架構中，這項工作可能牽扯到位於不同層的好幾十個服務，還

得更改單一資料庫的綱要。而且如果目前企業服務的交易顆粒度定義不正確，開發人員要不就得更改設計，不然就是得打造全新卻幾乎一樣的服務，才能改變交易行為。復用到此也結束了。

架構特性的等級

許多現今用來評估架構的準則，在此架構廣受歡迎的當時，並非人們優先關注的焦點。實際上，那時候敏捷軟體運動才剛開始，尚未能夠打入可能使用此類架構的組織。

特性等級表格（圖 16-5）的一顆星，表示該架構特性在架構中的支援不佳，五顆星則表示該特性在架構中是其中一個最強的特色。計分卡中每個特性的定義請參考第 4 章。

架構特性	星級等級
分割型態	技術
量子數目	1
可部署性	☆
彈性	☆☆☆
演進式	☆
容錯	☆☆☆
模組化	☆☆☆
整體花費	☆
效能	☆☆
可靠性	☆☆
可擴展性	☆☆☆☆
簡單性	☆
可測試性	☆

圖 16-5　服務導向架構的特性等級

服務導向架構可能是嘗試過的架構中，最具技術分割特性的通用架構。事實上，對此架構缺點的反撲，導致了更為現代架構的誕生——例如微服務。雖然是分散式架構，但卻只有一個量子，其原因有二。首先，它通常只使用一或幾個資料庫，使架構很多不同的考量之間，產生了耦合點。第二點而且更重要的是，協作引擎本身就是個巨大的耦合點——沒有哪個部分可以有跟調停者（負責所有行為的協作）不同的架構特性。所以這種架構，相當於試圖去找出單體及分散式架構的缺點。

此架構在現代的工程目標方面，例如可部署性及可測試性，得到的分數慘不忍睹——原因是對這些特性的支援不佳，再加上那個時代這些特性並不重要（甚至連想都沒想過）。

本架構確實支援了像彈性、可擴展性這樣的目標，雖然實作起來並不容易——因為透過應用伺服器上的應用議程複製以及其他技巧，工具開發商在系統的可擴展性上投注大筆的心血。但因為屬於分散式架構，效能不是此架構的亮點——甚至是糟透了，原因是每個業務請求，都被分開拆散到架構的許多部分。

因為這些因素，簡單性與費用具備反向的關係——這是大部分架構師喜歡的。此架構是一個重要的里程碑，因為它讓架構師了解真實世界的分散式交易有多困難，以及技術分割的實際限制何在。

第十七章

微服務架構

微服務在近幾年廣受歡迎，也得到長足進展。本章要介紹讓這種架構與眾不同的一些重要特性——不只在拓撲結構、也在思考哲學上。

歷史

大部分架構的名字，乃由注意到某個特定重複出現模式的架構師來命名——沒有什麼架構師的秘密組織，來決定下一個大型運動為何。相反地，結果是當軟體開發生態系轉移改變時，許多架構師最終做的都是很普遍的決策。處理並從這些轉移獲益的普遍最佳方法，變成了其他人模仿的架構風格。

在這方面微服務有些不同——它在被使用、以及因為 Martin Fowler 與 James Lewis 的一篇 2014 年 3 月的部落格文章「微服務」（*https://oreil.ly/Px3Wk*）而受到歡迎的早期，便被如此命名。他們認出此新型架構的許多共同特性，並將其勾畫出來。對好奇的架構師來說，他們的貼文定義了這種架構，也幫助其了解背後的哲學。

微服務受到領域驅動設計（DDD——一種軟體專案的邏輯設計程序）的高度啟發。特別是來自於 DDD 的一個概念——*有界背景*，給了微服務關鍵性的啟發。有界背景的概念代表一種去耦合的風格。在開發人員定義領域的時候，該領域包含許多實體及行為，並體現在像程式碼、資料庫綱要這樣的工件當中。例如，應用可能有個叫做 `CatalogCheckout` 的領域，其中包含有像品項、客戶、付款等概念。在傳統的單體架構，開發人員分享許多這類的概念，來打造可復用的類別及鏈結起來的資料庫。在有界

背景下，像程式碼與資料綱要這種內部組件，乃耦合一起運作；但卻不會跟有界背景之外的任何事物耦合，例如另一個有界背景的資料庫或類別定義。這樣每個背景只需定義需要的部分，而不是包山包海的全部含括進來。

雖然復用有其好處，但請記得與取捨有關的軟體架構第一法則。復用在負面上的取捨便是耦合。當架構師設計一個偏好復用的系統，也就相當於偏好能夠達成復用的耦合——不管是透過繼承、或是組成結構。

然而如果架構師的目標是要求高度去耦合，那麼他們會更偏好複製而非復用。微服務的主要目標就是高度去耦合——從實體上對有界背景的邏輯概念，進行建模。

拓撲結構

微服務的拓撲如圖 17-1 所示。

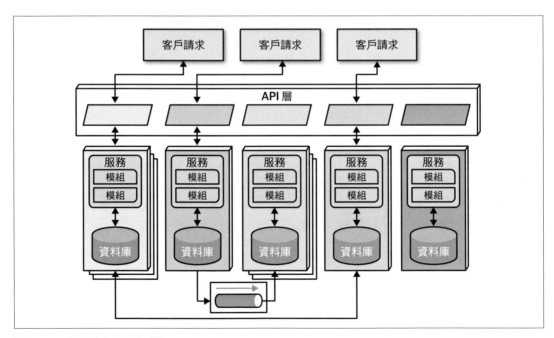

圖 17-1 微服務架構的拓撲

如圖 17-1，由於單一目標或功能的本質，微服務裡的服務比其他分散式架構——例如協作驅動的服務導向架構，要小得多。架構師期望每個服務都包含所有必要的組件——包括資料庫及其他彼此相依的元件，使其能獨立地運作。此架構的各種不同特性會在下面各節討論。

分散式

微服務形成一個**分散式架構**：每項服務在自己的程序中執行——原先暗示的是一台實體電腦，但很快就演變成虛擬機器與容器了。能達到這種去耦合程度的服務，為高度強調多租戶基礎設施的代管應用架構中常遇到的問題，提供一個簡單的解決方案。例如，當使用應用伺服器管理許多執行中的應用時，網路頻寬、記憶體、磁碟空間、以及其他許多優點在運維上的復用得以實現。但是如果支援的應用不斷成長，最終在共享的基礎設施上，有些資源便會變得受限。還有另一個問題，就是共享應用之間不適當的隔離。

將每個服務分開到個別的程序，可以解決共享帶來的所有問題。在以演進式方法開發可自由取得的開源作業系統、以及擁有自動化機器配置的功能之前，要讓每個領域擁有自己的基礎設施是不切實際的。但現在有了雲端資源與容器技術後，團隊已能從極端去耦合獲得好處——在領域與運維的層次。

就微服務的分散式本質而言，效能常常是個負面的副作用。網路呼叫的耗時比方法呼叫更多，每個端點的安全驗證又會增加額外的處理時間，讓架構師在設計系統時，必須小心思考顆粒度帶來的影響。

因為微服務屬於分散式架構，有經驗的架構師會建議不要使用跨越服務界線的交易，這使得服務顆粒度的判斷成為成功運用此架構的關鍵。

有界背景

驅動微服務的哲學是**有界背景**的概念：每個服務就是一個領域或工作流程的模型。因此，每個服務包含運作所需的每樣東西，包括類別、其他子元件、資料庫綱要。在此架構中，這種哲學驅動著許多架構師的決策。例如，在單體架構上，開發人員常常在截然不同的部分之間，分享共同的類別——例如 Address。但是微服務則嘗試避免耦合，所以打造架構的架構師偏好複製，而非耦合。

微服務將領域分割的概念推到極致。每個服務意味著一個領域或子領域。就許多方面而言，微服務便是領域驅動設計之邏輯概念的實體展現。

顆粒度

架構師努力想找出微服務裡服務的正確顆粒度，卻常常犯了讓服務變得太小的錯誤，使服務之間得建立通信連結，才能執行像樣的工作。

> 「微服務」這個詞是個標籤，而不是描述。

> —Martin Fowler

也就是說，這個詞的創造者得稱呼此新風格為某樣東西，而「微服務」被選擇來與當時的主流架構——服務導向架構（可被稱為「巨服務」）做對比。但許多開發人員將「微服務」這個詞視為誡命、而非描述，導致其打造的服務顆粒度太小。

微服務中服務邊界的目的，是為了擷取一個領域或工作流程。在有些應用上，這些自然邊界在系統的某些地方會大一些，所以有些業務程序的耦合就比較大。底下是一些輔助架構師找出適當邊界的準則：

目的

最明顯的邊界就在啟發此種架構風格的地方，也就是領域。理想情況下，每個微服務在功能上應有很高的內聚性，從整體應用的觀點提供了一項重要的行為。

交易

有界背景屬於業務流程，通常在交易中必須互相合作的各個實體，會在架構師面前展示出良好的服務邊界。因為交易在分散式架構常引發問題，如果架構師能透過設計加以避免，那麼產生的設計就更好。

編排

如果架構師打造領域隔離度良好、但卻需要頻繁通信才能運作的一組服務，那麼或許可以考慮將這些服務打包成一個更大的服務，避開通信帶來的額外負擔。

迭代是確保服務設計優良的唯一方法。架構師很少在第一次就發現完美的顆粒度、資料相依關係、以及通信方式。但是一旦迭代考慮過各種選項後，架構師有很大的機會可以改善原來的設計。

資料隔離

微服務受有界背景的概念所驅動的另一項條件，便是資料的隔離。許多其他架構使用單一資料庫，以實現資料持久性的要求。但是微服務想避開所有種類的耦合——包含做為整合點的共享綱要與資料庫。

審視服務顆粒度的時候，資料隔離是架構師必須考慮的另一個因素。架構師必須提防實體陷阱（在第 106 頁的「實體陷阱」討論過），而不僅僅只讓服務的模型長得像資料庫上的單獨實體。

架構師習慣利用關聯式資料庫，讓系統的資料值統一，產生單一資訊來源——當資料分散在架構時，這件事變得不可能。所以架構師必須決定如何處理這個問題：確認某一個領域為某些事實的資訊來源、並與其協調以讀取資料，或者利用資料庫複製或快取來分布資訊。

雖然這種層級的資料隔離讓人頭疼，但也提供一些機會。團隊現在不用被強迫得圍繞單一資料庫去獲得一致性，每個服務可依照價格、儲存型態、或許多其他因素，去選擇最適合的工具。在一個高度去耦合的系統，團隊可以獲得改變想法、選擇更適合資料庫（或其他依賴性）的好處，而不至於影響其他團隊——因其不允許與實作細節發生耦合。

API 層

大部分有關微服務的圖像，都有一層安坐在系統消費者（不是使用者介面，便是來自於其他系統的呼叫）之間的 API 層，但這不是必然的。它很常見是因其在架構內提供一個好地方，透過代理的間接取值、或是與運維設施的聯繫來執行一些有用的工作，例如名稱解析服務（在第 234 頁的「運維復用」討論）。

雖然 API 層的用途很多，但不應把它當做調停者或協作工具來使用——如果架構師想忠於架構的底層哲學：亦即架構中所有相關邏輯都應處於有界背景之內，所以把協作或其他邏輯放入調停者將違反此項規則。這也說明了架構上技術與領域分割的區別：架構師在技術分割架構常使用調停者，而微服務卻是堅定的領域分割學派。

運維復用

考慮到微服務偏好複製而非耦合，那麼架構師如何處理能夠從耦合得到好處的那部分架構——例如監測、登錄、斷路器之類的運維考量？傳統服務導向架構有項哲學，便是盡可能復用更多的功能，不管是在領域或運維都一樣。至於在微服務上，架構師嘗試將這兩類考量分開對待。

一旦打造了好幾個微服務，團隊會發現服務間有些共同元素，能從相似性獲益。例如，如果組織讓每個服務團隊自己打造監測功能，該如何確保每個團隊都這麼做？他們如何處理像更新這樣的課題？監測工具的更版是否會變成團隊的責任，以及這件事會花掉多少時間？

邊車（*sidecar*）模式為此問題提供解答，如圖 17-2 所示。

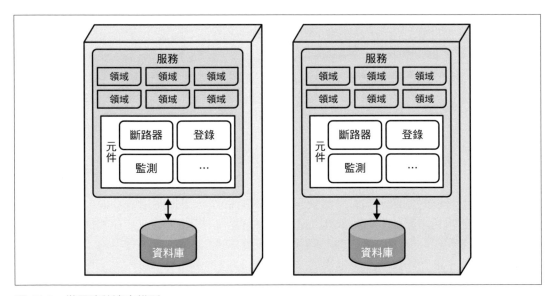

圖 17-2　微服務的邊車模型

在圖 17-2，共同的運維課題在每個服務內以分開的元件呈現，其責任方可以是個別團隊、或是一個共享的基礎設施團隊。邊車元件處理所有運維上的課題——透過耦合在一起，團隊將因此獲益。所以在需要更新監測工具時，由共享的基礎設施團隊去更新邊車元件，這樣每個微服務就能得到新的功能。

一旦團隊知道每個服務都有一個共同的邊車，他們便可打造**服務網格**，讓整體架構在像是登錄、監測這類的課題上，實現統一的控制。共同的邊車元件跨越所有微服務而連接、形成一致的操作介面，如圖 17-3 所示。

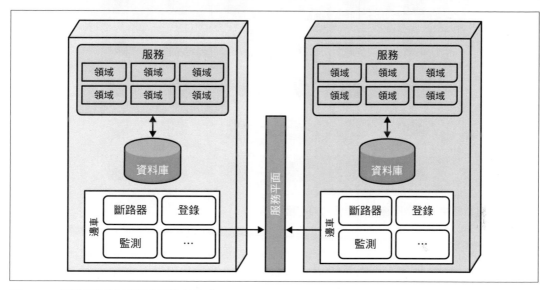

圖 17-3　服務平面連接服務網格的邊車元件

圖 17-3 中，每個邊車連接到服務平面——形成通往每個服務的一致性介面。

服務網格本身形成一個主控台，讓開發人員能夠完整存取每項服務，如圖 17-4 所示。

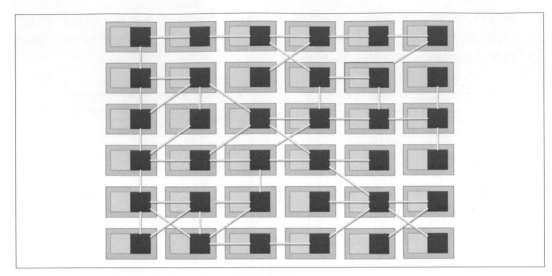

圖 17-4　服務網格提供微服務在運維面向的整體視野

每個服務都是整體網格上的一個節點,如圖 17-4 所示。服務網格形成一個主控台,讓團隊得以全面控制運維上的耦合,例如監測層級、登錄、以及其他必須交錯考慮的運維課題。

架構師利用**服務發現**,做為在微服務架構中打造彈性的方法。一旦有請求出現並不會啟動單一服務,而是通過服務發現工具——由其監視請求的數目及頻率,並啟動新服務實例以應對擴展性或彈性的顧慮。架構師常把服務發現加入服務網格,使其成為每個微服務的一部分。服務發現常利用 API 層代管,使得使用者介面或其他呼叫系統,在一個地方就可以透過彈性、一致的方法,找到以及創造服務。

前端

微服務偏好去耦合,在理想情況下也應把使用者介面及後端的一些考量包含進來。為忠於 DDD 的法則,實際上微服務一開始的眼光是把使用者介面也包含到有界背景。但是分割型態(受到網站應用及其他外部限制的要求)的實際情況,卻讓該目標難以達成。所以微服務架構常出現兩種使用者介面風格,第一種顯示在圖 17-5。

圖 17-5 中,單體前端有單一的使用者介面,透過 API 層進行呼叫以滿足使用者的請求。前端可以是一個豐富的桌上型、移動式、或網站應用。例如,現今很多網站應用乃利用 JavaScript 網站框架,來打造單一使用者介面。

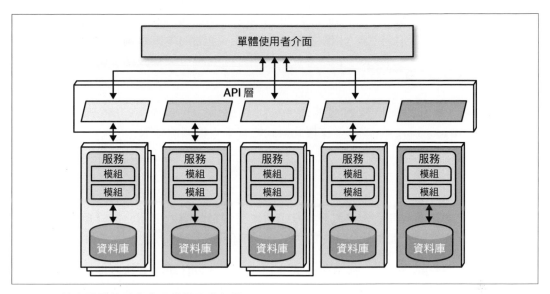

圖 17-5　擁有單體使用者介面的微服務架構

使用者介面的第二種選項利用微前端，如圖 17-6 所示。

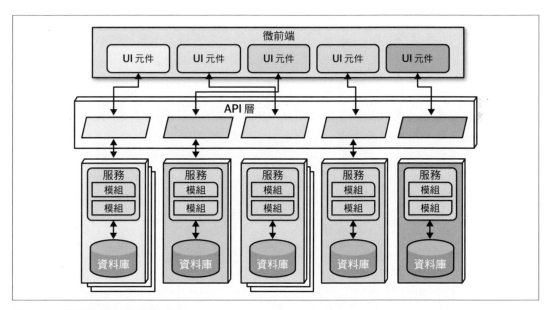

圖 17-6　微服務的微前端模式

圖 17-6 中，這個做法利用使用者介面層次的元件，打造跟後端服務同步的使用者介面顆粒度與隔離。每項服務提供與之相關的使用者介面，並由前端來協調其他的使用者介面元件。利用這種模式，團隊將服務邊界從使用者介面隔離至後端服務，使得單一團隊負責的整個領域得到一致性。

開發人員有許多方法實作微前端模式，可以利用以元件為基礎的網站框架（例如 React，*https://reactjs.org*），或許多支援此模式的其中一種開源框架。

通信

在微服務中，架構師與開發人員得努力找出會影響資料隔離及通信的適當顆粒度。找出正確的通信方式有助於團隊實現服務的去耦合，卻仍以有用的方式互相協調。

本質上來說，架構師必須決定採用同步或非同步通信。同步通信要求呼叫者等候被呼叫者的回應。微服務架構通常利用**協議感知的異質互通性**。讓我們來分析這個詞：

協議感知

因為微服務通常不利用中心化的整合中樞來避免運維上的耦合，所以每個服務都應清楚如何呼叫其他服務。因此架構師通常會標準化服務間互相呼叫的方式：像是某種 REST、訊息佇列等等。這表示服務必須清楚（或發現）要使用哪個協議，來呼叫其他服務。

異質

因為微服務屬於分散式架構，每個服務可以在不同的技術堆疊下實作。**異質**暗示的是微服務完整支援多語言環境──不同的服務可以使用不同的平台。

互通性

描述服務間的互相呼叫。雖然微服務的架構師不鼓勵在交易上使用方法呼叫，但是服務常透過網路呼叫其他服務，以進行合作及傳送/接收資訊。

如果是非同步通信，架構師常使用事件與訊息，所以內部會利用事件驅動架構（在第 14 章討論）。在微服務中，代理者與調停者模式體現在*編排*與*協作*上。

編排與協作

*編排*的通信方式與代理者事件驅動架構一樣。也就是說遵從有界背景的哲學——沒有中心化的協調者。因此架構師能夠很自然地在服務之間，實作去耦合的事件。

評估架構針對特定問題的適合程度時，**領域 / 架構同構**是架構師應當追求的一項關鍵特性。這個詞描繪架構的形狀與特定架構如何對應。例如圖 8-7 的 Silicon Sandwiches 的技術分割架構在結構上支援客製化，而微核心架構也提供一樣的通用結構。所以需要高度客製化的問題，在微核心上會比較容易實現。

同樣地，在微服務架構中，因為架構師的目標偏向於去耦合，所以微服務形狀類似於代理者 EDA，使這兩種模式具有共生關係。

在編排中沒有中心化調停者的情況下，每個服務視需要呼叫其他服務。例如考慮圖 17-7 的情境。

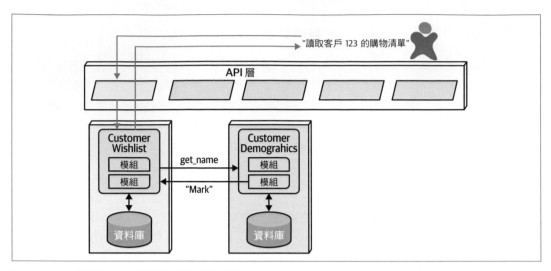

圖 17-7　在微服務中，利用編排來管理協調

圖 17-7 中，使用者想得到購物清單的詳細資料。因為 CustomerWishList 服務未包含所有必要的資訊，所以它會呼叫 CustomerDemographics 來提取遺漏的資訊，並將結果傳回使用者。

因為微服務架構不像其他服務導向架構有一個全域的調停者，如果架構師必須在幾個服務間協調，可以建立自己的本地調停者，如圖 17-8 所示。

圖 17-8 中，開發人員打造一個服務，其唯一的責任是協調呼叫、為特定客戶取得所有資訊。使用者呼叫 ReportCustomerInformation 調停者，再由其呼叫其他必要的服務。

軟體架構的第一法則暗示這些解決方案沒有一個是完美的，因為每個都有取捨。使用編排時，架構師保有架構的高度去耦合哲學，因此能收割該架構宣揚的最大好處。但是在編排環境下，像錯誤處理與協調這類常見的問題就會變得更複雜。

考慮一個工作流程更複雜的例子，如圖 17-9 所示。

圖 17-9 中，第一個被呼叫的服務必須跟眾多其他的服務協調——基本上就是除了領域相關責任外，還得充當一個調停者。這就是所謂的**前端控制器模式**——在某些問題上，名義上本來是一個被編排的服務，卻變成一個更複雜的調停者。這個模式的缺點是會增加服務的複雜度。

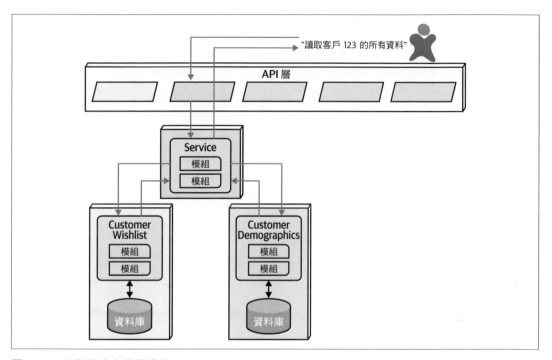

圖 17-8　在微服務中使用協作

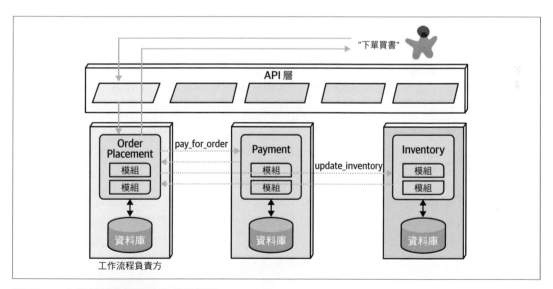

圖 17-9　在複雜的業務程序中使用編排

或者架構師也可以在複雜的業務程序，選擇使用協作——如圖 17-10 所示。

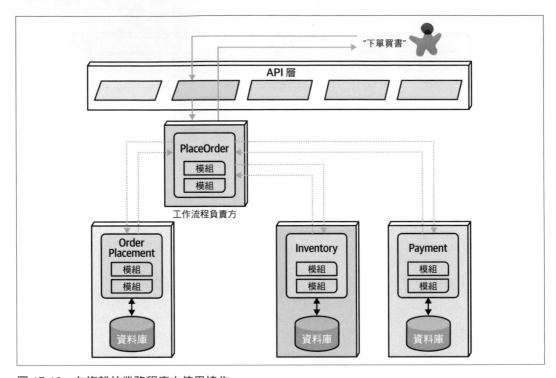

圖 17-10　在複雜的業務程序中使用協作

圖 17-10 中，架構師打造一個調停者，來處理業務工作流程所需的複雜度與協調。雖然這樣會讓服務產生耦合，但架構師可以把協調集中到單一服務，讓其他服務受到的影響小一些。通常領域的工作流程本來就互相耦合——架構師的職責是找到最好的方法，以支援領域與架構目標的方式來表現這種耦合。

交易與傳奇模式

微服務的架構師渴望把去耦合做到極致，但在如何跨服務實現交易的協調上，卻遇到困難。架構的去耦合要求資料庫也達到相同的程度，所以在單體應用中微不足道的原子性，卻在分散式應用成為問題。

跨服務邊界建立交易，將違背微服務架構核心的去耦合原理（也同時創造了最糟的動態共生性，亦即數值的共生性）。對於想打造跨服務交易之架構師的最好忠告是：**不要這麼做**！利用修改顆粒度元件來代替。通常想打造微服務架構、接著卻發現得利用交易將這些服務串起來的架構師，會在設計的顆粒化上走得太過。交易邊界是在服務顆粒度上最常見的其中一個指標。

 不要在微服務使用交易——以修改顆粒度來代替！

當然總有例外。例如可能有個情況：兩個服務需要很不一樣的架構特性、因此得有不同的服務邊界，但仍需要交易上的協調。在這些情況下，還是有模式可以處理交易上的協作，但必須做出重大的取捨。

微服務裡面有一個受歡迎的分散式交易模式，稱為**傳奇**模式，如圖 17-11 所示。

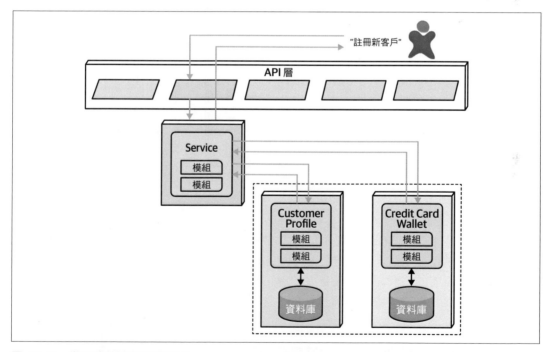

圖 17-11　微服務架構的傳奇模式

圖 17-11 中，有個處理多重服務呼叫、並協調交易的服務充當調停者。調停者呼叫交易的每一個部分使其執行、記錄其為成功或失敗，然後協調產生結果。如果一切照著計畫走，服務的所有值及其所包含的資料庫會同步更新。

如果發生錯誤，調停者得確保沒有哪個部分的交易被視為成功——如果有一個部分失敗的話。考慮圖 17-12 的情況。

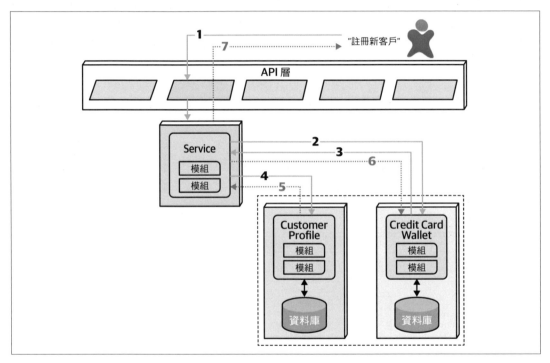

圖 17-12　補償發生交易錯誤情況的傳奇模式

在圖 17-12 交易的第一個部分成功、但第二部分失敗，調停者必須發送請求給每個成功執行的部分，通知其撤銷之前的請求。這種交易協調方式稱為**補償交易框架**。開發人員通常透過讓調停者的每個請求進入**待定**狀態，直到調停者指示以整個交易成功的方式來進行實作。但是如果也得處理非同步交易，設計將變得複雜——特別是新的請求出現，而且它又受到待定交易之狀態的影響。這樣會在網路層上製造大量的協調流量。

另一種實作補償交易框架的方法，是讓開發人員針對每個可能的交易運算，打造**執行**與**撤銷**兩種操作方式。這樣可以減低交易所需的協調，但是**撤銷**要比**執行**複雜得多——設計、實作、除錯都要複雜兩倍以上。

雖然架構師可以打造跨服務的交易行為，但是這跟選擇微服務模式的理由相左。當然總有例外，所以給架構師最好的建議是：謹慎地使用傳奇模式。

 有些跨服務交易有其必要性——但如果變成是架構的主要特色，那就走偏了！

架構特性的等級

在我們的標準等級尺標上（圖 17-13），微服務架構出現好幾個極端值。一顆星表示該架構特性在架構上的支援不佳，五顆星則表示該特性是架構其中一個最強的特色。計分卡中每個特性的定義請參考第 4 章。

架構特性	星級等級
分割型態	領域
量子數目	1到多
可部署性	☆☆☆☆
彈性	☆☆☆☆☆
演進式	☆☆☆☆☆
容錯	☆☆☆☆
模組化	☆☆☆☆☆
整體花費	☆
效能	☆☆
可靠性	☆☆☆☆
可擴展性	☆☆☆☆☆
簡單性	☆
可測試性	☆☆☆☆

圖 17-13　微服務架構特性等級

圖 17-13 的等級中，值得注意的是其對於現代工程實務的高度支援，例如自動化部署、可測試性、以及其他未列出來的項目。如果沒有 DevOps 革命、以及堅決地邁向自動化運維的考量，微服務就不可能存在了。

既然微服務屬於分散式架構，它就會遭遇從片段拼成架構、執行時再連接在一起的做法所帶來的許多固有的缺點。所以如果使用太多的跨服務通信，容錯與可靠性都會受到衝擊。但是這些等級也只指出了架構的傾向，開發人員可以透過冗餘與服務發現所提供的規模化，來解決許多這些問題。但在正常情況下，獨立、單一目標的服務常能實現高度的容錯——也就是微服務架構在此特性上所獲得的高等評比。

此架構在可擴展性、彈性、演進上得到高分。有些迄今為止最容易規模化的系統，乃利用這種架構取得很大的成功。同樣地，因為此架構高度依賴自動化、以及與運維部分的智慧整合，所以開發人員也能在架構上支援彈性需求。因為架構偏好以增量方式達成高度去耦合，所以即使在架構層面上，也支援漸進式改變這種現代商業的常規。現代商業變遷迅速，以致於軟體開發始終努力想跟上其步伐。透過打造一個部署單元極小又高度去耦合的架構，架構師得以擁有一個支援快速變化的結構。

效能在微服務通常是個問題——分散式架構必須透過許多網路呼叫，才能完成工作。因此額外成本很高，而且還得在每個端點進行安全檢查，驗證身分以及存取權限。微服務有許多模式可以提高效能，包括智慧型資料快取及複製，以避免過度使用網路呼叫。效能是微服務常採用編排、而非協作的另一個原因——因為耦合越少，通信更快且瓶頸也越少。

微服務當然是以領域為中心的架構——每個服務邊界都應對應到領域。跟其他現代架構相比，它的量子也非常不同——在許多方面，它可以做為量子測度應該評估些什麼的例證。驅動極端去耦合的想法，使得此架構讓人傷透腦筋——但如果做得夠好，卻能產生巨大的效益。就像在任何架構一樣，架構師必須了解規則，才能夠聰明地打破它們。

額外參考

雖然這一章的目標是略微談及此類架構的一些重要面向，但還有許多很棒的資源，提供此架構更進一步、更詳細的資訊。底下的參考資料是與微服務相關、額外及更仔細的資訊：

- 《建構微服務》，Sam Newman 著（O'Reilly）

- 《微服務 *vs.* 服務導向架構》，Mark Richards 著（O'Reilly）

- 《微服務反模式及陷阱》，Mark Richards 著（O'Reilly）

第十八章

選擇適當的架構風格

視情況而定！有那麼多選擇的情形下（而且幾乎每天都還有新的），我們想告訴你該選哪一個——但卻做不到。依據組織的許多因素、以及想打造之軟體的不同，沒有其他事會與其所在之背景更有關係了。架構選擇代表了分析與思考架構特性、領域考量、策略目標、及許多其他因素之取捨後，所能達到的一種極致。

但是不管決策與背景多麼相關，在選擇適當架構時，仍有一些通用的忠告可供參考。

架構「時尚」的轉變

令人討喜的架構隨著時間改變——受到許多因素影響：

來自於過往的觀察

新架構通常來自於過往經驗中的觀察與痛點。架構師在過往系統的經驗，會影響他們對未來系統的一些想法。架構師不得不依賴過往的經驗——首先得有這些經驗才能變成一個架構師。通常，新架構的設計會反映過往架構的特定缺陷。例如，架構師在打造以程式碼復用為特色的架構、並了解與之相關的負面取捨後，會嚴肅地重新思考程式碼復用所代表的意涵。

生態系的改變

不斷變化正是軟體開發生態系最可靠的特色——每件事總在變化中。生態系的變化尤其混沌，甚至連變化的種類都難以預測。例如幾年前，沒人知道 *Kubernetes* 是什麼，但現在全世界卻有好幾個相關的會議與數以千計的開發人員。再過幾年，Kubernetes 可能被現在還不存在的某種工具取代。

新功能

當新功能出現，架構上不僅只是用另一個工具來取代原有的工具，而是轉移到一個全新的典範。例如，很少有架構師或開發人員會預期到，像 Docker 這種容器技術的出現，會在軟體開發界引發影響那麼重大的轉移。雖然只是演化中的一步，但是它對架構師、工具、工程實務、以及許多其他因素的影響，卻讓業界大部分的人感到驚訝。生態系的不斷變化，也定期地產出新的工具與功能。架構師不只得敏銳地密切注意新的工具，還得注意新的典範。有些東西看起來雖新、但卻像我們早就已經有了的東西——然而它可能有些細微處或其他變化，使其成為遊戲規則的改變者。新功能未必得震撼整個業界才行——它的一些新特色可能變化不大，但卻與架構師的目標完全合拍。

加速性

不只生態系不斷變化，改變速度也一直上升。新工具建立新的工程實務，由此引發新設計與功能。架構師處於不停流動的狀態之中——因為變化無處不在、也一直持續進行。

領域變化

開發人員撰寫軟體所針對的領域，常常在轉移及變化——可能是因為業務持續演進，或是與其他公司合併這類因素。

技術變化

當技術持續演進，組織嘗試至少跟上其中的一些變化，特別是那些具有明顯關鍵好處的變化。

外部因素

許多與軟體開發關係不大的外部因素，可能會驅動組織內的變革。例如，架構師與開發人員可能對某個工具很滿意，但因為授權費用太高，所以被迫得遷移至別的選項。

不管在現今架構風潮底下公司位居何處，架構師應當了解現今的業界趨勢，好在該遵從及破例的時候做出明智的決策。

決策準則

選擇架構風格時，架構師必須考慮在領域設計上、所有影響結構的因素。基本上架構師設計的是兩件事：不管指定的是哪一個領域，以及讓系統成功所需的所有其他結構元素。

架構師應當採取讓人對以下事項感到放心的設計決策：

領域

架構師應當了解領域的許多重要面向，特別是那些影響運維架構特性的面向。架構師不必得是相關主題的專家，但至少得大致了解所欲設計之領域的一些重要面向。

影響結構的架構特性

架構師得找到並闡明為了支援領域及其他外部因素，相關的架構特性是什麼。

資料架構

架構師與 DBA（資料庫管理員）在資料庫、綱要、及其他資料相關考量上必須合作。本書對資料架構並未觸及太多，因為它是另一門專業。但是架構師得了解資料設計對設計的影響，特別是在新系統必須與一個較老及／或使用中的資料架構互動的時候。

組織因素

有許多外部因素會影響設計。例如，特定雲端供應商的費用，可能讓最理想的設計無法實現。或者公司打算進行併購，促使架構師朝向開放的方案以及整合性的架構。

關於程序、團隊、運維考量的知識

許多跟專案相關的因素會影響設計，像是軟體開發程序、跟運維的（或缺乏）互動、以及 QA 程序。例如，如果組織在敏捷工程實務上欠缺成熟度，那麼依賴這些實務以獲得成功的架構便會遭遇困難。

領域／架構同構

有些問題領域與架構拓撲吻合。例如，微核心架構很適合需要客製化能力的系統——架構師可以利用外掛來設計客製化。另一個例子是需要大量分開運算的基因組分析，而空間式架構剛好提供大量個別的處理器。

同樣地，有些問題領域很不適合某些架構風格。例如，高可擴展性系統很難利用大型單體設計實現，因為難以利用高度耦合的代碼庫，來支援大量的同時使用者。包含大量語義耦合（semantic coupling）的問題領域，跟高度去耦合的\分散式架構就很不匹配。例如，保險公司應用程式由許多複頁表格組成（且每個表格都依之前頁面的內容而定），就不容易利用微服務來建立模型。這是一個在去耦合架構中，讓架構師遇到設計挑戰的高耦合問題。像服務式架構這種耦合度較低的架構，可能會更適合這個問題。

考慮所有這些因素後，架構師必須做出許多決定：

單體 vs. 分散式

利用早先討論的量子概念，架構師得決定是否一組架構特性就夠了，或者系統的不同部分需要不同的架構特性？如果是一組的話暗示單體比較適合（雖然其他因素可能讓架構師選擇分散式架構），如果是要求不同的架構特性，則暗示應該改用分散式架構。

資料放在哪兒？

如果是單體架構，架構師常假定只有一個或數個關聯式資料庫。如果是分散式架構，架構師得決定由哪個服務負責資料持久化，也暗示得思考資料在架構中的流向，以建立工作流程。設計架構時，架構師必須考慮結構及行為，也不要害怕利用設計迭代以找到更好的組合。

服務之間的通信方式——同步或非同步？

一旦架構師決定好資料的分割，下一個設計考量便是服務之間的通信——同步或非同步？大部分情況下同步通信比較方便，但也會導致可擴展性、可靠度、及其他不討喜的特性出現。非同步通信在效能及規模化上有獨特的優勢，但也有許多讓人頭痛的地方：資料同步、死結、競爭條件、除錯等等。

因為同步通信在設計、實作、除錯的挑戰較少，在可能的情況下架構師預設應該使用同步方式，並且只在必要時才使用非同步。

預設情況下使用同步，只在必要時才使用非同步。

在考慮選擇哪種架構（以及混合式架構）、設計的哪個部分需要最多心力的架構決策記錄、以及保障重要原則及運維架構特性的架構適應度函數之後，這整個設計過程的最後輸出便是架構的拓撲。

單體式案例研究：Silicon Sandwiches

在 Silicon Sandwiches 架構套路研究架構特性後，我們判斷只要一個量子就足以實作此系統。再加上這是一個預算不大的簡單應用，所以單體應用的簡單性頗吸引人。

但是我們為其打造兩種不同的元件設計：一種是領域分割，另一種是技術分割。在解答並不複雜的情況下，我們針對每種做法進行設計，並討論相關的取捨。

模組化單體

模組化單體利用單一資料庫，打造以領域為中心的元件，並以單個量子的方式部署。圖18-1 是 Silicon Sandwiches 的模組化單體設計。

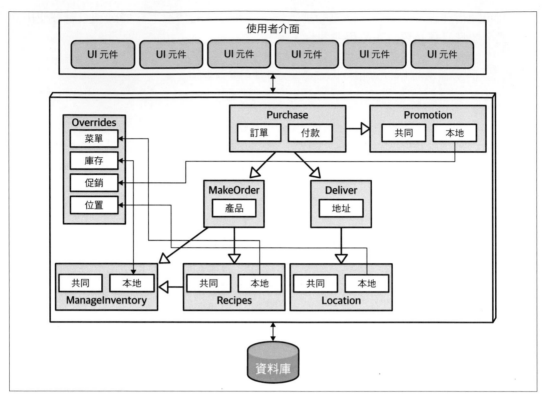

圖 18-1　Silicon Sandwiches 的模組化單體實作

圖 18-1 是一個有單一關聯式資料庫的單體應用，且以單個網站使用者介面（還針對行動裝置精心設計）實作，以降低整體費用。架構師先前找出的每個領域，都以元件呈現。如果時間及資源許可，架構師應該如同領域元件那般，考慮把表格與其他資料庫資產分開，好讓此架構遷移至分散式架構更容易一些——如果將來有需要的話。

因為此架構本身天生無法處理客製化，架構師得確認這項特色必須列入領域設計的一部分。在這個例子，架構師設計一個 Override 端點，讓開發人員可以上傳個別的客製化設定。相應地，架構師必須確保每個領域元件，在可以客製化的特性上，都參考到 Override 元件——這樣便可以作為完美的適應度函數利用。

微核心

Silicon Sandwiches 有一個架構特性是客製化的能力。考量領域 / 架構的同構，架構師可能選擇利用微核心來實作，如圖 18-2 所示。

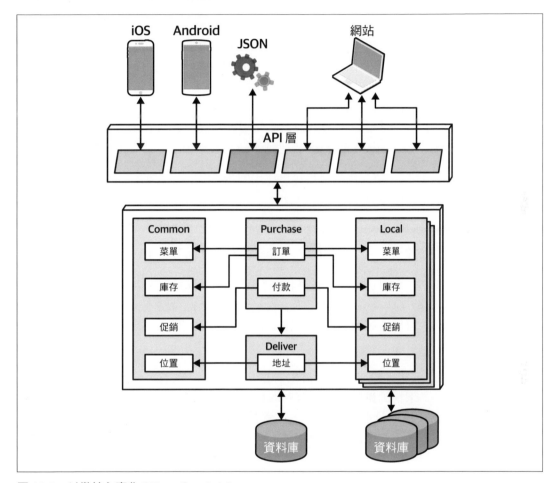

圖 18-2　以微核心實作 Silicon Sandwiches

圖 18-2 中，核心系統由領域元件與單個關聯式資料庫組成。如同之前的設計，小心地讓領域與資料設計達到同步，將使得核心在未來可以遷移到分散式架構。客製化乃是透過外掛實現，共同的部分放在一組外掛中（以及相應的資料庫），還有一些區域性、擁有自己資料的客製化。因為外掛不會互相耦合，所以可以維護個別資料，並且保持去耦合的狀態。

這裡還有些獨特的設計元素，利用前端專屬的後端（BFF）（*https://oreil.ly/i3Hsc*）模式，所以 API 層是一層薄薄的微核心配接器。後端提供的一般資訊，由 BFF 配接器將其轉譯成適當格式，供前端裝置使用。例如，iOS 的 BFF 接收來自於後端的一般性輸出，並依照 iOS 原生應用的預期來進行客製化：資料格式、分頁、延遲、以及其他因素。打造各種 BFF 配接器，讓功能最為豐富的使用者介面、以及在未來擴展支援其他裝置的能力得以實現——這是微核心的其中一個好處。

Silicon Sandwiches 任何一種架構的通信可以採用同步方式——此架構不要求極端的效能或彈性，而且也沒有冗長的運算。

分散式案例研究：「繼續、繼續、成交」

「繼續、繼續、成交」（GGG）套路展現許多有意思的架構挑戰。依照第 108 頁的「案例研究：『繼續、繼續、成交』：發現元件」的元件分析，此架構不同的部分需要不同的架構特性。例如，像可用性與可擴展性這種架構特性，在拍賣人與出價人兩種角色上就不太一樣。

GGG 的需求也明白指出其要求一定程度的規模化、彈性、效能、以及許多其他有些刁鑽的運維架構特性。架構師得選擇一個有考慮到在架構的細顆粒層次下，能夠實現高度客製化的模型。在候選的分散式架構中，不管是低階的事件驅動、或是微服務，都能應付大部分的架構特性。在這兩者當中，微服務在支援有差異的運維架構特性上表現更好——純事件驅動架構出於對這些運維架構特性的考量，通常不將系統切分，而是依賴通信方式——不管是利用協作還是編排。

要達到宣稱的效能對微服務可是個挑戰，但對於架構的任何弱點，架構師可以透過設計來對治。例如，雖然微服務天生就能提供高度的可擴展性，架構師通常得處理因為協作太多、太過積極的資料分離等等，所引發的特定效能問題。

利用微服務的 GGG 實作如圖 18-3 所示。

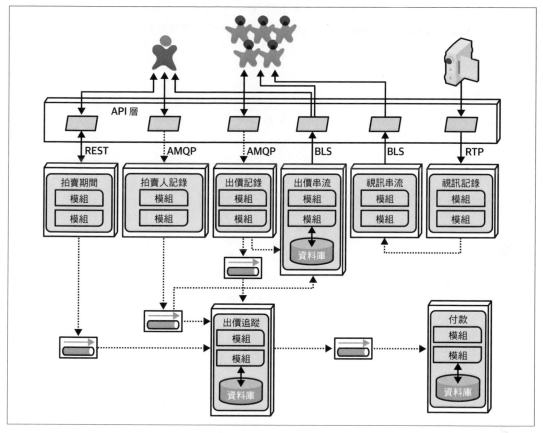

圖 18-3　以微服務實作「繼續、繼續、成交」

圖 18-3 中，每個確認的元件會變成架構中的服務，所以元件與服務的顆粒度相符合。
GGG 有三個不同的使用者介面：

投標人

　　線上拍賣有許多投標人。

拍賣人

　　每場拍賣只有一個。

串流服務

負責把視訊及拍賣資訊串流給出價人的服務。注意此串流為唯讀，所以可以最佳化（如果資訊會被更改，則無法進行此種最佳化）。

底下服務出現在 GGG 架構的設計中。

出價記錄

記錄線上出價，並以非同步方式傳送至**出價追蹤**。此服務不需要持久性，因為只是充當線上出價的通道。

出價串流

以高效、唯讀的方式將出價資訊串流給線上的參與者。

出價追蹤

從**拍賣人記錄**及**出價記錄**追蹤出價資訊。此元件統整兩個不同的資訊串流，盡可能以即時方式排定出價的順序。注意接入此服務的兩個連結都是非同步，開發人員可以使用訊息佇列做為緩衝裝置，以處理速率差異甚大的訊息流。

拍賣人記錄

記錄拍賣人的出價。第 108 頁的「案例研究：「繼續、繼續、成交」：發現元件」量子分析的結果，使得架構師把**出價記錄**與**拍賣人記錄**分開，因為它們有很不一樣的架構特性。

拍賣期間

管理個別拍賣的工作流程。

付款

在**拍賣期間**完成拍賣後，處理付款資訊的第三方付款供應商。

視訊記錄

記錄現場拍賣的視訊串流。

視訊串流

將拍賣視訊串流給線上出價人。

架構師必須小心確認架構中、同步與非同步的通信方式。選擇非同步方式主要是因為必須在服務之間，允許彼此有不同的運維架構特性。例如，如果**付款**服務每 500 毫秒只能處理一筆新付款、又遇到很多拍賣同時結束，那麼服務間的同步通信將產生很多逾時、以及其他可靠度的問題。透過訊息佇列，架構師能在架構上有弱點的重要部分，增加一些可靠度。

在最後分析中，此設計被解析為擁有 5 個量子，如圖 18-4 所示。

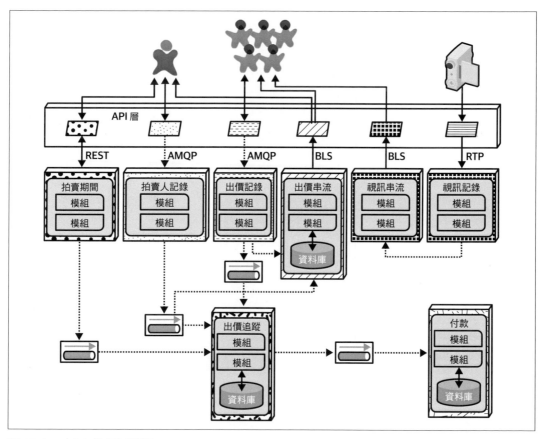

圖 18-4　GGG 的量子邊界

圖 18-4 中，設計包含的量子有**付款**、**拍賣人**、**出價人**、**出價串流**、**出價追蹤**，大致上與服務相對應。圖中的多重實例以容器堆疊顯示。在元件設計階段利用量子分析，讓架構師更容易辨識服務、資料、以及通信邊界。

注意這不是「正確」的 GGG 設計，當然也不是唯一一種設計方式。我們甚至也未暗示它是最好的設計，不過它似乎有別無選擇下的一組取捨條件。選擇微服務、然後聰明地利用事件與訊息，使架構師在盡可能利用一般性架構模式的情形下，卻仍為將來的開發與擴充打下基礎。

第三部分

技巧與軟技能

稱職的軟體架構師不只了解軟體架構的技術面向，也清楚必要的主要技巧與軟技能——使其像個架構師那般地思考、引領開發團隊、以及跟許多利益相關方針對架構進行溝通。接下來的章節要討論成為稱職的軟體架構師，所需要的關鍵技巧與軟技能。

第十九章

架構決策

人們對架構師的一個主要期望，便是要做出架構上的決策。架構決策通常與應用或系統的結構有關，但也可能牽扯到技術上的決策，特別是在技術決策會影響架構特性的時候。不管背景如何，好的架構決策能協助引導開發團隊，使其做出正確的技術選擇。架構決策的制定牽涉到蒐集足夠的相關資訊、證明決策的正當性、記錄決策、以及將決策有效地傳達給利益相關方。

架構決策反模式

架構決策有其技巧。所以不讓人驚訝——架構師做決策時，有幾種架構反模式會出現。程式設計師 Andrew Koenig（*https://oreil.ly/p9i_Y*）將反模式定義為某種在一開始似乎是個好主意，但卻會讓你陷入麻煩的東西。另一種定義是：一種可重複、且產生負面結果的程序。做架構決策時，可能（且通常會）出現的三種主要反模式包括**掩蓋資產反模式**、**土撥鼠日反模式**、**電子郵件驅動架構反模式**。這三種反模式通常漸進式呈現：克服了掩蓋資產反模式後，會遇到土撥鼠日反模式；再克服此反模式後，又會遇上電子郵件驅動架構反模式。要做出有效且正確的架構決策，架構師得克服這三種反模式。

掩蓋資產反模式

嘗試做出架構決策時，第一個出現的反模式是掩蓋資產反模式。當架構師因為害怕做錯決定而逃避或延遲做出架構決定時，這個反模式便會發生。

有兩種方法可以克服這種反模式。第一種是等到最後不得不的時間點，才做出重要的架構決策。最後不得不的時間點意味著：等到有足夠的資訊可以證明決策的正當性，但又不至於等得太長使開發團隊受到耽誤、或掉入**分析癱瘓**反模式。第二種方法是持續與開發團隊合作，確保決策能如預期地被實現。這一點非常重要，因為架構師不可能知道特定技術的所有細節，以及所有的課題。透過與開發團隊的緊密合作，如果有問題發生，架構師可以快速調整架構進行回應。

為說明起見，假設架構師把所有產品相關的參考資料（產品描述、重量、大小尺寸），都放在需要這些資訊的所有服務實例當中——利用唯讀複製快取，而且主要複本由目錄服務掌控。複製快取意味著：如果產品資訊有更新，目錄服務將會更新其快取，並透過複製（記憶體內）快取產品，複製到需要這些資料的所有其他服務。這種決策的正當性是可以減少服務之間的耦合，並且在無須使用跨服務呼叫的情況下，便能有效地分享資料。但是實作團隊發現因為某些服務對可擴展性有特定的要求，所以此架構決定需要的程序內記憶體，會超出現有可提供的記憶體。藉由與開發團隊密切合作，架構師很快知道這個問題，並調整架構決策以應對此種狀況。

土撥鼠日反模式

一旦架構師克服掩蓋資產反模式、開始做決策後，第二個反模式就會出現——土撥鼠日反模式。當人們不清楚為何做某個決策，所以不斷地討論再討論時，便會發生土撥鼠日反模式。這個反模式的名字來自於 Bill Murray 的電影《土撥鼠日》，在電影中每天都不斷重複著二月二日。

一旦架構師做出某個架構決策，卻無法提供一個（完整的）理由時，就會導致反模式的發生。在合理化架構決策時，重要的是提供技術與商業上的理由。例如，架構師可能決定將單體應用拆成分開的服務，讓應用的各個功能之間去耦合，這樣每個部分用到的虛擬機器資源更少，而且可以分開維護及部署。雖然這種做法在技術上有其正當性，但卻未提供商業上的正當性——也就是說，商業上有何理由要為架構重構買單？一個商業上的正當理由，可能是這樣能夠更快地提供新的商業功能，以縮短上市的時間。另一個理由則可能是降低開發、及發行新功能所需的費用。

在證明決策的合理性時能夠提供商業價值，對任何架構決策來說都是極其重要的。這也是在一開始判定是否該做某個架構決策時，很好的一種試金石。如果特定的架構決策無法帶來商業價值，那麼或許就不是一個好決定，應該重新審視才對。

四種最常見的商業理由包含費用、上市時間、使用者滿意度、以及策略定位。聚焦在這幾個常見的商業理由時，還得考慮相關利益方在乎的是什麼。只考慮省錢的特定決策不見得是正確的——如果利益相關方沒那麼在乎費用，而更在乎上市時間的話。

電子郵件驅動架構反模式

一旦架構師做好決策、並證明其正當性後，第三種架構反模式會出現：電子郵件驅動架構。電子郵件驅動架構反模式是指人們遺失、忘記、或甚至不知道架構決策已經制定，導致其無法將此架構決策實現。這個反模式與架構決策的有效溝通有關。電子郵件是溝通上的好工具，但卻是糟糕的文件倉庫系統。

有很多方法可以增進架構決策溝通的有效性，進而避開電子郵件驅動架構的反模式。第一個法則是不要把架構決策放在信件主體。將其放在信件主體，會讓該決策產生好幾個記錄系統。很多時候重要細節（包括其理由）不會寫在信件裡面，使得土撥鼠日反模式又再次出現。另外，如果決策被更改或取代，有多少人會收到修改後的決策？更好的做法是在信件主題提及決策的本質及背景，並且提供連結至存放實際的架構決策、及其對應細節的單一記錄系統（不管是連結到一個 wiki 頁面，還是檔案系統的一份文件）。

有效溝通架構決策的第二個法則，是只通知在乎決策的相關人等。一個有效的技巧是如下書寫信件的主體：

> 「*Hi Sandra*，我做了一個會直接影響你與服務之間通信有關的重要決定。請用底下連結檢視該項決定…」

注意首句的措辭「與服務之間通信有關的重要決定」。此處提到決定的背景，但未談及決定本身。首句的第二個部分更重要：「會直接影響你」。如果架構決策不直接影響這個人，為什麼要拿你的決定去煩他？這是一種很好的試驗，以判斷有哪些利益相關方（包含開發人員）應該被直接通知相關的架構決策。第二句提供架構決策位置的連結，所以它只放在一個地方——也就是單一的記錄系統。

在架構上至關重要

許多架構師相信如果架構決策與特定技術相關，就不算是架構決策，而是技術上的決策。這種講法不一定對。如果決定使用特定技術，是因其可支援某個架構特性（如效能或可擴展性），那麼它仍是一個架構決策。

Michael Nygard（*https://www.michaelnygard.com*），眾所皆知的軟體架構師及《*Release it！*》（Pragmatic Bookshelf）的作者，發明了一個詞：**在架構上至關重要**，來應對像架構師該負責哪些決策（以及什麼是架構決策）這類的問題。根據 Michael 的說法，在架構上至關重要的決策是那些會影響結構、非功能性的特性、相依性、介面、或建造技巧的決策。

結構指的是影響採用架構的風格或模式的決策。一個例子是決定在一組微服務之間分享資料。這個決策影響微服務的有界背景，因此會影響應用的結構。

非功能性的特性是指那些對於開發、或維護中的應用或系統而言，很重要的架構特性（「能力」）。如果選擇某個技術會影響效能，而效能又是應用的重要面向，那麼這就是一個架構決策。

相依性指的是系統中元件及 / 或服務之間的耦合點，會影響整體的可擴展性、模組性、敏捷性、可測試性、可靠性等等。

介面指的是服務與元件如何被存取與協作 —— 通常是透過閘道、整合中樞、服務匯流排、或 API 代理者。介面通常與合約定義有關，包含合約的更版與淘汰策略。系統的使用者皆會受介面影響，因此可算是架構上至關重要的決策。

最後，**建造技巧**指的是有關平台、框架、工具、或者是程序 —— 這些本質上雖然是技術，但卻可能影響架構某些面向的決策。

架構決策紀錄（ADR）

將架構決策文件化的其中一個最有效的方法，就是透過**架構決策紀錄**（ADRs（*https://adr.github.io*））。ADR 最早在 Michael Nygard 的一篇部落格文章（*https://oreil.ly/yDcU2*）宣揚，稍後在 ThoughtWorks Technology Radar（*https://oreil.ly/0nwHw*）又得到「採納」。ADR 由描繪特定架構決策的簡短文字檔（通常一頁到兩頁）構成。雖然可以用純文字來寫 ADR，但是它們常以某種文字文件的格式來書寫，像是 AsciiDoc（*http://asciidoc.org*）或 Markdown（*https://www.markdownguide.org*）。或者也可以用 wiki 頁面模板來寫 ADR。

另外也有管理 ADR 的工具。《*Growing Object-Oriented Software Guided by Tests*》（Addison-Wesley）的共同作者 Nat Pryce，寫了一個叫做 ADR-tools（*https://oreil.ly/6d8LN*）的 ADR 開源工具。ADR-tools 提供命令行介面來管理 ADR，包括編號格式、位置、以及取代邏

輯。德國的一位軟體工程師 Micha Kops，也寫了一篇使用 ADR-tools 的貼文（*https://oreil.ly/OgBZK*），裡面提供一些如何使用這些工具來管理 ADR 的絕佳範例。

基本結構

一個 ADR 的基本結構有五個主要部分：**標題**、**狀態**、**背景**、**決策**、**後果**。我們常加上額外兩段：**合規**及**註解**。基本的結構（如圖 19-1）可以被擴充以容納任何需要的段落——只要模板保持一致與簡潔。舉個好例子：有必要的話，加入一個**替代方案**段落，以提供其他可能替代方案的分析。

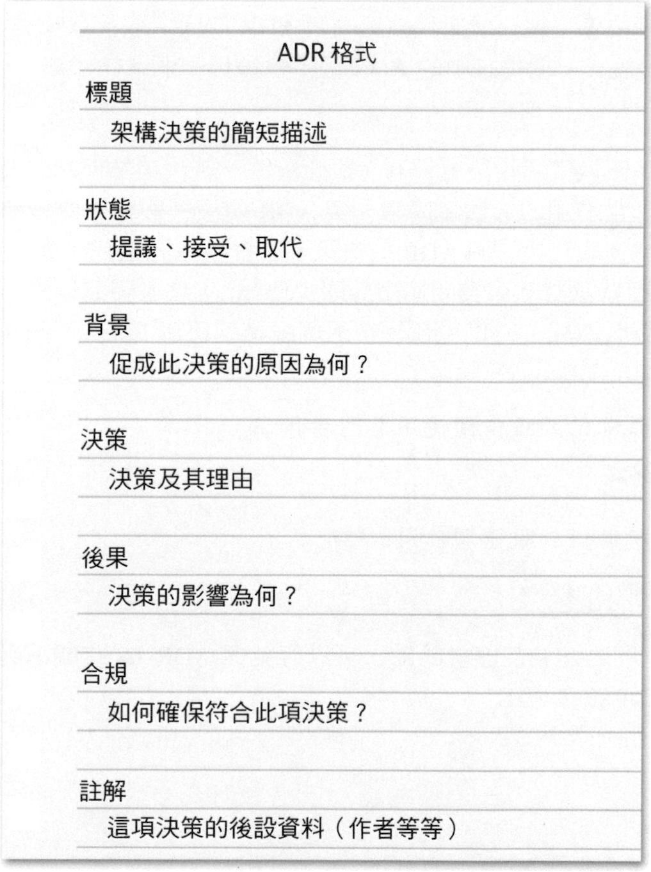

ADR 格式

標題
架構決策的簡短描述

狀態
提議、接受、取代

背景
促成此決策的原因為何？

決策
決策及其理由

後果
決策的影響為何？

合規
如何確保符合此項決策？

註解
這項決策的後設資料（作者等等）

圖 19-1　基本的 ADR 結構

標題

ADR 的標題通常以循序方式編號，並簡短地描述此架構決策。例如，在訂購服務與付款服務間使用非同步通信可能看起來像這樣：「42. 在訂購與付款服務間使用非同步傳訊」。標題的描述應足以避免在決策本質與背景上引發模稜兩可，但卻又夠短、夠簡潔。

狀態

ADR 的狀態可以標記為**提議**、**接受**、或**取代**。提議表示決策必須經過更高的決策者、或某種架構治理體（例如架構審查委員會）的同意。**接受**表示決策已被同意，可以準備實作了。**取代**表示決策已經改變而且被另一個 ADR 取代。取代意味著之前的 ADR 狀態是接受——也就是說，一個提議中的 ADR 絕不會被另一個 ADR 取代，而是不斷修改直到被接受。

取代這種狀態在保留做了哪些決策、為何做此決策、新決策為何、以及為何更改的歷史紀錄上，是一種非常有用的方法。通常一個 ADR 如果被取代，會被標註取代它的是哪一個決策。同樣地，取代另一個 ADR 的決策，也會被標註取代了哪個 ADR。例如，假設 ADR 42（「在訂購與付款服務間使用非同步傳訊」）之前得到同意，但因為後來付款服務的實作及位置有改變，所以現在得在兩個服務間使用 REST（ADR 68）。那麼狀態看起來就像下面：

ADR 42. 在訂購與付款服務間使用非同步傳訊

狀態：被 68 取代

ADR 68. 在訂購與付款服務間使用 *REST*

狀態：接受，取代 42

ADRs 42 與 68 之間的連結及歷史軌跡，可以避免與 ADR 68 有關、必然出現的一個問題：「使用傳訊如何？」

ADR 狀態段落還有另一個重要面向，就是強迫架構師跟老板或主架構師進行必要的會談——有關於他們能自行同意架構決策的準則，或是否應由更高階的架構師、架構審查委員會、或其他架構治理體來同意。

有三個準則讓對話有好的開始——費用、跨團隊的影響、以及安全性。費用包括軟體購買或授權費、額外的硬體花費、以及實作架構決策的費力程度。耗費人力的費用，可以透過將架構決策的預估實作時程，跟公司的標準**全職等價工時（FTE）**費率相乘來估算。專案負責人或專案經理通常都有 FTE 的資料。如果架構決策的費用超過一個值，那麼其狀態必須設定為提議，由其他人來進行同意。如果架構決策影響別的團隊或系統、或可能有任何安全性的影響，那就不能由架構師自行決定，必須由更高的架構治理體或主架構師來同意。

一旦設定好準則與對應的限制、並且得到批准（例如「費用超過 5,000 歐元應由架構審查委員會核准」），那麼這個準則應當詳加記載，使所有撰寫 ADRs 的架構師知道什麼時候可以、或不可以自行同意架構決策。

背景

ADR 的背景段落指定會發揮影響力的各種力量。也就是說，「什麼情況讓我得做這樣的決定？」這個段落讓架構師描述特定的情況或問題，並簡潔地說明可能的替代方案。如果架構師必須寫下每種方案的詳細分析，那麼可以加上一個額外的替代方案段落，而不是把分析放在背景段落。

背景也提供記錄架構的方法。藉由描述背景，架構師同時也在描述架構。這是一種以清晰簡潔的方式，記錄架構之特定區域的有效方法。延續前一節的範例，背景段落可能像這樣：「訂購服務得把資訊傳給付款服務，以處理目前訂單的付款。這可以透過 REST 或非同步傳訊完成。」注意這個簡潔的陳述不只指明情境，也包括了替代方案。

決策

架構決策放在 ADR 的決策段落，還包括該決策的完整理由。Michael Nygard 引介一個敘述架構的好方法——使用很肯定、威嚴的語氣，而不要採用被動式。例如，在服務間使用非同步傳訊的決策看起來像：「**我們會使用服務間的非同步傳訊**」。在敘述架構決策時，這種說法比較好——相較於「**我認為服務間採取非同步傳訊是最佳選擇**」。注意此時還不清楚決策為何，或是否已經做好決策。這裡只陳述架構師的意見。

可能 ADR 決策段落中最有威力的面向之一，是讓架構師更加強調**為何**而非**如何**。了解為何做某個決策，比了解事物如何運作要更重要。大部分架構師及開發人員，透過檢視背景圖表便可以辨識事物如何運作，但卻不清楚為何有此決策。知道為何有此決策及其相應的理由，有助於人們更清楚問題的背景，並避免犯下重構至另一個可能產生問題之方案的錯誤。

為說明此點，考慮多年前原本的架構決策——使用 Google 遠端程序呼叫（gRPC（*https://www.grpc.io*））做為兩個服務間的通信手段。如果不了解為何做此決策，幾年後另一個架構師會推翻原決定、改用傳訊來實現服務的去耦合。但是這種重構卻讓延遲突然大幅增加，最後使得上游系統發生逾時。如果了解原先使用 gRPC 是為了大幅減少延遲（但卻以服務間的緊密耦合為代價），就會在一開始避免這種重構了。

後果

ADR 的後果段落是另一個很有用的段落。此段落記錄架構決策的整體影響。架構師做的每個決策都有某種影響——不管好或壞。詳細指明架構決策的影響，會讓架構師思考影響會不會超越決策帶來的好處。

此段落另一個不錯的用法，是用來記錄決策相關的取捨分析。這些取捨可能是因為費用、或是對其他架構特性（或「能力」）不利。例如，考慮使用非同步（射後不理）傳訊在網站發表評論。選擇此決策的理由，是能夠大幅增加貼文審查請求的回應性——從 3100 降到 25 毫秒，因為使用者不需等待貼文的審查（只需把訊息送至佇列即可）。這

是個好理由，但有人可能會爭論其實是個壞主意──因為非同步請求的錯誤處理（「如果貼文文字不雅該如何？」）有其複雜度。挑戰這項決策的人所不知道的是，該問題已經跟相關利益方以及其他架構師討論過。而且其取捨的面向是：接受複雜的錯誤處理來提高回應性更為重要，而非等待系統的同步回饋，通知使用者貼文已成功發布。透過ADRs，取捨分析可以放在後果段落，以提供架構決策（及取捨）的完整圖像，因而避開後面提及的這些狀況。

合規

合規部分並非 ADR 的標準段落，但是我們強烈建議把它納入。合規段落強迫架構師從合規的角度，思考架構決策應當如何測量及管理。架構師得決定關於決策的合規檢查，應該是以手動、或適應度函數來自動化。如果可以利用適應度函數自動化，架構師可以在此處指定適應度函數，以及是否該修改代碼庫，以測量架構決策的合規程度，

例如，考慮底下傳統 n- 層分層架構的架構決策，如圖 19-2 所示：「業務層中業務物件使用的所有共享物件，得放在共享的服務層，以隔離及容納各種共享功能。」

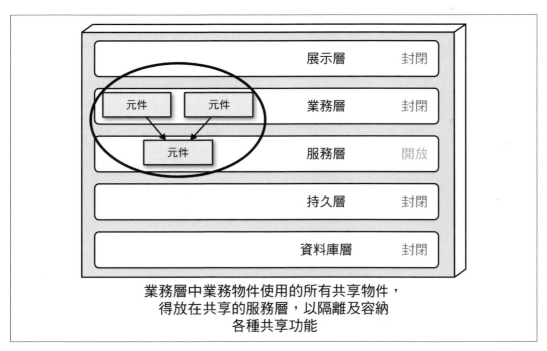

圖 19-2　架構決策範例

這個架構決策可以透過 Java 的 ArchUnit（*https://www.archunit.org*）或 C# 的 NetArchTest（*https://oreil.ly/0J5fN*）進行自動化測量及管理。例如，利用 Java 的 ArchUnit，自動化的適應度函數測試可能看起來如下：

```
@Test
public void shared_services_should_reside_in_services_layer() {
    classes().that().areAnnotatedWith(SharedService.class)
        .should().resideInAPackage("..services..")
        .because("All shared services classes used by business " +
                "objects in the business layer should reside in the services " +
                "layer to isolate and contain shared logic")
        .check(myClasses);
}
```

注意此自動化的適應度函數需要撰寫新的情境故事，以建立新的 Java 標註（@SharedService）——再將此標註加到所有共享的類別。這個段落也指定測試為何、放在何處、如何及何時進行測試。

註解

另一個不屬於標準 ADR，但強烈建議加上的是註解段落。此段落包含各種有關 ADR 的後設資料，例如：

- 原作者
- 同意日期
- 同意者
- 取代日期
- 最後更改日期
- 更改者
- 最後修訂

即使把 ADR 放在版本控制系統（例如 Git），除了版控系統代碼庫支援的功能之外，額外的後設資訊仍很有用，所以不管如何存放或放在哪兒，我們都建議加上這個段落。

存放 ADR

架構師建好的 ADR 得找個地方存放。不管存放在哪兒，每個架構決策應該有自己的檔案或 wiki 頁面。有些架構師喜歡把 ADR 與原始碼一起放在 Git 代碼庫。把 ADR 放在 Git 代碼庫讓 ADR 有版本編號，又可以被追蹤。但是對大一點的組織，我們有許多理由提醒得小心這樣做。首先，必須查閱架構決策的人，不見得有 Git 代碼庫的存取權。第二，如果 ADR 有 Git 代碼庫以外的額外背景資訊（例如整合架構決策、企業架構決測、或每個應用的共同決策），那麼可能不適合放在 Git 代碼庫。因為這些原因，我們建議存放在 wiki（利用 wiki 模板）、或共享檔案伺服器上的共享目錄，使得利用 wiki 或文件閱讀軟體就可以輕鬆存取。圖 19-3 顯示一個目錄結構（或 wiki 頁面的瀏覽結構）的範例。

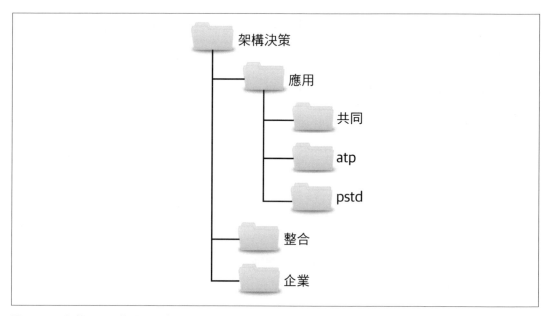

圖 19-3　存放 ADR 的目錄結構範例

應用目錄包含跟某個應用背景有關的架構決策。此目錄再分成好幾個目錄。共同子目錄存放適用於所有應用的架構決策，例如「所有有關框架的類別都有一個標註（在 Java 是 @Framework）或屬性（在 C# 是 [Framework]），以確認該類別屬於底層的框架程式碼。」應用底下的子目錄對應到特定的應用或系統背景，以及該應用或系統的架構決策（此例子裡面的 ATP 與 PSTD 應用）。整合目錄包含應用、系統、服務間之通信相關的 ADR。企業架構 ADR 放在企業目錄，指示這些是影響所有系統、應用的全局性架構決策。企業架構 ADR 的一個例子可能像：「系統資料庫的所有存取只能來自於自家的系統」，因而避免在多個系統間共享資料庫的可能性。

把 ADR 放在 wiki（我們建議）的時候，前述相同的結構也適用，其中每個目錄代表一個瀏覽進入頁面。ADR 在每個進入頁面內（應用、整合、或企業），會以單一 wiki 頁面來代表。

本節指示的目錄或進入頁面名字只是個建議。每家公司可選擇適合自家情況的名字，只要這些名字在團隊之間達成一致。

ADR 即文件

記錄軟體架構不是個輕鬆的話題。雖然有很多圖示架構的標準出現（例如軟體架構師 Simon Brown 的 C4 模型（*https://c4model.com*）或 Open Group ArchiMate（*https://oreil.ly/gbNQG*）標準），但卻沒有記錄架構的標準存在。這就是 ADR 發揮作用的地方了。

架構決策紀錄可以做為記錄軟體架構的有效方法。ADR 的背景段落提供一個很好的處所，來描繪系統中需要架構決策的特定區域。此段落也提供描述替代方案的機會。可能更重要的是，決策段落描述為何做出某項決策，這也是迄今為止最好的架構記錄形式了。後果這個段落，透過描述特定決策的一些額外面向——例如選擇效能而非可擴展性的取捨分析，使架構記錄完成最後一塊拼圖。

將 ADR 作為標準

很少人喜歡標準。很多時候標準的存在只是為了控制人們及其做事的方法,而不是要提供任何幫助。將 ADR 作為標準可以改變這種不好的實務做法。例如,ADR 的背景段落描繪強加特定標準的情況為何。決策部分則不只指示標準為何,更重要的是為何標準必須存在。這是能夠在一開始,就判定某標準是否應該存在的好方法。如果架構師無法為標準找到正當的理由,或許它就不是一個值得制定及實行的好標準。此外,當越多的開發人員知道標準存在的緣由,他們越有可能去遵守(且相應地不去挑戰)。後果段落亦是另一個很好的地方,讓架構師在此判斷標準是否有效、以及是否應該制定。在此段落中,架構師得思考、並記錄某個還在制定中的標準的影響及後果為何。藉由這些後果的分析,架構師終究可能決定不應套用該項標準。

範例

我們一直在討論的「案例研究:「繼續、繼續、成交」」(第 91 頁)有很多架構決策。利用事件驅動微服務、使用即時傳輸協定(RTP)記錄視訊、使用單一 API 層、以及使用發布 / 訂閱傳訊,都只是拍賣系統中數十個架構決策的其中一些而已。系統裡的每個架構決策,無論有多麼明顯,都應被記錄及提出正當的理由。

圖 19-4 顯示「繼續、繼續、成交」拍賣系統的其中一個架構決策:在出價記錄、出價串流、及出價追蹤服務之間,使用發布 / 訂閱(pub/sub)傳訊。

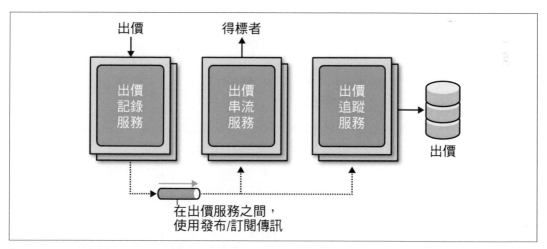

圖 19-4　在服務間使用發布 / 訂閱

這個架構決策的 ADR 可能看起來像下面：

ADR 76. 出價服務之間的非同步發布 / 訂閱傳訊

狀態
接受

背景
出價記錄服務，收到來自於線上出價人或透過拍賣人的現場出價後，必須將其轉送至出價串流及出價追蹤服務。這可以透過線上拍賣 API 層，利用非同步的點對點（p2p）傳訊、非同步的發布 / 訂閱傳訊、或 REST 來實現。

決策
我們會在出價記錄服務、出價串流服務、及出價追蹤服務之間，使用非同步發布 / 訂閱傳訊。
出價記錄服務不需要從出價串流服務、或出價追蹤服務回傳資訊。
出價串流服務所收到出價的順序，必須與這些出價被出價記錄服務收到的順序完全一致。使用傳訊及佇列能夠自動保證串流裡的出價順序。
使用非同步發布 / 訂閱傳訊可提高出價程序的效能，讓出價資訊的擴充性得以實現。

後果
我們需要叢集以及訊息佇列的高可用性。
內部出價事件會跳過 API 層執行的安全檢查。
更新：根據 04/14/2020 的 ARB 會議審查，ARB 決定接受這項取捨，而且這些服務之間的出價事件不需要額外的安全檢查。

合規
我們利用週期性人工的程式碼及設計審查，來確保出價記錄服務、出價串流服務、及出價追蹤服務之間，使用的是非同步發布 / 訂閱傳訊。

註解
作者：Subashini Nadella
同意人：ARB 會議成員， 04/14/2020
最後更新：04/15/2020, Subashini Nadella

圖 19-5　ADR 76. 出價服務之間的非同步發布 / 訂閱傳訊

第二十章

分析架構風險

每個架構都有相關的風險，不管是與可用性、可擴展性、或資料完整性有關。分析架構風險是架構師的主要活動之一。透過持續地分析風險，架構師能夠對治架構的不足，並採取修正行動以緩和風險。本章將介紹界定風險、建立風險評估、以及透過叫做**風險激盪**的活動來確認風險的一些主要技巧與實務。

風險矩陣

評估架構風險遇到的第一個問題，是判定該風險應該被界定為低、中、或高。這種分類通常有太多的主觀意識，使得架構在何處有高度或中度風險，產生了混淆。幸好，架構師可以利用風險矩陣，來減少主觀成分、並判定架構特定區域的風險等級。

架構風險矩陣（圖 20-1）使用兩個維度來判定風險：風險的全面影響，以及風險發生的可能性。每個維度都有低（1）、中（2）、高（3）三種評比。這些數字在矩陣的每個網格相乘，便得到代表風險的客觀數字。數字 1 與 2 是低風險（綠色），3 與 4 是中風險（黃色），6 到 9 是高風險（紅色）。

風險發生的可能性

		低 (1)	中 (2)	高 (3)
風險的全面影響	低 (1)	1	2	3
	中 (2)	2	4	6
	高 (3)	3	6	9

圖 20-1 判定架構風險的矩陣

為了解風險矩陣怎麼使用，假設有一個關於中心化資料庫之可用性的顧慮。首先考慮影響的維度——如果資料庫當掉或無法提供服務，整體的影響如何？架構師可能認為此為高風險，把風險認定為 3（中）、6（高）、或 9（高）。但是考慮第二個維度（風險發生的可能性）後，架構師了解到資料庫位於叢集組態下、且具備高可用性的伺服器上，所以發生問題的可能性很低，資料庫應該不至於無法使用。因此，高影響與低可能性的交叉點，將給出整體風險為 3 的評比（中度風險）。

 利用風險矩陣來判定風險時，先考慮影響維度，再考慮可能性維度。

風險評估

前一節的風險矩陣可用來建構所謂的**風險評估**。風險評估是在某種背景及有意義的評估準則下，對於架構之整體風險的總結報告。

風險評估的做法差異很大，但通常包含某種評估準則（依據應用之服務或領域而定）下的風險（從風險矩陣確認）。基本的風險評估報告格式如圖 20-2 所示，其中淡灰色（1-2）是低風險、中間灰色（3-4）是中度風險、深灰色（6-9）是高風險。通常這些是用顏色來編碼：綠色（低）、黃色（中）、紅色（高），但在黑白繪圖或色盲的情形下，使用陰影也可以。

風險準則	客戶註冊	前台結帳	訂單履行	訂單出貨	風險總值
可擴展性	②	⑥	①	②	11
可用性	③	④	②	①	10
效能	④	②	③	⑥	15
安全性	⑥	③	①	①	11
資料完整性	⑨	⑥	①	①	17
風險總值	24	21	8	11	

圖 20-2　標準風險評估的範例

風險矩陣的量化風險可以依據風險準則，也可以依據服務或領域累算。例如在圖 20-2，資料完整性的累積風險 17 為最高，而可用性的累積風險只有 10（最少風險）。每個領域的相對風險，也可以透過風險評估範例來判定。這裡客戶註冊的風險最高，訂單履行最低。追蹤這些相對數字，便可在特定的風險範疇或領域中，展示風險的改善或惡化等情形。

雖然圖 20-2 的風險評估範例包含所有風險分析的結果，但很少會以這種方式呈現。在給定的背景底下，透過過濾以視覺化的方式顯示特定訊息有其必要。例如，架構師想在會議裡，對系統中具備高風險的區域進行簡報。此時不會像圖 20-2 那樣簡報風險評估，而是利用過濾只顯示高風險的區域（圖 20-3）——以此方式改善整體的信號 / 雜訊比，好呈現一個清晰的系統狀態圖（好或壞）。

風險準則	客戶註冊	前台結帳	訂單履行	訂單出貨	風險總值
可擴展性		⑥			6
可用性					0
效能				⑥	6
安全性	⑥				6
資料完整性	⑨	⑥			15
風險總值	15	12	0	6	

圖 20-3　過濾風險評估，只留下高風險區域

圖 20-2 的另一個問題是：評估報告只顯示時間上的一個快照，並未顯示事情有所改善還是變得更糟。也就是說，圖 20-2 並未顯示風險的走向。繪出風險的走向可能有點問題。如果使用上、下箭頭來指示方向，那麼向上表示什麼？事情變好還是變壞？我們花了好幾年，問過人們箭頭向上是更好還是更壞。結果幾乎一半的人說漸漸變差，也有幾乎一半的人說變得更好。向左或向右的箭頭也會有同樣的情況。因此使用箭頭來指示方向時，必須使用圖例來指示其意義。然而我們發現這一招也不行。一旦使用者捲動螢幕讓圖例消失，就又會感到混淆。

我們常把通用的正（＋）負（－）號方向符號放在風險評比旁邊來指示方向，如圖 20-4 所示。注意在圖 20-4 中，雖然客戶註冊的效能是中度（4），但方向是負號（紅色），顯示其漸漸變差且往高風險邁進。另一方面，注意前台結帳的可擴展性是高度（6），還有一個正號（綠色），顯示其在改善之中。沒有正負號的風險評比表明該風險穩定，沒變好也沒變差。

風險準則	客戶註冊	前台結帳	訂單履行	訂單出貨	風險總值
可擴展性	②	⑥ +	①	②	11
可用性	③	④	② −	①	10
效能	④ −	② +	③ −	⑥ +	15
安全性	⑥ −	③	①	①	11
資料完整性	⑨ +	⑥ −	① −	①	17
風險總值	24	21	8	11	

圖 20-4　以正負號顯示風險的走向

有時候即使是正負號也會讓人感到迷惑。另一個指示方向的技巧，是利用箭頭、再加上它正前往的風險評比數字。這個技巧，如圖 20-5 所示，就不需要用到圖例了，因為方向很清楚。此外，利用顏色（紅箭頭表示更差，綠箭頭表示更好）讓風險走向顯得更清楚。

風險準則	客戶註冊	前台結帳	訂單履行	訂單出貨	風險總值
可擴展性	②	⑥ ↑4	①	②	11
可用性	③	④	② ↓3	①	10
效能	④ ↓6	② ↑1	③ ↓4	⑥ ↑4	15
安全性	⑥ ↓9	③	①	①	11
資料完整性	⑨ ↑6	⑥ ↓9	① ↓2	①	17
風險總值	24	21	8	11	

圖 20-5　以箭頭及數字顯示風險的走向

透過本書早先提及的適應度函數，風險的方向可以藉由連續的測量來判定。藉著客觀地分析每個風險準則，便能觀察到趨勢，並得到每個風險準則的走向。

風險激盪

沒有架構師能單獨決定系統的整體風險。原因有兩個。首先，單獨一個架構師可能遺漏或忽略某區域的風險，而很少有架構師對系統的每個部分完全了解。這時風險激盪就派上用場了。

風險激盪是一種共同演練，以決定架構在特定維度的風險。常見維度（風險區域）包含未經證實的技術、效能、可擴展性、可用性（包含遞移性依賴）、資料遺漏、單點故障、以及安全性。雖然風險激盪大部分的功夫與許多架構師有關，但是把資深開發人員與技術領導也拉進來是比較明智的做法——他們不只能提供架構風險的實作視角，而且開發人員的參與有助於增進其對架構的了解。

風險激盪所下的功夫，既有個人的部分，也有共同的部分。個人部分方面，所有參與者利用前述的風險矩陣，各自（不一起合作）指定架構的風險區域。這個非共同部分的風險激盪有其必要性——讓參與者不至於影響、或將注意力從架構的特定區域移開。在風險激盪的共同部分方面，所有參與者共同努力在風險區域上得到共識、討論風險、以及在風險減緩上找出解決方案。

這兩個部分都會使用架構示意圖。如果要進行完整的風險評估，通常會使用詳盡的架構圖；如果是針對應用特定區域的風險激盪，就會使用與其背景有關的架構圖。舉行風險激盪、確認這些圖表始終保持在最新狀態且所有參與者皆能存取，是架構師的責任。

圖 20-6 是一個範例架構，我們拿它來說明風險激盪的程序。在此架構中，每個 EC2 實例（內含網站伺服器（Nginx）及應用服務）前面有個彈性負載平衡器。應用服務呼叫 MySQL 資料庫、Redis 快取、以及負責登錄的 MongoDB 資料庫。它們也會呼叫推送擴充伺服器。擴充伺服器接著跟 MySQL 資料庫、Redis 快取、MongoDB 的登錄工具都產生介面。

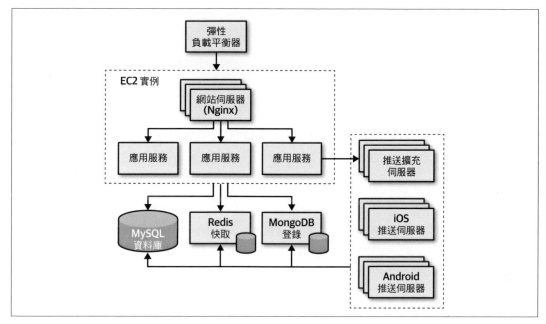

圖 20-6　風險激盪範例的架構圖

風險激盪被拆分成三項主要活動：

1. 確認

2. 共識

3. 減緩

確認一直是種個人化、非共同進行的活動，而共識及減緩則總是牽涉到所有參與者、而且在同一個房間（至少在虛擬上）一起進行的。每一種主要活動會在下面各節詳細討論。

確認

風險激盪的**確認**活動，牽涉到參與者個別指認的架構風險區域。底下步驟描繪了風險激盪的確認部分：

1. 執行風險激盪的架構師在共同部分舉行前的一、兩天，發出邀請給所有的參與者。邀請裡面有架構圖（或哪兒可以找到它）、風險激盪維度（在該次的風險激盪中要分析的風險區域）、舉辦的日期、以及地點。

2. 利用本章第一節的風險矩陣，參與者各自分析架構，並界定風險為低（1-2）、中（3-4）、高（6-9）。

3. 參與者準備相應顏色（綠、黃、紅）的小便利貼，並寫下對應的風險數字（可以在風險矩陣上找到）。

大部分風險激盪只牽涉一個特定維度（例如效能）的分析，不過有些時候因為人員剛好有空、或是時間因素，會一次分析多個維度（例如效能、可擴展性、資料遺漏）。如果一次分析多個維度，參與者在便利貼的風險數字旁寫上維度，這樣大家便可清楚其指的是哪個維度。例如，假設三個參與者找到中心化資料庫的風險。三個人都界定風險為高（6），但有一個人還找到可用性的風險，另外兩個人找到效能的風險。這兩個維度會被分開討論。

 如果可能，盡量限制風險激盪在一個維度。如此可以讓參與者集中注意力在該維度，並且避免在同一個架構區域內，對於多重風險區域的確認產生混淆。

共識

共識在風險激盪是高度共同進行的活動，目標是讓參與者對架構的風險獲得共識。最有效的進行方式，是有個印出來的大型架構圖貼在牆上。如果沒有印出來，也可以在大螢幕上以電子版顯示來代替。

一旦抵達風險激盪的會議場所後，參與者開始將便利貼貼在架構圖上、各自覺得有風險的地方。如果使用電子版的架構圖，則由舉行風險激盪的架構師詢問每位參與者，將其確認的風險以電子方式標註在架構區域上（圖 20-7）。

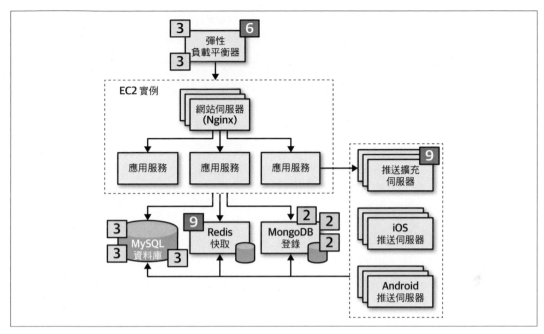

圖 20-7　風險區域的初步確認

一旦所有便利貼都就位，風險激盪的共同部分便開始了。這部分活動的目標是以團隊來分析風險區域，並在風險等級上得到共識。注意到架構上有好幾個風險區域被確認，如圖 20-7 所示：

1. 兩個參與者認為彈性負載平衡器具有中度風險（3），一個認為是高風險（6）。

2. 一個參與者認定推送擴充伺服器具備高風險（9）。

3. 三個參與者認定 MySQL 資料庫伺服器具備中度風險（3）。

4. 一個參與者認定 Redis 快取具備高風險（9）。

5. 三個參與者認定 MongoDB 登錄具備低風險（2）。

6. 架構其他區域被認為不具風險，所以沒有貼上任何便利貼。

第三及第五項不用進一步討論,因為所有參與者對風險程度已有共識。但請注意,對第一項的意見有差異,第二及第四項只有一個參與者認為有風險。這幾項就需要在活動中討論。

第一項有兩個參與者認為彈性負載平衡器具中度風險(3),但有一個認為是高風險(6)。此例中,那兩個參與者會詢問第三個,為什麼他認為是高風險?假設第三個說高風險的理由,是因為如果彈性負載平衡器當機,整個系統將無法存取。當然這是真的,也讓其整體影響的評比為高,但是另兩位參與者說服第三位,表示這件事發生的風險並不高。經過許多討論後,第三位同意了,把風險層級降至中(3)。然而,第一及第二位參與者可能沒看到第三位所看到、有關彈性負載平衡器之風險的特定面向,所以才需要在風險激盪活動中一起來進行。

再來個好例子。考慮第二項,有一位認定推送擴充伺服器具備高風險(9),但沒有其他人認定這裡有任何風險。此時其他人問認定有風險的人,為何認定風險這麼高。該參與者表示他們曾在擴充伺服器上有過糟糕的經驗──在高負載下持續當機,而此特定架構也有這個伺服器。這個例子顯示風險激盪的價值──如果沒有那位參與者,沒有人看出這樣的高風險(當然一直要到上線許久後才知道!)。

第四項是個有趣的例子。一位認為 Redis 快取具有高風險(9),但沒有其他人認為有風險。其他人詢問該處高風險的根本原因為何,該參與者回覆:「Redis 快取是什麼?」這個例子裡面,參與者不知道 Redis 快取,所以將之列為高風險。

 對未經證實或不了解的技術,總是將其界定為最高風險(9)。這是因為風險矩陣無法處理這個維度。

第四項的例子,說明了為何要將開發人員也帶進風險激盪會議。這樣不只可以讓開發人員更清楚架構,而且有一個人(在此例為一位開發人員)不懂特定技術的事實,也提供架構師有關整體風險的寶貴資訊。

這樣的程序一直持續,直到所有人對確認的風險區域取得共識。一旦所有便利貼得到統整,活動就結束,可以進行下一步了。活動最後的產出如圖 20-8 所示。

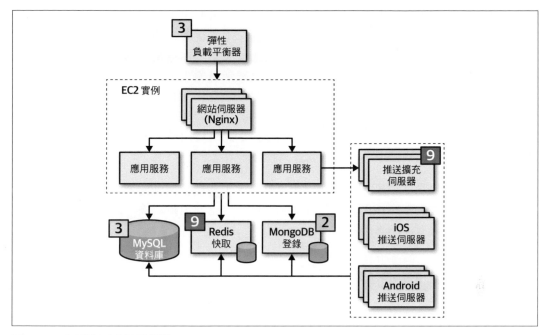

圖 20-8　在風險區域得到共識

減緩

一旦所有參與者對架構風險區域的認定取得一致,接下來就是最後也最重要的活動——**風險減緩**。減緩風險常牽扯到針對架構中、原本被認為完美的特定區域,進行修改或加強。

這項活動也是共同進行的,目的在尋找方法,以減少或消除第一種活動確認的風險。依據確認的風險,有些情況下架構得完全變更,其他情況則可直接採行架構重構——例如為回壓增加一個佇列,以減低吞吐量瓶頸的問題。

不管架構需要什麼變更，此活動會引發額外的費用。因此，主要的利益相關方通常得決定費用是否超越風險。例如，假設透過風險激盪，中心化資料庫在整體系統的可用性，被認定具有中度風險（4）。在此情況下，參與者同意資料庫叢集、再加上把單一資料庫拆成分開的實體資料庫，可以減緩該風險。但是雖然風險大幅減少，解決方案卻要花掉 2 萬美元。架構師得與主要的業務利益相關方開會，討論相關的取捨。在交涉過程中，業務負責人判斷價格太高，費用抵不上風險。不過沒有選擇放棄，架構師卻建議不同的做法——跳過叢集，但是把資料庫拆成兩個部分？此時費用減成 8 千美元，但減緩了大部分的風險。在這個例子中，利益相關方同意這個方案。

前面的情境顯示風險激盪不只對整體架構有影響，也影響架構師與業務利益相關方的交涉。風險激盪，加上本章開頭的風險評估，提供了確認及追蹤風險、改善架構、處理與主要利益相關方之交涉的絕佳載具。

敏捷故事風險分析

除了架構，風險激盪也能用在軟體開發的其他面向。例如，在某次的敏捷迭代的故事梳理，我們利用風險激盪來判定使用者故事完成度的整體風險（所以也是該次迭代的整體風險評估）。透過風險矩陣，使用者故事風險可藉由第一（如果故事無法在該次迭代完成所帶來的整體影響）及第二個維度（故事無法完成的可能性）來確認。在故事上使用相同的架構風險矩陣，團隊能夠確認具備高風險的故事，對其密切追蹤以及判定優先順序。

風險激盪範例

為說明風險激盪的威力、及其如何改善系統整體架構，考慮一個範例——讓護士為各種不同健康狀況之病人提供建議的呼叫中心系統。此系統需求如下：

- 系統利用第三方診斷引擎來處理問題，並在醫療相關問題上引導護士或病人。

- 病人可以打電話進來跟護士晤談，或選擇直接存取診斷引擎、跳過護士的自助式網站。

- 系統必須同時支援全國 250 個護士，以及全國同時最多有數十萬個自助式病人。

- 透過醫療紀錄交換所，護士可以存取病人的醫療紀錄，但是病人不能接觸自己的醫療紀錄。

- 關於醫療紀錄，系統必須遵守 HIPAA（健康保險便利和責任法案）。意思是除了護士外，其他人不可接觸醫療紀錄。

- 系統必須能處理流感季節的突發與大量需求。

- 電話轉接給護士乃是依據護士的背景資料（例如雙語需求）。

- 第三方診斷引擎每秒大約可處理 500 個請求。

系統的架構師打造圖 20-9 的高階架構。此架構有三個分開的網頁使用者介面：一個給自助式使用者、一個給接電話的護士、一個給管理人員用來增加及維護護士個人資料以及組態設定。系統的呼叫中心這個部分由接電話的電話接收器，以及依據護士資料、將電話轉接至下一個可服務之護士的電話轉接器（注意電話轉接器如何存取中心化資料庫，以取得護士的個人資料）所組成。此架構的中心是一個診斷系統 API 閘道，由其執行安全性檢查，並且將請求導向至適當的後端服務。

此系統有四個主要服務：案例管理服務、護士個人資料管理服務、與醫療紀錄交換所的介面、外部第三方診斷引擎。所有通信皆利用 REST，只有通往外部系統與呼叫中心服務的專屬協定除外。

架構師已經審視此架構很多次，也認為已經可以實作了。做個自我評估——研究一下需求以及圖 20-9 的架構圖，從可用性、彈性、及安全性的角度，嘗試去判定此架構的風險程度。決定好風險程度後，接著決定架構需要什麼修改以減緩該風險。在接下來的章節，我們會討論一些可拿來比較的情境。

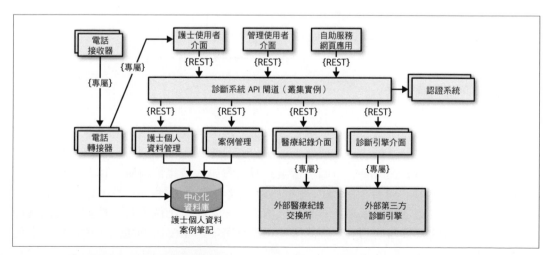

圖 20-9　護士診斷系統範例的高階架構圖

可用性

在第一個風險激盪練習，架構師選擇先專注在可用性——因為系統可用性對系統的成功極為重要。在風險激盪確認以及共同進行的活動之後，參與者利用風險矩陣提出底下的風險區域（如圖 20-10）：

- 因為影響大（3）及發生的可能性中等（2），中心化資料庫被確認為高風險（6）。

- 因為影響大（3）及發生的可能性未知（3），診斷引擎的可用性被確認為高風險（9）。

- 因為並非系統運作的必要元件，醫療紀錄交換所的可用性被確認為低風險（2）。

- 因為每個服務以及 API 閘道叢集具有多個實例，系統的其他部分被認為不具備可用性風險。

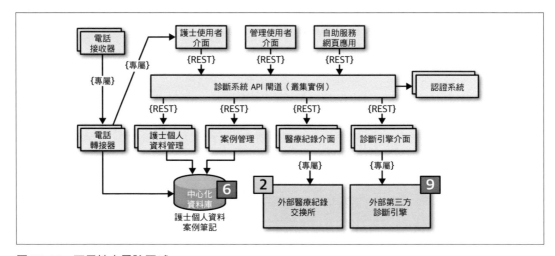

圖 20-10　可用性之風險區域

在風險激盪時，所有參與者都同意雖然在資料庫下線時，護士可以手寫筆記。但如果資料庫不能用，電話轉接器無法正常運作。為緩和資料庫風險，參與者選擇將單一實體資料庫拆分成兩個分開的資料庫：一個包含護士個人資訊的叢集資料庫，以及存放案例筆記的單一實例資料庫。這樣的架構改變不只對治資料庫可用性的顧慮，也協助確保管理人員能夠存取案例筆記。緩和風險的另一個選項，是將護士個人資訊快取在電話轉接器。但是因為電話轉接器的的實作細節未知、而且可能是第三方的產品，所以參與者選擇資料庫的做法。

緩和外部系統（診斷引擎及醫療紀錄交換所）可用性的風險比較難管理，因為缺乏對於這些系統的控制。緩和這類可用性風險的一個方法，是去研究這些系統是否公布服務級別協定（SLA）或服務級別目標（SLO）。SLA 通常是種合約協議且具有法律效力，但 SLO 則非如此。根據研究，架構師發現診斷引擎的 SLA 保證 99.99% 的系統可用度（每年當機 52.60 分鐘），而醫療紀錄交換所的可用度也達到 99.9%（每年當機 8.77 小時）。依照相對風險來看，這樣的資訊已足夠將該風險移除。

經過此次風險激盪後、相應的架構改變顯示在圖 20-11。注意現在有兩個資料庫，還有 SLA 也發布在架構圖上。

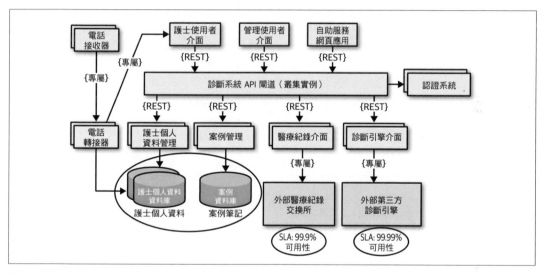

圖 20-11　對治可用性風險的架構修改

彈性

在第二個風險激盪練習中，架構師選擇專注在彈性——使用者負載上出現的尖峰（或為所謂可變的可擴展性）。雖然只有 250 名護士（大部分服務有一個自動化的管理者），但系統的自助式部分跟護士一樣也能存取診斷引擎，因此大大增加了通往診斷介面的請求數目。參與者憂慮突發狀況的發生以及流感季節——此時系統負荷會明顯增加。

在風險激盪時，參與者都確認診斷引擎介面為高風險（9）。在每秒只有 500 個請求的情況下，參與者估算診斷引擎介面無法跟上預期的吞吐量，特別是在目前的架構採取 REST 做為介面協定的情況下。

減緩這個風險的一個方法，是在 API 閘道與診斷引擎介面之間使用非同步佇列（傳訊），在針對診斷引擎的呼叫有備份的情況下，提供一個回壓點。雖然實務上是個好做法，但仍無法緩和風險——因為護士（以及自助式病人）等待診斷引擎的回覆時間太長，所以請求可能會逾時。利用所謂的救護車模式（*https://oreil.ly/ZfLU0*）可讓護士的優先權高於自助式——所以會需要兩個訊息通道。這個技巧有助於緩解風險，但仍未處理等待時間的問題。參與者判斷除了提供回壓的佇列技巧之外，如果把跟某突發狀況有關的診斷問題以快取儲存，就可以讓突發與流感電話無須通往診斷引擎介面。

相應的架構變化顯示在圖 20-12。注意除了兩個佇列通道（一個給護士、另一個給自助式病人使用），還有一個叫做診斷突發快取伺服器的新服務，用來處理某個突發或流感問題的請求。這個架構到位後，限制因素已被移除（針對診斷引擎的呼叫），能夠同時處理數萬個請求了。如果沒有風險激盪，這個風險可能得等到突發狀況或流感季節才會被發現。

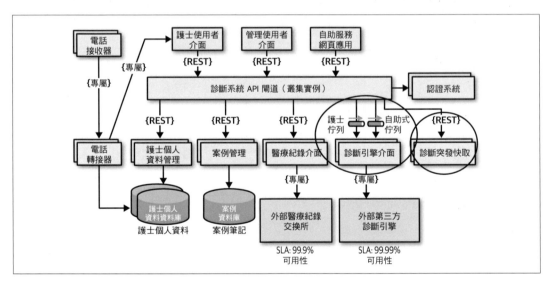

圖 20-12　對治彈性風險的架構修改

安全性

受到前兩次風險激盪的結果與成功所激勵，架構師決定舉辦最後一次風險激盪，來討論另一個必須支援、以確保系統成功的重要架構特性——安全性。由於 HIPAA 的監管要求，透過醫療紀錄交換所介面來存取醫療紀錄必須夠安全，在有需要時只能讓護士存

取。因為 API 閘道的安全性檢查（認證與授權），架構師不認為這裡會有任何問題，但仍好奇參與者是否會找到任何安全性風險。

在風險激盪過程中，參與者都確認診斷系統 API 閘道具有高風險（6）。高評分的理由是管理人員或自助式病人存取醫療紀錄的高影響（3），再加上中度的可能性（2）。風險發生的可能性未被評比為高，這是因為每個 API 呼叫都有安全性檢查。但仍被評比為中等，因為所有呼叫（自助式、管理、以及護士）都得通過同樣的 API 閘道。架構師只將其界定為低風險（2），但在風險激盪的共識活動中，被說服該風險實際上是高風險，而且應減緩此風險。

參與者都同意：讓不同型態的使用者擁有分開的 API 閘道，可避免來自於管理或自助式網頁使用者介面的呼叫，有到達醫療紀錄交換所介面的可能性。架構師同意，並打造最後的架構如圖 20-13 所示。

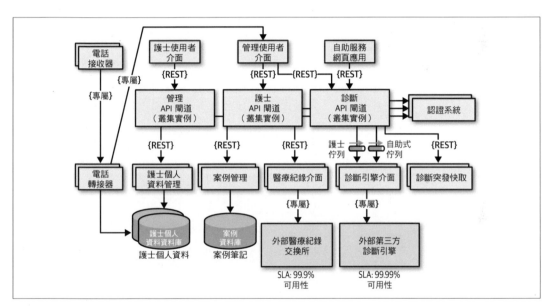

圖 20-13　對治安全性風險、最終的架構修改

前面的情境說明了風險激盪的威力。在與系統成功至關重要的維度上，透過跟其他架構師、開發人員、主要的利益相關方合作，便可確認那些可能被忽略的風險區域。比較圖 20-9 及 20-13，注意風險激盪之前及之後，架構上的重大差異。這些重大變化處理了可用性、彈性、安全性等架構上的各種顧慮。

風險激盪並非一次性的程序。相反地，它在系統生命其中是一個持續的程序，在生產環境發生風險之前，便將風險捕捉並使其緩和。風險激盪的頻率由很多因素決定，包括改變頻率、架構重構所需功夫、以及架構的增量式開發。通常在增加一項主要功能或每次迭代要結束時，會針對特定維度進行風險激盪。

第二十一章

架構的圖解與簡報

新上任的架構師常敘說他們在技術知識與經驗（才得以開始扮演架構師的角色）之外，對工作的多變性感到多麼驚訝。尤其有效的溝通──已成為架構師取得成功的重要關鍵。不管架構師技術上的想法多聰明，如果不能說服管理者資助、以及開發人員去著手打造，這些慧思也無法實現。

架構的圖解與簡報，是架構師應有的兩個關鍵軟技巧。雖然光是每個主題都找得到好幾本書的完整討論，我們會針對每個主題提點一些重點。

因為有些類似的特性，這兩個主題常一起出現：每個都是架構視野可視化的重要表現，並以不同媒介呈現。然而，兩者仍透過表現一致性這個概念聯繫在一起。

以可視化方式描繪架構時，創建者常得顯示架構的不同視角。例如，架構師可能展示整個架構拓撲的概觀，然後鑽入個別部分探究設計細節。但是，如果架構師展示某個部分、卻又不指明其位於架構何處，常常會讓觀看者感到困惑。**表現一致性**是一種實務做法──在改變視角之前，總要顯示架構各部分之間的關係，不管是以圖解或簡報的方式呈現。

例如在 Silicon Sandwiches 的解決方案中，如果架構師想描述外掛之間關係的細節，那麼架構應當顯示整個拓撲，然後鑽入外掛的結構、展示它們之間的關係。圖 21-1 是一個例子。

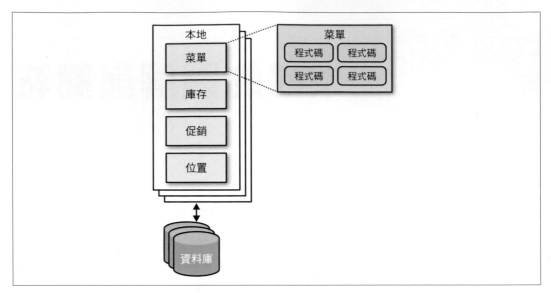

圖 21-1　在較大的示意圖上，利用表現一致性來指示背景

謹慎地使用表現一致性，能確保觀看者了解展示項目涵蓋的範圍，以消除常見的困擾來源。

圖解

架構師與開發人員總是對架構拓撲有興趣，因其揭示結構怎麼兜起來，也在團隊之間形成寶貴且共同的理解。所以架構師應當磨練圖解技巧，直到像剃刀般鋒利的程度。

工具

這一代的圖解工具極其強大，架構師對選定的工具應深入學習。不過在使用好工具之前，別忽視粗略工件的作用，特別是在設計早期。趁早打造生命期短暫的設計工件，讓架構師免於對自己創造的事物太過依戀——這種反模式被稱為**不理性工件依戀反模式**。

架構師最喜歡且替代用手機幫白板拍照（上面一定有「不要擦掉！」的指令）的一種變形，便是利用接到投影機的平板，而不使用白板。這樣有許多好處。首先，平板的畫布沒有限制，團隊要繪製多少張圖都裝得下。第二，它可以複製 / 貼上各種「假設」情境──如果在白板上，會讓原來的圖模糊不清。第三，平板的圖像早已數位化，也不會有用手機幫白板拍照不可避免的炫光出現。

最後架構師終會利用時髦的工具來創造漂亮的圖表，但要確定團隊對於設計已經經過充分的迭代，再投資時間做繪製的工作。

每個平台皆有強大的畫圖工具。雖然我們不主張哪個比其他好（我們頗滿意使用在本書圖表的 OmniGraffle（*https://oreil.ly/fEoKR*）），架構師應尋找至少有底下基本功能的工具：

分層

畫圖工具通常支援分層，架構師應當好好學習。分層讓畫圖的人把一組項目邏輯地連結起來，以啟動隱藏 / 顯示個別分層的功能。利用分層，架構師可以打造完整的示意圖，卻把不需要的壓倒性細節隱藏起來。分層讓架構師以增量方式，打造稍後簡報需要的圖表（參見第 302 頁的「增量建構」）。

模板（*stencils/templates*）

模板讓架構師得以打造常用視覺元件（通常是其他基本形狀的合成物）的程式庫。例如讀者在本書從頭到尾看到的東西都是標準圖形，像微服務在作者的模板中就是一個單獨的項目。為組織內的共同圖樣及工件打造模板，就能在架構圖上建立一致性，並且讓架構師得以快速打造新圖表。

磁鐵

在形狀與形狀之間畫線時，許多畫圖工具會提供輔助。磁鐵代表在形狀上面、線段會被吸引過去自動連接的位置，並且還提供自動對齊以及其他視覺上的細節處理。有些工具可以讓架構師增加更多的磁鐵，或自己打造、好在圖表上客製化連線的外觀。

除了這些特別且有用的功能，工具當然該支援線段、顏色，及其他可視化工件，並且可以用多種格式匯出。

圖解標準：UML、C4、ArchiMate

軟體技術圖表有好幾個正式標準。

UML

統一建模語言（UML）是一種標準，它統一了三種在 1980 年代共存且互相競爭的設計哲學。它本應該是各種情況下的最佳選擇，但就跟許多由委員會設計的事物一樣，它卻無法在要求使用它的組織之外產生多大的影響。

架構師與開發人員仍在使用 UML 的類別及循序圖，以溝通結構及工作流程——但是大部分其他的 UML 圖形已無人使用。

C4

C4 是由 Simon Brown 發展的繪圖技巧，用來處理 UML 的不足之處，並將其用法現代化。C4 的 4 個 C 如下：

背景

代表整個系統的背景，包括使用者角色以及外部依賴性。

容器

架構的實體（常常也包含邏輯）部署邊界及容器。這個視角成為運維與架構師之間，一個很好的會合點。

元件

系統的元件視角。大致上與架構師對系統的視角保持一致。

類別

C4 使用與 UML 同樣且有效的類別圖，所以沒必要改用別的。

如果一家公司想在畫圖技巧上標準化，那麼 C4 是個不錯的替代選擇。但就跟所有的技術畫圖工具一樣，它無法表達架構師可能採用的每一種設計。C4 最適合容器與元件的關係可能有差異的單體架構。至於像微服務這種分散式架構，就沒那麼適合了。

ArchiMate

ArchiMate（Arch*itecture 與 Ani*mate 的一種合成）是開源的企業架構建模語言，支援了業務領域內、及跨業務領域的架構描述、分析、以及可視化。ArchiMate 是來自於國際開放標準組織（Open Group）的技術標準，它為企業生態系提供一個較輕量級的建模語言。ArchiMate 的目標是「越小越好」，而不是要能夠涵蓋每個邊緣案例的情境。因此，它成為受到許多架構師喜愛的一個選項。

圖解準則

不管架構師是否使用自己的、或某個正式的建模語言，他們應當在繪圖上有自己的風格，也應盡量套用他們認為特別有效的表示方法。這裡有些一般準則，可在建立技術圖時使用。

標題

確認圖上所有元素都有標題，或早為聽眾所熟知。利用旋轉或其他效果，讓標題「黏著」在相關的事物上，以提升空間使用效率。

線條

線條要夠粗，才容易看清楚。如果線條要指示資訊流向，就利用箭頭指示其方向或雙向交流。不同種類的箭頭語義上可能有差異，不過架構師應保持一致性。

通常架構圖現有的一種標準，是用實體線指示同步通信、點狀線表示非同步通信。

形狀

雖然討論過的正式建模語言都有標準形狀可用，但在軟體開發世界並沒有普遍通用的標準形狀存在。所以架構師傾向於製作自己的一組標準形狀——有時候會傳遍整個組織，成為一種標準語言。

我們偏向於使用三維的盒子來表示可部署的工件、矩形表示容器，但除此之外無其他特殊要求。

標籤

架構師應當對圖上的每個項目加上標籤，特別是在讀者可能產生混淆的地方。

顏色

架構師通常使用的顏色都不夠——長久以來出於必要，書籍皆以黑白印刷，所以架構師與開發人員很習慣單色圖案。雖然我們仍偏好單色，但如果有助於區分不同工件，我們便會使用彩色。例如，在第 238 頁的「通信」討論微服務通信策略時，我們利用顏色來顯示有兩個不同的微服務參與協調，而非同一個服務的兩個實例。我們把它重製於此（圖 21-2）。

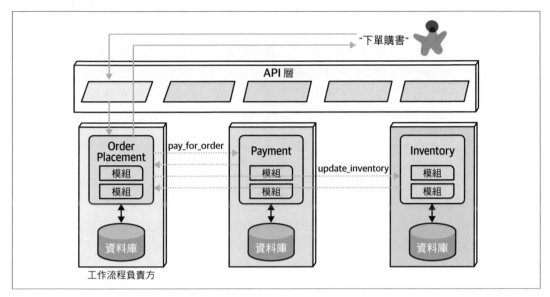

圖 21-2　以獨特顏色顯示不同服務的微服務通信範例（重製）

線索

如果因為任何理由使得形狀有些模稜兩可，可以在圖表上加入線索明白指示每種形狀的意義。沒有什麼比導致解讀錯誤的圖表更糟的了，甚至比沒有圖還糟糕。

簡報

現代架構師需要的其他軟技巧，就是利用像 PowerPoint 及 Keynote 這樣的工具，進行有效的簡報。這些工具是現代組織的社交語言，所有人也期望能勝任使用這些工具。可惜，不像文字處理器與速算表，幾乎沒有人花夠多時間研究如何善用這些工具。

本書其中一位作者（Neal）幾年前寫了一本《簡報模式》的書（*https://presentationpatterns. com*）（Addison-Wesley Professional），這是將軟體世界常見的模式 / 反模式做法，應用到技術簡報的書。

《簡報模式》有一個重要的觀察——以寫文件或簡報的方式來為事情辯護時有一個基本差異，那就是時間。在簡報中，簡報者控制一個想法展開的速度，但文件的讀者則由其自行控制。所以架構師從選定的簡報工具中能學到的一項重要技巧，便是如何操控時間。

操控時間

簡報工具提供兩個方法操控投影片時間：過渡與動畫。過渡是從這一張轉移到下一張投影片，動畫則讓設計者在投影片內創造移動的效果。通常簡報工具在每張投影片上只允許一次過渡，但每個元素可以有許多動畫：插入（出現）、移除（消失）、以及動作（例如移動、縮放、及其他動態行為）。

雖然工具提供許多引人注目的效果（例如掉落的鐵砧），架構師可利用過渡及動畫來隱藏投影片之間的邊界。在《簡報模式》有個常見的反模式（被稱為切餅機（*https://oreil.ly/_Wldy*）），描述的是：有些想法沒能湊到預定的字數，設計者不該人為地硬要篩入一些內容，好填滿投影片。同樣地，有許多想法需要超過一張投影片的空間。利用過渡與動畫的微妙組合（例如溶解），簡報者得以隱藏個別投影片的邊界，將一組投影片串連起來講一個故事。要指示一個想法的終結，簡報者應該使用很不同的過渡（例如門或方塊），以提供視覺上的線索——現在要進到下一個不同的主題了。

增量建構

《簡報模式》將佈滿子彈的屍體（*https://oreil.ly/jS7DO*）認定為企業簡報常見的一項反模式，其中每張投影片在本質上就是簡報者的筆記，只不過是投影給大家看而已。大部分讀者都看過滿是文字投影片的痛苦經驗，然後讀完上面所有文字（因為它一旦出現，沒有人能忍住不讀），卻只能在接下來的十分鐘呆坐、聽簡報者慢慢地念投影片上的每一點。難怪那麼多公司簡報這麼單調！

簡報時講者有兩個資訊通道：言語及視覺。投影片的文字太多、又唸出基本上一樣的內容，簡報者等於讓一個資訊通道過載，而另一個卻不足。比較好的解法是利用增量法建構投影片，在需要時增加（最好是圖像）資訊、而不是全部一次打造完畢。

例如，假設有個架構師建立一個簡報，想解釋功能分支的使用問題、也想談談分支壽命太長的壞處。考慮圖 21-3 的圖像投影片。

圖 21-3 中，如果簡報者立刻把整個圖展示出來，聽眾可以看得出來最終有些壞事會發生，但卻得等到解說到那個點才知道究竟發生什麼。

相反地，架構師應當利用同一張圖片，但在展示投影片時讓其中一部分模糊化（利用無邊線的白盒子），一次只揭露一部分（在覆蓋的方盒上利用移除等效果）。如圖 21-4 所示。

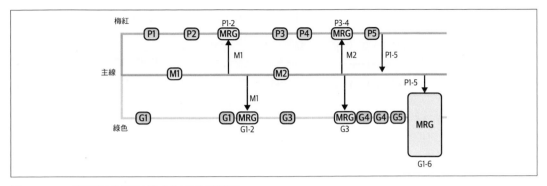

圖 21-3　一張展現負面反模式的不良投影片

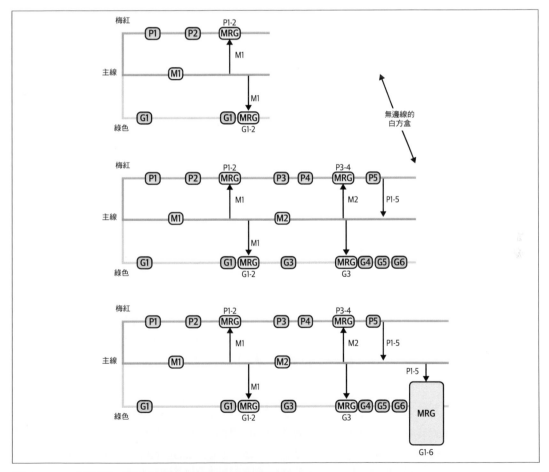

圖 21-4　一個更好、而且保有懸疑氣氛的增量式版本

圖 21-4 中，簡報者還有一拼的機會來保持簡報的懸疑性，讓演講更有趣。

利用動畫與過渡，再加上增量式建構，讓簡報者創造更吸引人、更有趣的簡報。

資訊簡報（Infodeck）vs. 簡報（Presentation）

有些架構師在 PowerPoint 及 Keynote 之類的工具做了一疊投影片，但從未真的拿出來做簡報。相反地，它們像雜誌文章那樣利用電子郵件到處轉寄，讓每個人用自己的步伐閱讀。資訊簡報不是一疊拿來投影的投影片，而是圖像化的資訊總結——本質上就是把簡報工具做為桌上出版套裝程式來使用。

這兩種媒介的差異在於內容的完整度、以及過渡與動畫的使用。如果有人想像翻雜誌那樣、翻看整疊投影片，作者便不需要加上任何時間元素。另一個資訊簡報與簡報的主要區別，是內容材料的數量。因為資訊簡報就該單獨存在，所以包含了作者想傳達的所有資訊。但進行簡報的時候，投影片只（故意地）包含一半的簡報資訊，另一半則由站在那兒的講者傳達！

投影片只佔故事的一半

簡報者常犯的一個錯誤，是把簡報的所有內容放進投影片。但是，如果投影片已經無所不包，那麼簡報者應節省大家坐在那兒的時間，把整疊投影片寄給每個人就好了！簡報者在有機會更有力地陳述重點時，卻犯下在投影片加入太多內容的錯誤。記得簡報者有兩個資訊通道，所以策略性地運用會讓訊息更有影響力。一個很好的例子，便是策略性地使用隱身這個特性。

隱身

隱身是一種簡單的模式——簡報者在簡報時插入一張空白投影片，讓聽眾的注意力回到簡報者身上。假設某人有兩個資訊通道（投影片與講者）、如果關掉其中一個（投影片），那麼更多的關注會自動回到講者身上。所以如果簡報者想提出觀點，就插進一個空白投影片——房間的所有人會聚焦回到講者，因為此時講者是房中唯一值得注視的標的。

學習簡報工具的基本操作、以及讓簡報更好的一些技巧，是架構師技能的一大加分。如果架構師有很好的點子，卻無法有效地進行簡報，那就沒有機會將其實現。架構需要各方的合作——要有合作對象，架構師必須說服人們為這些遠見畫押。現代公司的肥皂箱就是簡報工具，所以值得好好學習如何善用它們。

第二十二章

打造有效的團隊

除了打造技術架構、做出架構決策,軟體架構師也負責在實作過程中,引導開發團隊。在這方面表現良好的架構師,將能夠打造有效的開發團隊——能一起密切合作解決問題,並創造獲勝的解決方案。雖然聽起來很明顯,但太多時候我們卻看到架構師忽視開發團隊,並在封閉的環境打造架構。這個架構接著交給開發團隊,由其努力地將其正確實現。能夠打造具生產力的團隊,是有效且成功的架構師與其他架構師產生差異化的其中一個方法。本章將介紹一些架構師能夠利用,以打造有效開發團隊的基本技巧。

團隊界限

我們的經驗是:架構師對開發團隊的成敗,有很明顯的影響。感覺被架構師(還有架構)排除在外或疏遠的團隊,常常缺乏適當的引導、以及對系統各種限制的正確認識,最終無法正確地將架構實現。

軟體架構師扮演的角色之一是創造及溝通各種限制——或盒子,讓開發人員在裡面進行架構實作。架構師可以把界限打造得過緊、過鬆、或剛剛好。這些界限顯示在圖 22-1。界限過緊或過鬆會直接影響團隊成功實現架構的能力。

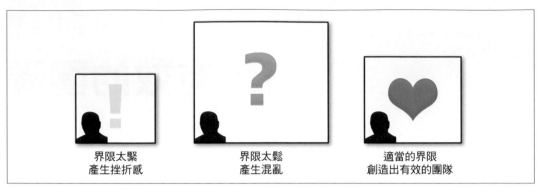

圖 22-1　軟體架構師創造的界限型態

創造太多限制的架構師相當於給開發團隊套上一個很緊的盒子，讓他們無法使用許多工具、程式庫、以及實作系統所需的各種有效實務。這讓團隊產生挫折感，使開發人員因追求更愉快、健康的環境而離開專案。

相反的情況也可能發生。架構師可能限制太鬆（或完全沒限制），把所有重要的架構決策都給開發團隊決定。此情境跟限制過緊一樣糟，團隊本質上承擔了軟體架構師的角色——在缺乏適當的引導下執行概念驗證、並爭奪設計的決策權，導致生產力低下、混亂、以及挫折感。

有效的軟體架構師努力提供適當的引導及限制，使團隊需要的正確工具及程式庫準備就緒，以有效地進行架構的實作。本章剩下的部分，會花在討論如何建立這些有效的界限。

架構師的人格特質

架構師的人格特質有三種基本型態：控制狂架構師（圖 22-2）、只會空談的架構師（圖 22-3）、有效的架構師（圖 22-5）。每種人格特質，都與先前討論的團隊界限的某個特定界限型態相匹配：控制狂架構師創造過緊的界限，只會空談的架構師創造過鬆的界限，至於有效的架構師則創造恰到好處的界限。

控制狂

圖 22-2　控制狂架構師（iStockPhoto）

控制狂架構師想控制軟體開發程序的每個細節。他做的每個決策通常都太細、太低階，導致開發團隊受到太多的限制。

控制狂架構師創造前節討論過、過緊的界限。他可能限制團隊下載任何有用的開源或第三方程式庫，反而強調團隊應該利用語言的 API 從頭做起。他可能也會對命名慣例、類別設計、方法長度等等施加嚴格的限制。他們甚至還可能幫團隊寫虛擬碼。本質上，控制狂架構師從開發人員手中竊取程式設計的技藝，使其產生挫折感並對架構師缺乏尊重。

要變成一個控制狂架構師很容易，特別在剛從開發人員的角色過渡到架構師的時候。架構師的角色是創造應用的基本組件（元件），並決定這些元件的互動方式。開發人員的角色則是根據這些元件，判斷如何以類別圖及設計模式來實作。但是在角色從開發人員轉換成架構師的時候，架構師很容易會想去打造類別圖及設計模式──因為這正是新上任架構師之前扮演的角色。

例如，假設架構師創造一個在系統中管理參考資料的元件（亦即架構的基本組件）。參考資料由在網站上使用的名字 - 數值對，以及像產品碼、倉庫碼（整個系統使用的靜態資料）這樣的東西構成。架構師的角色是去找出元件（此例為 Reference Manager）、判定該元件的一組核心操作（例如 GetData、SetData、ReloadCache、NotifyOnUpdate 等等）、以及哪些元件該與此元件互動。控制狂架構師可能認為：實作此元件的最好方

法，是透過利用內部快取（此快取有特殊的資料結構）的平行載入器模式。雖然這樣可能是有效的設計，但卻不是唯一的設計。更重要的是，架構師的角色不再需要提出 Reference Manager 的內部設計——這可是開發人員的角色才對。

如我們在第 310 頁將提及的「控制力道該多大？」，有時候架構師需要扮演控制狂的角色——端視專案複雜度與團隊技能程度而定。但是在大部分情況下，控制狂架構師會打亂開發團隊的節奏、無法提供適當的引導、造成妨礙、以及無能帶領團隊通過架構的實作。

空談架構師

圖 22-3　空談架構師（iStockPhoto）

空談架構師是那種寫程式的時間不夠長（如果寫過的話），打造架構也不考慮實作細節的架構師。他們通常與開發團隊失聯——從來不在團隊身邊，或只要初始架構圖一完成後，便從一個專案轉換到下一個專案。

在有些情況下，空談架構師僅僅是因為技術、或業務領域對他們太過困難，所以無法從技術或業務問題的觀點來領導、或引導團隊。例如，開發人員都在做什麼？當然是寫程式啦。寫程式很難假裝——要嘛在寫程式，不然就是沒在寫。那麼架構師又在做什麼？沒人知道！大部分架構師畫了很多線條與盒子——但是這些圖要做到多詳細？這就是架構上見不得人的小秘密了——要假裝是架構師還蠻容易的！

假設空談架構師認為事情太困難，或沒時間架構一個適當的股票交易系統解決方案。此時架構圖可能看起來像圖 22-4。這個架構沒啥不對，只是太高階了，沒有什麼用處。

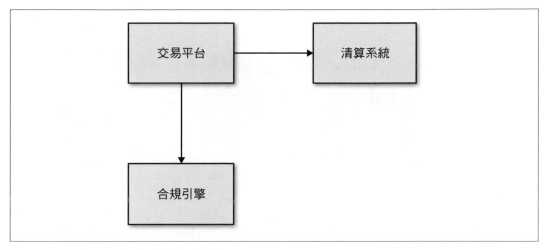

圖 22-4　空談架構師打造的交易系統架構

空談架構師為團隊設立的界限太鬆，如前面討論所示。在此情境下，開發團隊最終承擔架構師的角色，本質上就是做了架構師該做的工作。團隊開發的速度及生產力將因此受害，也會對系統該如何運作感到困惑。

跟控制狂架構師一樣，要變成空談架構師也很容易。一個架構師會變成空談架構師的最大徵兆，便是沒有足夠的時間與實作架構的團隊相處（或選擇不跟他們相處）。開發團隊需要架構師的支援與引導，也需要架構師在技術或業務問題發生時，幫忙回答。其他預示空談架構師的徵兆如下：

- 不完全了解業務領域、業務問題、或使用的技術

- 開發軟體的實際經驗不夠

- 未考慮架構方案實作的可能影響

在有些情況下架構師並非有心變成一個空談架構師，而是剛好分身到許多專案或開發團隊之間，使其在技術或業務領域上脫節。避免之道是更深入參與專案使用的技術，並且了解業務問題及業務領域。

有效架構師

圖 22-5　有效的軟體架構師（iStockPhoto）

有效的軟體架構師為團隊設立適當的限制及界限，確保團隊成員合作順利，並給予團隊適當的引導。他也確保團隊需要的正確、適當的工具及技術已準備就緒。此外，他也會在團隊前往目標的路上，移除相關的路障。

雖然聽起來既明顯又簡單，但其實並不是。在開發團隊中，要成為一位有效的領導者是種藝術。成為有效的架構師需要的是：與團隊密切合作，並且得到團隊的敬重。本書後面幾章，還會提到成為有效架構師的其他方法。現在我們先介紹一些準則，以了解一個有效的架構師應該對團隊施加多少控制。

控制力道該多大？

要成為有效的軟體架構師，得清楚該對開發團隊施加多少控制。此概念即為彈性領導（*https://www.elasticleadership.com*），也被身為作者及顧問的 Roy Osherove 廣為宣傳。我們會有點偏離 Osherove 在此領域的一些成果，並專注在與軟體架構有關的特定因素。

要清楚有效的架構師應該有多少比例是控制狂、又有多少比例是空談架構師，牽扯到五個主要因素。這些因素也決定了架構師一次能管理幾個團隊（或專案）：

團隊熟悉度

團隊成員間彼此有多熟悉？以前曾在同個專案共事過嗎？通常團隊成員對彼此越熟悉，就不需要那麼多控制，因為他們已經能夠開始自我組織。相反地，成員越新，就需要更多控制來促進彼此間的合作，並減少團隊內部的小團體。

團隊大小

團隊有多大？（我們認為超過 12 個人是大團隊，4 個或以下為小團隊）。團隊越大，控制應當越多。團隊越小，控制可以少一些。我們在第 314 頁的「團隊的警告信號」有更詳細討論。

整體經驗

團隊有多少資深成員？多少是資淺的？有資深也有資淺的混合團隊嗎？他們對技術與業務領域有多清楚？資淺人員很多的團隊需要更多控制與指導。如果資深人員較多，那麼控制可以少一些。在後面的這個例子，架構師從指導者的角色轉變成推動者。

專案複雜度

專案很複雜，還是只是個簡單的網站？很複雜的專案需要架構師更常跟團隊接觸、並在問題發生時提供協助，因此得對團隊有更多的控制。相對簡單的專案因為很直接，所以不需要太多控制。

專案長短

專案的長度是短（兩個月）、長（兩年）、或平均（六個月）？長度越短，需要的控制較少。相反地，專案越長，需要的控制越多。

雖然在大部分因素上，控制應當越多或越少都言之有理，但在專案長短這個因素上似乎不太合理。之前的清單表明：專案的長度越短，需要的控制較少；專案越長，需要的控制越多。直覺上似乎有些相反，但其實並非如此。考慮一個快速的兩個月專案。兩個月的時間不算長——因為要確認需求是否合理、實驗、開發程式、測試各種情境、以及量產發行。此時架構師應該表現得更像個空談架構師，因為開發團隊已經有很強的迫切感。控制狂架構師可能成為阻礙，並拖累專案的進行。反之，想像一個兩年的專案。此時開發人員很放鬆、沒有任何迫切性的想法，還可能計畫假期、悠閒地吃午餐等等。架構師必須施加更多的控制，確保專案及時地往前邁進，並且率先完成複雜的工作。

通常大部分專案都會考慮這些因素，在專案之初決定控制的程度。但是隨著系統的演進，控制程度可能有所變化。因此，我們建議在專案的整個生命期中，不斷分析這些因素來決定該對團隊施加多少控制。

為說明如何利用每個因素、來決定對團隊的控制程度，假設每個因素都有固定的 20 點。負值偏向於成為空談架構師（控制及介入較少），而正值則偏向於成為控制狂架構師（控制及介入較多）。點數的刻度尺顯示在圖 22-6。

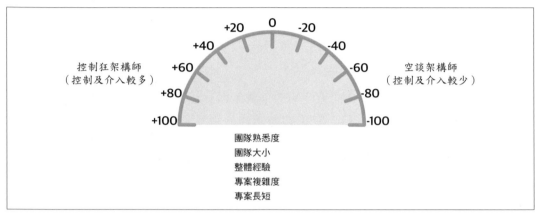

圖 22-6　控制量刻度尺

套用這種尺度雖然不夠精確，但確實有助於判定應該對團隊施加多少相對的控制。例如，考慮表 22-1 及圖 22-7 的專案情境。如表格所示，這些因素要不是指向控制狂（+20），便是指向空談架構師（-20）。這些因素加總的累積分數是 -60，顯示架構師應當扮演更像空談架構師的角色，而不是當個路障。

表 22-1　情境 1 的控制量範例

因素	值	評分	架構師特質
團隊熟悉度	新團隊成員	+20	控制狂
團隊大小	小（4 位成員）	-20	空談架構師
整體經驗	都有經驗	-20	空談架構師
專案複雜度	相對簡單	-20	空談架構師
專案長短	2 個月	-20	空談架構師
累積分數		-60	空談架構師

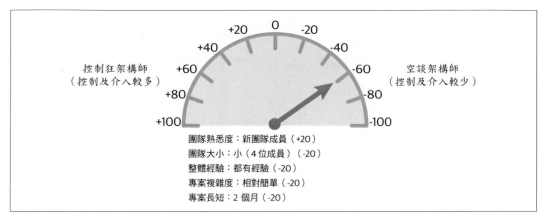

圖 22-7　情境 1 的控制量

在情境 1，所有因素都被納入考慮，以展示有效的架構師應當在一開始扮演推動者的角色，而不要在跟團隊的日常互動上介入太深。架構師必須回答問題，也得確定團隊步上正軌，但大部分情形下架構師應當放手，讓有經驗的團隊做他們最擅長的事——快速開發軟體。

考慮表 22-2 及圖 22-8 的另一種情境，其中團隊成員彼此熟識，但團隊較大（12 位成員）且大部分是資淺（無經驗）人員。專案相對複雜，時程長短是 6 個月。此案例的累積分數是 +20，顯示一位有效的架構師應介入團隊的日常活動，並承擔指導及教練的角色，但又不會到打亂團隊的地步。

表 22-2　情境 2 的控制量範例

因素	值	評分	架構師特質
團隊熟悉度	彼此熟識	-20	空談架構師
團隊大小	大（12 位成員）	+20	控制狂
整體經驗	大部分資淺	+20	控制狂
專案複雜度	高複雜度	+20	控制狂
專案長短	6 個月	-20	空談架構師
累積分數		+20	控制狂

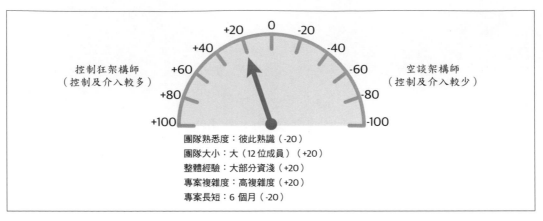

圖 22-8　情境 2 的控制量

要對這些因素客觀對待很難，因為有些（例如整體團隊的經驗）的權重可能比其他更高。在這些情況下，指標很容易加上權重或修改，以適合特定的情境。不管如何，這裡要傳達的主要訊息是：架構師對團隊的控制及涉入程度依五個主要因素而定——考慮這五個因素後，架構師得以衡量該對團隊施以何種控制，以及讓團隊在其內運作的方盒該長成什麼樣子（界限及限制緊一些，或是鬆一些）。

團隊的警告信號

如前節所示，團隊大小是影響架構師對團隊之控制程度的因素之一。團隊越大，需要的控制越多；越小，則所需控制越少。當考慮最有效的團隊大小為何時，有三個因素發揮作用：

- 過程損失

- 多數無知

- 責任分散

過程損失，或稱為 Brook 法則（*https://oreil.ly/rZt88*），最初由 Fred Brooks 在其書《**人月神話**》（Addison-Wesley）首創。其基本概念是加入專案的人越多，專案所花的時間越長。如圖 22-9，集體潛能被定義為團隊中每個人努力的總和。但是任何團隊的實際**生產力**總是比集體潛能小，兩者的差異即為團隊的**過程損失**。

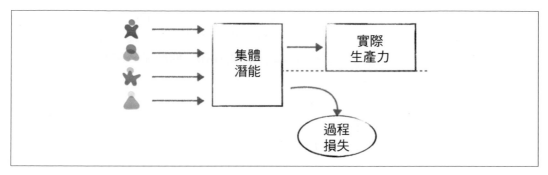

圖 22-9　團隊大小影響實際生產力（Brook 法則）

一個有效的軟體架構師會觀察開發團隊，並找尋有無過程損失發生。對於特定專案或工作，過程損失是判定團隊大小是否適當的一個好因子。過程損失的徵兆之一，是在把程式放入代碼庫時，常常得在程式碼有衝突的地方進行合併。這種徵兆顯示成員常互踩對方的腳——修改相同的程式碼。找出團隊裡面能夠平行工作的部分、讓成員在各別分開的應用服務或區域上工作，是避開過程損失的一個方法。當團隊在任何時候有了新成員，如果無法創造可以平行工作的區域，架構師將質疑為何要加入新成員，並向專案經理展示加人所產生的負面影響。

多數無知也在團隊太大時發生。多數無知指的是當每個人都同意（但私下反對）某項準則——因為他們認為自己可能看漏一些很明顯的事物。例如，假設有個團隊大部分的人都同意，在兩個遠端服務間使用傳訊是最佳解。但是有個人認為這個主意很蠢，因為兩個服務之間有個安全防火牆。但他卻選擇不做聲——此人公開上仍同意使用傳訊（但私下不同意），因其害怕是否有些很明顯的東西被他忽略了，或者講出來會被人認為是傻子。在此情況下，反對這項準則的人才是對的——因為兩個遠端服務之間的安全防火牆，傳訊沒有辦法正常運作。要是他們能說出來（而且團隊再小一些），原來的方案會被挑戰，而改用更好的方案——也就是另一種協定（例如 REST）。

多數無知因丹麥童話故事「國王的新衣」（*https://oreil.ly/ROvce*，作者 Hans Christian Andersen）而變得有名。故事中國王相信不夠格的人是看不到新衣服的。他全身赤裸、高視闊步，問周圍的臣民他的新衣看起來如何。所有臣民害怕被認為愚蠢或不夠格，所以都回答新衣服是他們見過最美的事物。這項蠢事一直到有個孩子喊出「國王沒穿衣服」，才告一段落。

有效的架構師，應當在各種合作會議或討論上，持續觀察與會者的臉部表情及肢體語言，並且在團隊發生多數無知的情況時，扮演推動者的角色。在此情況下，有效的架構師會打斷並詢問大家對提出之方案的看法──並且在他們說話時站在他們那邊表示支持。

第三個指示團隊大小是否適當的因素稱為**責任分散**。責任分散乃基於一項事實──當團隊的大小變大，對彼此的通信會有負面影響。不清楚誰該為什麼負責、以及有些事情無人看管，都是暗示團隊過大的有效指標。

看看圖 22-10，你觀察到什麼？

圖 22-10　責任分散

圖片顯示有人在鄉間小路，站在故障車子旁邊。在這種情形下，有多少人會停車問駕駛一切還好嗎？因為是在小社區的一條小路上，可能經過的每個人都會停下車來。但是在大城市忙碌的高速公路上，有多少次駕駛陷在道路旁、旁邊有數以千計的車子經過卻不會停下來問一切還好嗎？恐怕一直都是如此吧。這是一個責任分散的好例子。在越繁忙、越擁擠的城市，人們會假設駕駛已經打電話、或者救援已經上路了──因為目睹此景的人太多了。但是大部分情況下救援還沒影子，駕駛卻只能拿著一支沒啥作用的手機，無法請求協助。

有效的架構師不只協助引導團隊通過整個架構的實作，也確保團隊的健康、愉快、合作以達成共同目標。尋找這三個警告信號並協助將其修正，有助於確保有效團隊的建立。

利用檢查表

飛機飛行員的每趟航行都會利用檢查表——即使是最有經驗、最老練的飛行員也如此。飛行員在起飛、降落、還有數千種其他情況——不管是常見及不尋常的邊緣情況，都會使用檢查表。使用檢查表是因為：如果一個飛機設定（例如襟翼設在 10 度）或程序（例如獲得許可進入航站管制區）忘了做，可能就是一個成功或災難性航行的區別。

Atul Gawande 醫生寫過一本很棒的書《清單革命》（*https://oreil.ly/XNcV9*）（Picador），書中描述手術程序清單的威力。出於對醫院高葡萄球菌感染率的警覺，Gawande 醫生創立了手術檢查表，意圖降低感染率。在書中他示範使用檢查表的醫院的葡萄球菌感染率，降低到幾乎是 0，而沒有使用檢查表的控制組醫院則持續上升。

檢查表有用——它們提供一個很好的載具，來確認已經涵蓋及處理每一件事情。如果檢查表這麼有用，為什麼軟體開發產業不用？透過個人經驗，我們堅定相信檢查表對團隊效能能夠產生重大差異。但是對這樣的說法，還是得提出警告。首先，大部分開發人員不開飛機、也不執行心臟手術。也就是說，開發人員不必每件事都使用檢查表。建構有效團隊的關鍵是知道何時該用檢查表，何時又不需要。

考慮圖 22-11 在資料庫建立新表格的檢查表。

完成	任務描述
☐	決定資料庫的行欄位名字及型態
☐	填寫資料庫表格請求表單
☐	得到建立新資料庫表格的許可
☐	把請求表單提交到資料庫群組
☐	建好表格後進行驗證

圖 22-11　一個不好的檢查表範例

這不是檢查表。而是一組程序步驟，因此不該放在檢查表。例如，如果還沒提交表單，資料庫表格便無法驗證！任何牽涉到相依任務之程序流程的過程，都不應放在檢查表裡。簡單、眾所皆知、常常執行又正確無誤的程序並不需要檢查表。

適合使用檢查表的候選程序，是那些沒有任何程序上的順序或相依任務，以及那些容易出錯或步驟常被跳過的程序。讓檢查表有效的關鍵是──不要做得太過，使得每件事都變成檢查表。實際上架構師會發現檢查表確實讓團隊更有效能，所以開始讓每件事都變成檢查表，導致所謂的**報酬遞減法則**發生。架構師創造的檢查表越多，開發人員使用的機會就越低。檢查表的另一個關鍵成功因素，是在記錄所有必要步驟的情況下，讓檢查表越簡短越好。開發人員通常不會遵從內容太長的檢查表。找出能夠自動化執行的項目，將它們從表中移除。

 別擔心在檢查表中陳述那些看起來很明顯的東西。常被遺漏的就是這些明顯的東西。

我們發現最有效的三種關鍵檢查表，就是**開發人員的程式碼完成度檢查表、單元及功能測試檢查表、軟體發行檢查表**。下面幾節將分別討論每種檢查表。

霍桑效應

把檢查表引入開發團隊遇到的問題之一，便是讓開發人員真得去使用。有些開發人員常因時間不夠，所以只是把檢查表的項目都打勾表示完成，但是實際上卻沒有檢查。

處理此問題的一個方法，是跟團隊說明檢查表的重要性，及其如何讓團隊變得不同。讓成員去讀 Atul Gawande 的《清單革命》，好完整了解檢查表的威力。並且確認成員都了解每個檢查表背後的理由，以及為什麼要使用它。與開發人員一起合作決定檢查表上該有、或不該有的項目，也會有幫助。

如果所有方法都不行，架構師還能借助所謂的霍桑效應（*https://oreil.ly/caGH_*）。霍桑效應本質上意味著如果人們知道正在被觀察或監視中，則其行為會有所改變，且通常就會去做對的事情。這種例子包括建築物內外、大家都看得到（但實際上沒在運作、或沒在錄影）的攝影機（這種情況很常見！），以及網站監視軟體（有多少報告真得被看過？）。

霍桑效應能用來管理檢查表的使用。架構師讓團隊知道：檢查表的使用對團隊效能至關重大。所以所有的檢查表都會被查證，以確定任務被確實執行——但實際上架構師只是偶爾抽查檢查表的正確性。利用霍桑效應，開發人員比較不可能跳過一些項目，或還沒完成任務就將其標記為已完成。

開發人員的程式碼完成度檢查表

開發人員的程式碼完成度檢查表是很有效的工具，特別在當軟體開發人員表示已「寫完」程式的時候。在界定「做完的定義」時，這也是很有用的。如果檢查表的每一項都已完成，開發人員便可宣稱確實已寫完程式。

底下是一些可以放在開發人員程式碼完成度檢查表的項目：

- 未包含在自動化工具的程式編寫及格式標準

- 常常被忽略的項目（例如被吸收的例外）

- 特定專案的標準

- 特殊的團隊指令或程序

圖 22-12 顯示一個開發人員的程式碼完成度檢查表的例子。

完成	任務描述
☐	執行程式碼的清理及格式化
☐	執行客製化原始碼驗證工具
☐	確認所有更新都寫入稽核記錄檔
☐	確認沒有被吸收的例外
☐	檢查寫死的值，並轉成常數
☐	確認只有公用的方法才能呼叫 setFailure()
☐	在服務 API 類別包含 @ServiceEntrypoint

圖 22-12　一個開發人員的程式碼完成度檢查表的例子

注意檢查表中：有些看來很明顯的任務「執行程式碼的清理及格式化」及「確認沒有被吸收的例外」。有多少次開發人員在一天或一次迭代結束時，因為匆忙而忘了從 IDE 執行程式碼的清理及格式化？次數太多了。在《清單革命》一書中，Gawande 在手術程序上發現同樣的現象──看起來明顯的往往就是被遺漏的。

也請注意與特定專案相關的第 2、3、6、7 項。把這些放在檢查表蠻好的，但架構師應常審視檢查表，看是否有哪些可以自動化、或寫成程式碼驗證檢查工具的外掛。例如，雖然「在服務 API 類別包含 @ServiceEntrypoint」可能沒辦法自動檢查，但是「確認只有公用的方法才能呼叫 setFailure()」一定可以（利用任一種程式碼爬蟲工具，便能很直接地進行自動化檢查）。檢查哪裡可以自動化有助於減少檢查表的大小及雜音，使其更為有效。

單元及功能測試檢查表

最有效的檢查表之一可能是單元及功能測試檢查表。此檢查表有一些開發人員容易忘記、更加不尋常及邊緣情況的測試。每當 QA 人員在特定測試案例中找到問題，該案例就應該被加入檢查表。

這個特別的檢查表常常是最大的檢查表之一──因為程式碼上面可以執行各式各樣的測試。此檢查表的目的是確保程式盡可能完整──這樣當開發人員做完檢查表，程式實質上已經可以上線了。

一個典型的單元及功能測試檢查表常常有底下這些項目：

- 文字及數字欄位的特殊字元
- 最小及最大值範圍
- 不尋常及極端的測試案例
- 遺漏的欄位

就像開發人員程式碼完成度檢查表，任何可以寫成自動化測試的項目應從檢查表移除。例如，假設股票交易應用的檢查表有一個項目，用來測試負數的股數（例如買 -1000 股蘋果〔AAPL〕）。如果透過測試套件的單元或功能測試，來自動化檢查這個項目，那麼這一項就要從檢查表移除。

寫單元測試的時候，開發人員有時不知從哪裡開始，或應該寫多少個單元測試。此檢查表提供一個方法，讓人確認在開發軟體的過程中，已經包含了一般或特定的測試情境。在這些活動分由不同團隊負責的環境中，檢查表也是消除開發人員與測試者間的鴻溝的有效方法。開發團隊執行的完整測試越多，測試團隊的工作就越輕鬆，使得測試團隊可以專注在檢查表上沒有涵蓋的特定業務情境。

軟體發行檢查表

量產發生可能是軟體開發生命期中，最容易出錯的地方，因此需要一個很好的檢查表。這個檢查表有助於避開失敗的組建及部署，並大幅降低軟體發行的風險。

軟體發行檢查表通常是最善變的檢查表，因為它得一直更動，以處理每次部署失敗、或發生問題時所遇到的新的錯誤及狀況。

底下是一些常包含在軟體發行檢查表的項目：

* 伺服器或外部組態伺服器的組態變更

* 加入專案的第三方程式庫（JAR、DLL 等等）

* 資料庫更新及相應的資料庫遷移腳本

在組建或部署失敗時，架構師應當分析失敗的基本原因，並且在軟體發行檢查表加入相應的項目。這樣該項目在下次組建或部署時便會得到驗證，避免同一個問題再次發生。

提供指引

透過設計原理的應用來提供指引，架構師能夠讓團隊變得有效能。這也有助於方盒（限制）的形成（如本章第一節所述），使開發人員在此框架內實作架構。設計原理的有效溝通，也是創造成功團隊的一個關鍵。

為說明這一點，考慮在所謂**分層堆疊**的使用上，針對開發團隊提供指引。分層堆疊是拿來構成應用之第三方程式庫（例如 JAR 檔案、DLL）的集合。開發團隊通常有很多關於分層堆疊的問題，包括他們能否自行決定各種程式庫、或者哪些可以、哪些不行。

藉由這個例子，有效的架構師會讓開發人員先回答底下的問題，以提供指引：

1. 這些提議的程式庫與系統現有功能有重疊嗎？

2. 選擇提議的程式庫有何理由？

第一個問題引導開發人員檢視現有的程式庫，是否新程式庫的功能利用現有的程式庫或功能已能滿足。我們的經驗是有時開發人員會忽視這件事，造成許多功能的重複——特別是在大團隊裡面的大型計畫。

第二個問題敦促開發人員質疑，是否新的程式庫或功能真的需要。在為何需要額外的一個程式庫上，有效的架構師會要求技術以及業務上的理由。這是很有威力的技巧，可以讓開發團隊意識到還必須有業務上的理由才行。

業務理由的影響

作者之一（Mark）曾在一個大型開發團隊中，成為負責一個特別複雜之 Java 專案的主架構師。有個成員對 Scala 很著迷，拼命想在專案上使用。想使用 Scala 的渴望最終變得極具破壞性，使得幾位關鍵成員告訴 Mark 他們打算離開專案，遷移到其他「比較沒毒」的環境。Mark 說服兩個關鍵成員先慢著做決定，然後跟這位 Scala 狂熱者有一場討論。Mark 跟狂熱者說他會支持在專案使用 Scala，但這位狂熱者得提供使用 Scala 在業務上的理由——因為牽涉到訓練費用及重寫所花的功夫。該位狂熱者很是高興，說他會立刻進行。當他離開會議時還喊著：「謝謝你，你最棒了！」

隔天這位 Scala 狂熱者來到辦公室，整個人卻不一樣了。他立刻走向 Mark，要求跟他談談。他們進到會議室，Scala 狂熱者立刻（謙卑地）說「謝謝」。狂熱者解釋說他能提出所有在技術上使用 Scala 的理由，但這些技術上的優勢在所需的架構特性（能力）：花費、預算、時程上，卻無法提供任何業務上的價值。實際上，狂熱者了解到花費、預算、時程的增加一點好處都沒有。

了解到自己造成多大的破壞後，該位狂熱者迅速將自己轉變成團隊最好、幫最多忙的其中一位成員——這都是因為他被要求要為他想實行的事情，提供一個業務上的理由。提高對於理由的意識感，不只讓他變成更好的開發人員，也讓團隊更強、更健康。

後記：兩位關鍵開發人員繼續留在專案直到專案結束。

這裡繼續來談管理分層堆疊的範例。另一個溝通設計原理的有效技巧，是透過圖解的方式解說開發團隊能決定哪些事情，哪些又不行。圖 22-13 是這種控制分層堆疊之圖形（以及相關指引）的一個例子。

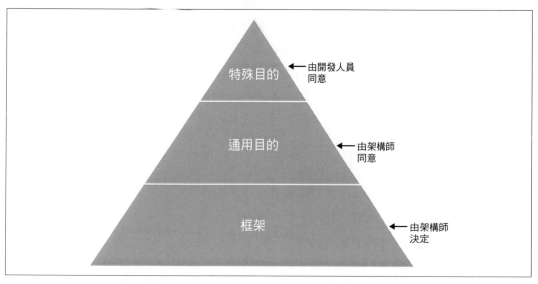

圖 22-13　提供分層堆疊的指引

圖 22-13 中，架構師可能得提供一些例子──有關於各種類型的第三方程式庫該包含些什麼，以及開發人員能做 / 不能做的事情（本章第一節描述的方盒）的指引（即設計原理）。例如，底下是針對任何第三方程式庫所定義的三個類型：

特殊目的

　　這些是用在像是顯示 PDF、條碼掃描、以及在不允許自行客製化的情況下使用的特殊程式庫。

通用目的

　　這些程式庫是語言 API 之上的包裝程式，而且包括像是 Apache Commons、Guava for Java 這樣的東西。

框架

　　這些程式庫備用在像是持久性（像是 Hibernate）及控制反轉（像是 Spring）上。也就是說，這些程式庫構成應用的一整層或結構，很有侵入性。

一旦分類好了（前面的分類只是個例子——還可以定義更多），架構師便可依此設計原理打造方盒。注意在圖 22-13 的例子，針對特定的應用或專案，架構師已經指定特殊目的的程式庫可以由開發人員決定，不需要諮詢架構師。但是如果是通用目的的程式庫，架構師已指示：開發人員可以進行重疊分析並給出推薦的理由，但是這類程式庫需要架構師的同意。最後，如果是框架程式庫，就由架構師決定——也就是說，開發團隊對這類型的程式庫，甚至都不該做任何分析；架構師已決定要承擔選擇這類型程式庫的責任。

總結

打造有效的開發團隊可是苦差事——需要很多經驗及實務，以及很強的人際技巧（在本書後續章節討論）。但是本章提及有關彈性領導、利用檢查表、藉由有效地溝通設計原理以提供指引等的一些簡單技巧，不但確實有用，也在讓團隊更聰明、有效地工作上得到印證。

有人可能質疑架構師在此類活動的角色——為何不把打造有效團隊的任務，指派給開發經理或專案經理。我們很不同意這種前提。架構師帶給團隊的不只是技術上的指引，也得帶領團隊通過架構的實作。架構師與團隊緊密合作的關係，讓架構師得以觀察團隊的動態行為，因此能促成其改變以打造更有效的團隊。這正是技術架構師與有效的軟體架構師之間的區別。

第二十三章

交涉與領導技巧

交涉與領導技巧不容易培養。它得花費多年的學習、實務、及「學到教訓」的經驗，才能獲得成為一位有效的軟體架構師所需的技巧。本書無法讓架構師一夜之間成為交涉與領導領域的專家，所以本章介紹的技巧，是獲取這些重要技能的良好起點。

交涉與引導

在本書開頭，我們列出人們對架構師的核心期待——其中最後一個是軟體架構師應當了解企業的政治氣氛，而且能駕馭辦公室政治。之所以有此關鍵期待的原因，是因為幾乎架構師的每個決定都會被挑戰。認為自己懂得比架構師多、自己的做法會比較好的開發人員會挑戰決策。組織內的其他架構師（認為自己的想法或處理問題的方法更好）也會挑戰決策。最後，利益相關方也會挑戰決策，爭論決策太貴、或耗時太長。

考慮架構師打算利用資料庫叢集與聯合（使用分開實體、領域專屬的資料庫實例），來緩解系統整體可用性的風險。對資料庫可用性來說，這個解決方案雖合理，卻也昂貴。此例中，架構師必須與主要的業務利益相關方（為系統付錢的人）交涉，才能在可用性與費用的取捨間取得一致。

交涉是架構師所能擁有最重要的技能之一。有效的架構師了解組織的政治，擁有強大的交涉與引導技能，而且能克服意見上的不同以創造所有利益相關方同意的解決方案。

與業務利益相關方交涉

考慮底下真實世界的情境（情境 1），其中有個主要的業務利益相關方，以及主架構師：

情境 *1*

> 專案發起人（資深副總）堅持新的交易系統必須支援 5 個 9 的可用性（99.999%）。但是主架構師認為根據研究、估算、以及對業務領域與技術的理解，3 個 9 的可用性（99.9%）就夠了。問題是，專案發起人不想犯錯或修正，也討厭高傲的人。發起人沒那麼技術導向，所以與專案的非功能面向比較有關。架構師必須透過交涉，說服發起人 3 個 9（99.9%）的可用性已經足夠。

在這種交涉中，架構師得小心不要在分析上太過自我中心及強勢，但也要確定在交涉過程中，沒有遺漏可以證明別人錯誤的任何事物。架構師有好幾個關鍵的交涉技巧，能用來協助處理這類跟利益相關方的交涉。

 利用語法與流行詞的搭配，來對情況有更清楚的了解。

像「我們的當機時間必須為零」與「我昨天就需要那些功能了」這些詞通常沒啥意義，但卻能為即將參與交涉的架構師提供寶貴的資訊。例如，當專案發起人被問到某個功能什麼時候需要、他回答：「我昨天就要了」——這顯示上市時間對此利益相關方很重要。同樣地，「系統必須超快」表示效能是很重要的考量。「當機時間為零」表示應用的可用性非常關鍵。有效的架構師會利用這種聽來像鬼扯的語法，更了解真正的顧慮為何，並最終在交涉中善用這種語法。

考慮前面的情境 1。此處主要的專案發起人想要 5 個 9 的可用性。透過解讀的技巧，架構師了解到可用性極其重要。這樣就引出交涉的第二個技巧：

 開始交涉前盡可能蒐集最多的資訊。

「5 個 9」這個詞顯示高可用性。但 5 個 9 的可用性到底是什麼？在交涉之前，先研究並蒐集相關知識，以得到表 23-1 的資訊。

表 23-1　幾個 9 的可用性

上線時間百分比	每年（每天）下線時間
90.0%（1 個 9）	36 天 12 小時（2.4 小時）
99.0%（2 個 9）	87 小時 46 分（14 分）
99.9%（3 個 9）	8 小時 46 分（86 秒）
99.99%（4 個 9）	52 分 33 秒（7 秒）
99.999%（5 個 9）	5 分 35 秒（1 秒）
99.9999%（6 個 9）	31.5 秒（86 毫秒）

「5 個 9」的可用性即每年的下線時間為 5 分 35 秒，或每天不在計畫中的下線時間為 1 秒。蠻有企圖心但也蠻貴的，不過對前述例子而言，實在是不需要。對話中用小時與分鐘（或者在這個例子也可以用秒）來描述，要比執著於幾個 9 這種用語要好得多。

情境 1 的交涉包含確認利益相關方的顧慮（「我了解可用性對系統很重要」），然後把交涉從幾個 9 帶到以時分計算、某個合理規劃外的下線時間。3 個 9（架構師認為夠好了）相當於平均每天規劃外的下線時間為 86 秒──在全球交易系統的背景下，這個數字還算合理。架構師總能訴諸這項技巧：

　　如果其他手段都失效，就從費用與時程的角度來談事情。

我們建議把這項策略留到最後。我們看過太多交涉因為開場白而出師不利，例如「那很花錢」或「我們沒時間做那個」。金錢與時間（要花多少功夫）在任何交涉當然都是主要因素，但應做為最後的手段──這樣可以先嘗試其他更重要的原因與理由。一旦達成一致，可以再考慮費用與時程──如果它們也是交涉中重要屬性的話。

另一個必須記住的重要交涉技巧如下，特別是在像情境 1 的情況下：

 利用「分而治之」的規則，來確認要求或需求是否合理。

古代中國兵法家孫子在《孫子兵法》中寫道，「親而離之」。架構師在交涉中亦可使用同樣的「分而治之」策略。考慮先前的情境 1。此時專案發起人針對這個新的交易系統，堅持要 5 個 9（99.999%）的可用性。但是整個系統需要 5 個 9 的可用性嗎？確認系統裡真正需要 5 個 9 之可用性的特定區域，以降低困難（且昂貴）的需求所牽涉到的、以及需要交涉部分的範圍。

與其他架構師交涉

考慮底下的真實情境（情境 2），有位主架構師及同一個專案的另一位架構師：

情境 2

> 主架構師相信一組服務之間的互相通信，應當採用非同步傳訊，以增加效能及可擴展性。但是另一個架構師一再地強烈反對，堅持 REST 更好——因為 REST 總是比傳訊快，而且也可以規模化（「去 google 一下就知道了！」）。這不是兩位架構師第一次的激烈交鋒，也不會是最後一次。主架構師得說服另一位架構師：選擇傳訊是對的。

在此情境中，主架構師當然可以告訴其他架構師他們的意見不重要，並且以其資深的身分忽視其他意見。但是這只會進一步加深兩位架構師之間的敵意，讓兩者的關係不健康也無法合作，最終對開發團隊產生負面影響。下面的技巧在這種情況下會有些幫助：

 一直要記得事實勝過雄辯。

不去跟另一位架構師爭論該使用 REST 或傳訊，架構師應當向其他架構師展示：在他們特定的環境底下，傳訊是更好的選擇。每個環境都不同，這就是為什麼只靠 Google 得不到正確的答案。在類似量產的環境執行兩個選項的比較，並展示結果給其他架構師看，可能就可以避免爭論。

另一種在這些情況下奏效的關鍵交涉技巧如下：

 避免在交涉中過度爭論或滲入個人情感——冷靜的領導加上清楚簡潔的推理，總能夠在交涉中勝出。

在處理像情境 2 這種敵對關係時，這個技巧的威力強大。一旦事情涉及個人或陷入爭論，最好的做法是停止交涉，並在稍後大家都冷靜後再重啟交涉。架構師之間不免有爭論，但是在爭論過於激烈時，以冷靜的領導來面對常能讓另一方也退後一步。

與開發人員交涉

有效的架構師不會利用其架構師的頭銜，來告訴開發人員該做些什麼。相反地，他們跟團隊共事以獲得尊敬——以致於在對團隊有請求時，不會以爭論或憎恨告終。跟團隊共事有時候並不容易。在許多情況下，團隊總感覺與架構（以及架構師）疏離，因此覺得與架構師的決策沒啥關係。這就是典型的**象牙塔**架構反模式範例。象牙塔架構師就是那些從高處頤指氣使，只告訴團隊該做什麼，而不管他們的意見或顧慮。如此通常會讓團隊失去對架構師的尊敬，最終導致團隊動力的崩解。有個處理這種情況的技巧，便是始終給出一個理由：

 在說服開發人員採納某個架構決定、或做某件事情時，給個理由而不是「高高在上地頤指氣使」。

藉由提出為何要做某件事的理由，開發人員更可能認可這項請求。例如，考慮底下架構師與開發人員之間的對話（話題是在傳統的 n- 層分層架構中進行簡單的查詢）：

架構師：「你必須通過業務層來進行呼叫。」

開發人員 ：「不行。直接呼叫資料庫要快得多。」

這個對談有許多地方不對勁。首先，注意這個用詞「你必須」。這種命令式的語氣不只有貶低的意味，也是交涉或對話中最糟糕的其中一種開場。也請注意到開發人員以一個理由回應，來反對架構師的要求（通過業務層比較慢，花更多時間）。現在考慮提出此要求的另一種做法：

> 架構師：「對變更的控制是最重要的事，所以我們採取封閉的分層架構。也就是所有針對資料庫的呼叫必須來自於業務層。」

> 開發人員：「好的，知道了。但是這樣的話，要怎麼處理簡單查詢的效能問題？」

注意架構師給出該項要求（所有請求都必須通過業務層）的理由。一開始就給出理由或原因是個好方法。大部分時候人們一聽到不贊同的事物，就不會再聽下去了。先講出理由，架構師能夠確定理由被聽到了。也請注意，架構師已經將要求的個人色彩剝除掉。藉由不使用「你必須」或「你需要」這樣的字眼，架構師得以將要求轉變成一個簡單的事實描述（「這個的意思是…」）。讓我們來看開發人員的回應。注意對話從不同意分層架構的限制，轉移成關於簡單呼叫如何增進效能的問題。現在架構師與開發人員可以進行具有合作性的對話，找出讓簡單查詢更快的方法，同時還保留封閉的分層架構。

在跟開發人員交涉、或嘗試說服他們接受某種他們不贊同的設計或架構決策時，另一個有效的交涉策略是讓開發人員自行得出解決方案。這樣架構在不能輸的情形下，還能創造雙贏。例如，假設架構師在兩個框架間做選擇，框架 X 與 Y。架構師了解到框架 Y 不能滿足系統的安全性要求，所以自然選擇框架 X。團隊有位開發人員強烈反對，並堅持框架 Y 是更好的選擇。架構師沒跟他爭辯，但告訴他如果他能證明框架 Y 能如何處理安全性需求，團隊將採用框架 Y。此時有兩件事的其中一個會發生：

1. 開發人員無法證明框架 Y 能滿足安全需求，所以會直接了解該框架無法使用。開發人員自己得出這個結論後，使用框架 X 的決定（本質上變成開發人員的決定）會自動被接受及同意。架構師贏了。

2. 開發人員找到框架 Y 處理安全性需求的方法，並證明給架構師看。架構師仍然贏了。在這個情況下，架構師遺漏了框架 Y 的某些東西，最終 Y 是一個比其他框架更好的框架。

 如果開發人員不同意某個決定，讓他們自己去推論出那個解決方案。

透過與開發團隊的合作，架構師才能獲得團隊的尊重，並形塑更好的解決方案。開發人員越敬重架構師，架構師跟他們交涉越容易。

做為領導者的軟體架構師

軟體架構師也是個領導者，引領團隊通過架構的實作。我們主張身為一個有效的架構師，有一半在於擁有優良的人際技巧、指引技巧、以及領導技巧。本節會討論幾個主要的領導技巧，讓有效的架構師加以利用以領導團隊。

架構的 4 個 C

隨著日子的過去事情總變得越來越複雜，不管是複雜度更高的業務程序或系統，甚或是架構。複雜度存在於架構以及軟體開發之中，而且一直都在。有些架構很複雜，像是得支持 6 個 9（99.9999%）之可用性的架構——相當於預期外的下線時間大約是每天 86 毫秒，或每年 31.5 秒。這種複雜度即所謂的**本質複雜度**——亦即「我們的問題可大了。」

許多架構師常掉入的一個陷阱，是在解決方案、圖表、文件上增加不必要的複雜度。架構師（還有開發人員）好像都喜歡複雜度。引用 Neal 的話：

> 「開發人員被複雜度吸引，就像飛蛾撲火般——常常有相同的結局。」

考慮圖 23-1 的示意圖，展示一間超大型、全球性銀行之後端處理系統的主要資訊流。一定得這麼複雜嗎？沒人知道問題的答案，因為架構師讓它變得複雜。這是所謂的**偶然複雜度**——也就是說，「我們讓問題變難了。」架構師有時會這麼做——在事情似乎很簡單時想證明自己的價值、或為了確保在討論及業務或架構的相關決策中始終被知會。其他的架構師這麼做是為了保飯碗。不管原因是什麼，把偶然複雜度引入本不複雜的事物，是架構師成為無效領導者的最佳方法之一。

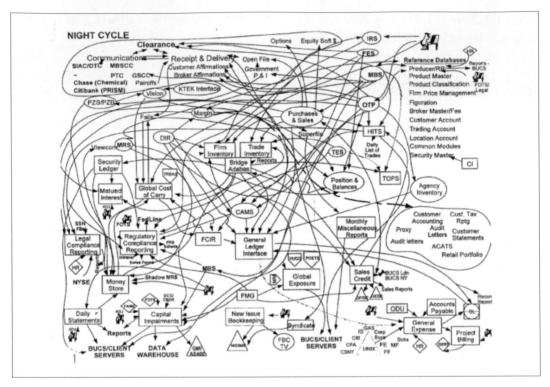

圖 23-1　將偶然複雜度引入問題當中

避開偶然複雜度的一個有效方法是所謂架構的 *4* 個 *C*：溝通、合作、清晰，以及簡明。這些因素（顯示在圖 23-2）在團隊中合力打造出有效的溝通者與合作者。

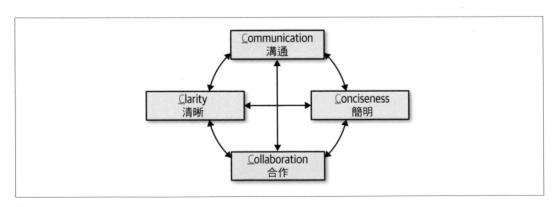

圖 23-2　架構的 4 個 C

身為一個領導者、推動者、交涉者，軟體架構師能以清楚、簡明的方式有效地溝通是極其重要的。同樣重要的是，架構師也必須與開發人員、業務利益相關方、及其他架構師合作，一起討論並形成解決方案。專注在架構的 4 個 C 有助於架構師得到團隊的尊敬，並成為專案中的每個人不只在遇到問題，還有在需要建議、指導、訓練、領導時會尋求協助的關鍵人物。

要務實，但仍有遠見

有效的架構師必須務實，但仍有遠見。這可不像聽起來那麼容易，需要頗高的成熟度與實務經驗才能做得到。要更了解這句話的意思，考慮人們對遠見的定義：

> 遠見
>
> 以想像或智慧，來思考或規劃未來。

做為一位有遠見的人，意味著將策略性思考應用到問題上——這正是架構師應當做的。架構師規劃未來，並確認架構生命力（架構有多稱職）可以長久維持。但是很多時候架構師在規劃及設計上太過理論化，導致解決方案不好理解、甚或是實作。考慮務實的定義：

> 務實
>
> 依據實務而非理論的考量，明智且實際地處理事情。

架構師得有遠見，但也必須應用實用而且切實的解決方案。務實是指在建立架構方案時，將下列所有因素及限制考慮在內：

- 預算限制及其他費用因素
- 時間限制及其他時間因素
- 開發團隊的技能組合及其水平
- 架構決策的取捨與可能的影響
- 被提出來的架構設計或方案的技術限制

好的架構師會在務實以及應用想像力與智慧解決問題之間，努力找到一個適當的平衡（圖 23-3）。例如，考慮有個情況，架構師面臨與彈性（未知且突然急遽增加的同時間使用者負載）有關的難題。有遠見的人可能透過複雜資料網格（一組分散式的領域資料庫）的使用（*https://oreil.ly/6HmSp*），提出詳盡的方法來處理這個問題。理論上這個方法可能還不錯，但務實意味著解決方案應具備理性與實用性。例如，公司以前使用過資料網格嗎？資料網格要考慮哪些取捨？真能解決問題嗎？

圖 23-3　好的架構師在務實與仍有遠見之間取得平衡

如果需要更高程度的彈性，務實的架構師會先考慮限制因素是什麼。瓶頸是資料庫嗎？可能對某些服務、或其他必要的外部資源來說，資料庫確實是瓶頸。找出並隔離瓶頸，可能是解決問題最一開始的實際做法。事實上，就算是資料庫，能不能把有些需要的資料放在快取，讓存取資料庫根本沒有必要？

在務實與仍有遠見之間保持平衡，是架構師獲得尊敬的絕佳方法。業務利益相關方會欣賞滿足限制並具有遠見的解決方案，而開發人員則會感激能夠去打造一個實用（而非理論）的解決方案。

以身作則領導團隊

糟糕的架構師利用頭銜，來讓團隊做他要他們去做的事。有效的架構師則不使用架構師的頭銜，而是以身作則。這與獲得開發團隊、業務利益相關方、及組織所有其他人（例如運維部門主管、開發經理、及產品負責人）的尊敬有關。

經典的「以身作則，不依頭銜」故事是關於一個戰役中的軍官與軍士。遠離部隊的高階軍官，下令部隊前進佔領一個很難攻克的小丘。但是充滿疑惑的士兵並未聽從指令，轉而看向較低階的軍士，想知道是否該佔領小丘。軍士觀察情況後微微點頭，士兵立刻充滿信心地前進攻佔小丘。

這個故事的寓意是——談到領導，階級與頭銜意義不大。電腦科學家 Gerald Weinberg（*https://oreil.ly/6fI2m*）因這段話而聞名：「不管問題是什麼，都是人的問題。」大部分人認為解決技術問題跟人際技巧無關——只跟技術知識有關。解決問題當然需要技術知識，但也只是解任何問題之整體方程式的一部分而已。例如，有個架構師跟開發團隊開會，要解決量產出現的問題。其中一個開發人員給出建議，但架構師回應：「嗯…這想法很蠢。」不只那位開發人員不會再給出任何建議，其他人也不敢再說什麼。這個案例的架構師，已經有效地讓整個團隊在解決方案上停止合作。

得到尊敬與領導團隊跟基本的人際技巧有關。考慮底下架構師跟一位客戶、委託人、或開發團隊的對話——關於應用效能的問題：

> 開發人員：「我們怎麼解這個效能的問題？」
>
> 架構師：「你得做的是使用快取。這樣就能解決問題。」
>
> 開發人員：「別跟我講該做什麼。」
>
> 架構師：「我告訴你的是：那樣能夠解決問題。」

使用「你得做的是…」或「你必須」這種語句，架構師等於把自己的意見強加給開發人員，並且實質上關閉了合作的大門。這是使用溝通的好例子，但對合作來說可就不是這樣了。接著考慮底下修改後的對話：

> 開發人員：「我們怎麼解這個效能的問題？」
>
> 架構師：「有考慮過快取嗎？可能可以解掉這個問題。」
>
> 開發人員：「嗯…沒想過。你的想法是怎樣？」
>
> 架構師：「如果在這裡放一個快取…」

注意對話中的這些字眼「有考慮過…」或「…如何」。透過詢問，控制權回到了開發人員或委託人手上，創造了具有合作氣氛的對話——架構師與開發人員協力找出解決方案。要打造能夠互相合作的環境，語言的使用非常重要。身為架構師的領導者，不只得跟他人合作打造架構，也得扮演推動者以促進團隊成員的合作。做為架構師，嘗試去觀察團隊的動態，並在第一種對話發生時多加注意。藉由把成員拉到一旁，教導他們怎麼透過語言做為合作的手段，不只能創造更好的團隊動態，也能讓成員彼此尊重。

另一個在架構師與團隊間協助建立尊重與健康關係的基本人際技巧，就是在對話或交涉時總是使用對方的名字。人們喜歡在對話聽到自己的名字，也有助於培養熟悉感。練習記住別人的名字並常常使用。考慮到有時名字不好發音，請確認發音正確，然後練習直到聽起來完美。每次問別人名字時，重複唸給對方聽並詢問是否正確。如果不對，就再重複直到正確為止。

如果架構師第一次或只是偶爾遇到某個人，總要跟對方握手並有眼神接觸。握手這項重要的人際技巧可回溯至中世紀——在簡單的握手動作中發生了實體的連結，讓雙方知道對方是朋友而非敵人，並形成兩人間的連結。但是雖然很基本，有時卻很難把手握得好。

握手的時候，要穩固（不要太用力）但同時看著對方的眼睛。握手時看向別處是不尊重的表現，大部分人都會注意到這一點。另外也不要握得太久。簡單、穩固地握手兩三秒就足以開始談話，或跟對方問候了。握手也不要太過，以免讓別人不自在，不想跟你溝通或合作。例如，想像有個架構師，每天早上進門就跟每個人握手。這樣不只有點奇怪，也會讓人不自在。然而，想像架構師每個月得跟運維部門主管會面。這是個完美的機會——站起身，說「嗨，Ruth，很高興又與你見面」，然後給個快而穩固的握手。知道什麼時候該或不該握手，是人際技巧的一種複雜藝術。

身為領導者、推動者、交涉者的架構師，也必須留心維護不同階層之間的人際界限。如之前的描述，握手是一種跟想溝通或合作的人形成實體連結的有效、且專業的技巧。雖然握手是件好事，但是在專業的場合下、不管周遭環境如何而進行擁抱可就不是了。架構師可能認為這樣能顯示出彼此有更多的實體連結，但實際上卻讓做事的人更不自在——更重要的是，還可能導致潛在的工作場所騷擾問題。不管在哪種專業場合都不要擁抱，而要遵守以握手的方式來代替（除非公司裡每個人都互相擁抱…這也很奇怪）。

有時要讓人家去做本來不想做的事情，最好的方法是讓請求變成一種幫忙。通常人們不喜歡被命令去做些什麼，但大部分時候卻想幫助別人。這是基本的人性。考慮底下架構師與開發人員在一個繁忙的迭代過程中，關於架構重構所需功夫的對話：

> 架構師：「我要你把付款服務拆成 5 個不同的服務，每個服務負責一種我們接受的付款型態的功能——像是商店信用點數、信用卡、*PayPal*、禮品卡、回饋點數，好讓網站的容錯與可擴展性更好。應該不會花你多少時間。」
>
> 開發人員：「不行。這次迭代已經讓我忙得沒空做那個了。抱歉，沒辦法。」
>
> 架構師：「聽好，這件事很重要而且這次就得搞定。」
>
> 開發人員：「抱歉，沒辦法。可能別人可以，但是我太忙了。」

注意開發人員的回應——立即就拒絕任務的指派，即使架構師找出容錯與可擴展性這種更好的理由。在這個案例，架構師告訴開發人員去做他們已經忙得無法做的事情。也請注意在需求對話中甚至連人名都沒有提及！

現在考慮把請求變成幫忙的技巧：

> 架構師：「嗨，*Sridhar*。聽著，我現在有點麻煩。我得把付款服務針對每一種付款方式，拆成個別的服務以改善容錯與可擴展性，但是等了許久一直沒法完成。你有什麼方法可以把它塞入這次迭代中完成嗎？如果可以的話那可真幫大忙了。」

> 開發人員：「（停頓一下）…我這次真的很忙，大概吧。我想想看能做些什麼。」

> 架構師：「謝謝，*Sridhar*，感謝你的協助。這次我欠你。」

> 開發人員：「別擔心。我會想辦法在這次把它搞定。」

首先，注意在談話中反覆提及開發人員的名字。使用名字讓談話顯得更私人、熟悉，而不是非私人的專業需求。第二，注意架構師承認自己陷入「困境」，而把服務拆分能夠「幫上大忙」。這種技巧不一定每次都有用，但利用人們幫助別人的基本人性，讓第一次談話就成功的機率更高。下一次遇到這種情況時試試這項技巧，看結果如何。大部分情況下，結果會比告訴別人做什麼要正面得多。

要領導團隊並成為有效的領導者，架構師應成為團隊中大家遭遇問題時，會轉向求助的對象。有效的架構師會抓住機會，採取主動領導團隊——不管其在團隊的頭銜或角色為何。架構師如果觀察到有人陷入某個技術問題，他們應當介入並提供幫忙或引導。在非技術的場合也是如此。假設架構師看到有個成員上班時有些沮喪跟困擾的樣子——顯然有些事發生了。此時有效的架構師會注意到這種情況，並願意一談——像是「嗨，Antonio，我正要去弄杯咖啡。要不要一起去？」，然後在走路過程中再問看看一切是否順利。這樣至少提供了更偏向私人討論的一個開場白——在最好的情況下，有了一個在更私人的層面上給予指導與教練的機會。但有效的領導者也清楚有時不能逼得太緊，並藉由讀取語言及臉部表情適時地後退。

另一個開始成為受到尊敬的領導者、以及大家求助對象的技巧，是週期性舉辦午餐會議，談談特定的技巧或技術。本書的讀者都有一些別人沒有的特殊技能或知識。透過週期性的午餐會議，架構師不只能展示其技術上的能力，也能練習說話及教導的技能。例如，舉辦一個關於設計模式審閱、或最新發行之語言特色的午餐會議。這樣不只為開發人員提供了寶貴的資訊，也讓架構師開始被視為團隊的領導者與導師。

與開發團隊整合

架構師的行事曆常充斥著各種會議,大部分還跟其他會議重疊,如圖 23-4 所示。如果架構師的行事曆像這樣,那麼架構師什麼時候才有時間跟團隊整合——引領及教導他們,並且在問題或顧慮發生時有空去處理?不幸的是,在資訊技術領域中,會議是必要之惡。會議常常有,未來也一直都會有。

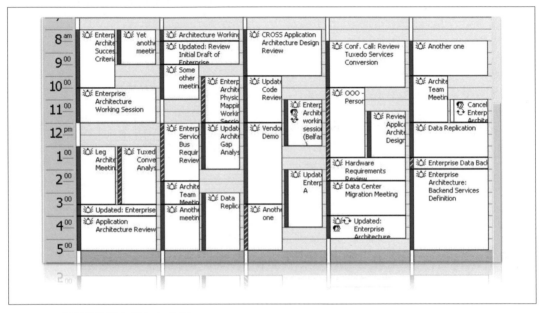

圖 23-4　典型的軟體架構師行事曆

成為有效架構師的關鍵是留更多時間給團隊,這就意味著得對會議進行控制。有兩種會議架構師可能得參與:被強加(架構師受邀參加會議),以及由架構師發起的(架構師召開會議)。這些會議種類顯示在圖 23-5。

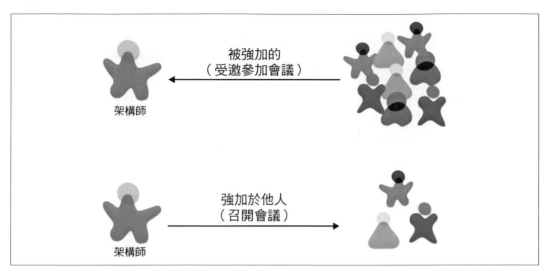

被強加的
（受邀參加會議）

架構師

強加於他人
（召開會議）

架構師

圖 23-5　會議種類

被強加參與的會議最難控制。因為架構師得溝通與合作的各個利益相關方數目眾多，幾乎每個排定的會議都會邀請架溝師參加。受邀參加會議時，有效的架構師總會詢問會議組織者為何他們得參加。很多時候架構師之所以被邀請，只是為了讓他們知曉討論的事項。這乃是會議紀錄的功用所在。透過詢問原因，架構師能夠開始判斷哪些會議該參加，哪些可以跳過。另一個減少會議數目的相關技巧，是在接受邀請前先看一下議程。會議組織者可能覺得架構師應該參加，但看過議程後，架構師可以判斷是否該出席。另外，很多時候也不必從頭到尾參加會議。透過審視議程，架構師可以在討論相關資訊時出現、並在討論完後離開，以最佳化個人時間的應用。不要把可以跟團隊共事的時間，浪費在會議上。

要求先看會議議程，有助於判斷是否需要在會議出現。

另一個讓團隊步上軌道、且贏得他們尊敬的有效技巧，是在開發人員也受邀參加會議時，為了團隊利益而犧牲個人。此時不必讓技術領導者參加會議，而是代替他們——特別是在架構師與技術領導者都被邀請的時候。這樣可以讓開發團隊專注在手邊的工作，不必一直不斷地參加會議。雖然讓有用的團隊成員避開會議會讓架構師增加處在會議中的時間，但卻能增加團隊的生產力。

架構師對別人強加會議（架構師召開會議）有時也是不得不然，但應該盡可能降到最少。這些是架構師能夠控制的會議。有效的架構師總會問自己：召開的會議比較重要，還是成員必須放下的工作比較重要。很多時候靠電子郵件便能溝通重要的資訊，還能幫每個人省下大筆浪費掉的時間。以架構師身分召開會議時，總要設定並遵守議程。架構師召開的會議很常因為其他原因而跑題，而那個其他的原因並非總是與會議中所有人有關。另外，身為一位架構師，得非常注意開發人員的心流狀態，並確認不要用會議來打斷它。心流是開發人員常常進入的一種心智狀態，此時腦子 100% 投注在一個特定的問題上，擁有完整的注意力及最高的創造力。例如，開發人員可能正在思考一個特別難的演算法或程式碼，雖然實際上幾個小時過去了，但感覺卻像只過了幾分鐘。如果要召開會議，架構師應嘗試安排為早上的第一件事、剛過午餐、或接近一天的終了——但不要在大部分開發人員進入心流狀態的期間召開會議。

除了會議管理，另一個有效架構師能做、使其與團隊的整合更好的事情，就是與團隊坐在一起。坐在遠離團隊的隔間傳遞出一個訊息——架構師很特別，而且隔間四周的牆又是一個很獨特的訊息——架構師不想被干擾。跟團隊坐在一起傳達出一個訊息，就是架構師跟團隊是一體的，而且有問題或顧慮時隨時都在。透過身體力行顯示其為團隊的一分子，架構師能夠得到更多的尊敬，也更能協助引領及教導團隊。

有時候架構師無法跟團隊坐在一起。此時架構師最好得常常四處走動，好讓別人看得到。常常待在別的樓層、自己的辦公室或隔間，讓別人都看不到的架構師，不可能引領團隊通過架構的實作。在早上、午餐後、或一天將盡時把時間挪出來，跟團隊對話、幫忙解決或回答問題、進行基本的訓練與教導。團隊會感謝這種形式的溝通，並且因為你在白天為他們留出時間而尊敬你。對其他的利益相關方也是如此。在去泡咖啡的路上停下來、跟運維部門主管說聲哈囉，是跟業務及其他利益相關方保持隨時且開放的溝通的絕佳方法。

總結

本章展示及討論的交涉與領導訣竅，目的是讓架構師與團隊及其他利益相關方有更好的合作關係。這些是成為有效的架構師所必備的技能。要更像一個有效的領導者，本章介紹的訣竅是很好的起點——可能最好的訣竅是來自於美國第 26 任總統 Theodore Roosevelt（*https://oreil.ly/dCN_t*）的一段引言：

> 「成功配方裡面最重要的單一元素，便是知道如何與人相處。」

> —Theodore Roosevelt

第二十四章

發展一條職涯路徑

花時間與力氣才能成為架構師,但依據本書描述的眾多理由,管理一條架構師之後的職涯路徑也一樣刁鑽。雖然我們無法為讀者畫出一條特別的職涯路徑,但卻能指出一些看來可行的實務做法。

架構師在整個生涯過程中,都必須持續學習。技術領域的變化速度令人目眩神迷。Neal 有位前同事是世界知名的 Clipper 專家。他曾感嘆無法承受 Clipper 知識(現在已經沒用了)這麼龐大的體系,並且用別的東西來取代。他曾猜測(這仍然是個開放性問題):歷史上有任何群體,可以在身為軟體開發人員的職業生涯中學到卻又拋棄掉這麼多細節知識嗎?

每個架構師應該注意各種有關的資源——包括技術與商業,並將這些加入到個人的儲備物。可惜的是,這些資源來去匆匆,所以我們在本書並未多做介紹。跟同僚或專家聊聊他們都利用哪些資源來保持跟上時代,是找到特定相關領域之最新且活躍的新聞來源、網站、及群組的一個好方法。架構師每天也要撥出一段時間,利用這些資源來維繫技術的廣度。

20 分鐘法則

如圖 2-7 所示,相較於深度,技術廣度對架構師更重要。但是,保持廣度需要花時間與力氣——架構師應將此納入每天的行程。但到底誰會真的有時間到每個網站讀文章、看簡報、聽播客?答案是…沒多少人。開發人員——以及架構師也一樣,都得努力找出平衡——在日常性的工作、跟家人相聚、陪孩子、投注時間在個人的興趣、發展職涯等這些事情之間,並且同時跟上最新的趨勢及流行詞。

我們用來維持這種平衡的一項技巧，是某種被稱為 *20 分鐘法則* 的東西。這個技巧的概念如圖 24-1 所示，就是每天投注 **至少** 20 分鐘在架構師的職涯上——藉由學習新的事物，或深入探討特定主題。圖 24-1 展示一些每天應花個 20 分鐘在上面的資源種類，例 如 InfoQ（*https://www.infoq.com*）、DZone Refcardz（*https://dzone.com/refcardz*）、ThoughtWorks Technology Radar（*https://www.thoughtworks.com/radar*）。至少花 20 分鐘去 Google 不熟的流行詞（第 2 章的「你不知道的那些你並不清楚的事情」）來多少學習一下，將這些知識提升成「你知道的那些你並不清楚的事情」。或可能花個 20 分鐘深入一個特定主題，獲得更多的相關知識。這個技巧的要點是能夠撥出時間發展架構師的職涯，以及持續擴充技術方面的廣度。

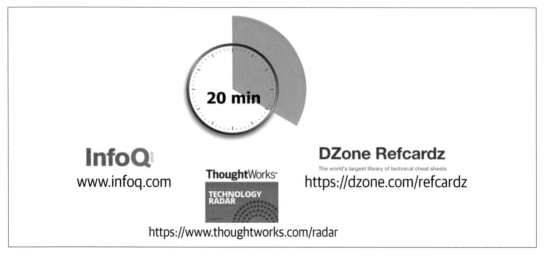

圖 24-1　20 分鐘法則

許多架構師接受這個概念，打算在午餐或下班後的傍晚花 20 分鐘這麼做。我們的經驗是這樣不太可行。午餐時間越來越短，變成更像是在工作時順便趕完一件事的時間，而不是讓你休息一下、吃個東西的時間。傍晚更糟——情況總會有變化、還有別的計畫、家庭時間更加重要等等，因而 20 分鐘法則從未實現。

我們強烈建議把 20 分鐘法則做為一天開始、早晨的第一件事。但是這個建議仍得有一些附帶說明。例如，架構師早上去上班的第一件事是什麼？真正的第一件事是去弄杯咖啡或茶。這樣也行。那麼拿到咖啡或茶後的第二件事是——檢查電子郵件。一旦架構師檢查郵件，就會開始分心，回覆電子郵件，然後一天就沒了。因此我們強烈建議把啟動

20 分鐘法則視為第一件事——在拿到咖啡或茶之後，但是在檢查電子郵件之前。早一點去上班。這樣做可以增加架構師的技術廣度，並有助於發展成為有效架構師所需的各種知識。

發展個人雷達

在 90 年代與 00 年代初的大部分時間裡，Neal 都是一家小型訓練諮詢公司的技術長。剛到那兒時，主要的平台是 Clipper——在 dBASE 檔案上打造 DOS 應用的快速開發工具。一直到有一天它卻消失了。公司已經注意到 Windows 崛起，但商業市場都還是 DOS⋯直到突然間不是了。這個教訓留下無可磨滅的印記：忽視科技的前進就是一種冒險。

它也教導了有關技術泡沫的一堂重要教訓。當重度投資一項技術時，開發人員就像生活在也充當回音室的迷因（memetic）泡沫中。由廠商打造的泡沫尤其危險，因為在泡沫中聽不到真實的評價。但是活在泡沫中最大的危險來自於當它破滅時——在裡面根本無法察覺，直到一切都太遲了。

他們欠缺的是技術雷達：一份活生生的文件，來評估現有及萌芽中之技術的風險與回報。雷達這個概念來自於 ThoughtWorks。首先，我們描述概念的來龍去脈，接著談談如何利用它來建立個人雷達。

ThoughtWorks 技術雷達

ThoughtWorks 技術諮詢委員會（TAB）由 ThoughtWorks 裡面一群資深的技術領導者組成，被創建來輔助技術長（Rebecca Parsons 博士）決定技術的走向、以及公司與客戶採取的策略。這群人每年面對面開會兩次，其中的一項產出便是技術雷達。隨著時間過去，它漸漸變成每半年一次的技術雷達（*https://www.thoughtworks.com/radar*）。

TAB 漸漸習慣一年兩次的雷達產量。然後，就像常常發生的，有些預期外的副作用發生了。在有些 Neal 發表演說的會議上，與會者好不容易找到他、然後感謝其幫忙打造出雷達，並且說他們的公司也開始打造自己版本的雷達。

Neal 也了解到這正是每個講者會議小組討論上，一個常見問題的答案：「你（講者們）如何跟上技術？如何搞清楚接下來該追求什麼？」答案當然是他們都有某種形式的內部雷達。

組件

ThoughtWorks 雷達由四個象限組成，試著涵蓋大部分軟體開發的面向：

工具

軟體開發領域的工具，包括像 IDE 這樣的開發者工具到企業等級的整合工具

語言與框架

電腦語言、程式庫、框架，通常都是開源的

技巧

任何有助於整體軟體開發的各項實務。可能包括軟體開發程序、工程實務、以及各種建議

平台

技術平台，包括資料庫、雲端廠商、以及作業系統

環帶

雷達有四條環帶，由外而內如下：

暫停

暫停環帶的原始目的是「現在先推遲」，即代表技術太新、無法合理地評估——受到熱烈追捧的技術，但還未得到驗證。暫停環帶後來已經演變成指示「不要在新案子嘗試這項技術」。在現有案子使用沒啥大害，但如果是新案子，開發人員應三思而行。

評估

評估環帶指示的是：在把目標設定為了解技術對組織的影響下，該技術值得進行探索。架構師應當花點工夫（像是開發探索、研究計畫、會議），去了解它是否對組織有影響。例如，許多大型公司在描述行動策略時，都看得到會經歷這個階段。

試驗

在試驗環帶上的是那些值得追求的技術，而且重要的是要了解如何打造這種能力。現在是試行低風險計畫的時候，讓架構師與開發人員真正了解這項技術。

採納

對於位在採納環帶的技術，ThoughtWorks 強烈認為業界應當採用。

一個雷達的範例如圖 24-2 所示。

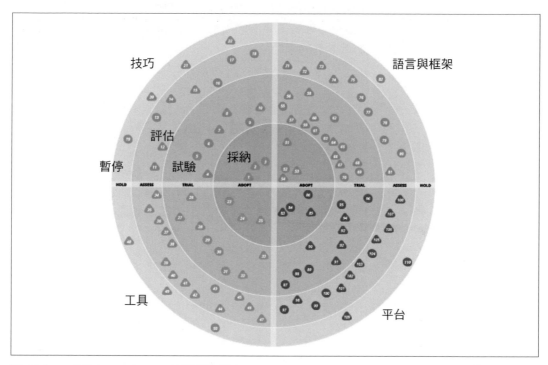

圖 24-2　一個 ThoughtWorks 技術雷達範本

在圖 24-2，每個點代表一個不同的技術或技巧，以及相關的描述短文。

雖然 ThoughtWorks 利用雷達來宣揚有關軟體領域的看法，但許多開發人員及架構師也拿它做為技術評估程序的組織方法。架構師可以利用在第 347 頁的「開源可視化的兩三事」描述的工具來建造與 ThoughtWorks 相同的圖表，做為其組織應該投入時間在哪些事物上的手段。

如果在個人用途上使用雷達，我們建議將象限的意義改成如下：

暫停

架構師不只可以把該避開的技術與技巧放在這兒，也可以把想改掉的習慣放入。例如，來自於 .NET 領域的架構師，可能習慣在網路論壇上閱讀與團隊內部有關的新聞 / 八卦。雖然有娛樂效果，但是這種資訊串流的價值不高。把這件事放在暫停區域，可以提醒架構師避開這些有壞無好的事物。

評估

對於聽起來不錯但沒有時間自行評估、而且似乎有前景的技術，架構師應該利用評估這個區塊——參見第 347 頁的「利用社交媒體」。這個部分是在未來的某個時候，要進行更嚴肅探討時的一個暫存區。

試驗

試驗指示積極進行中的研究與開發，例如架構師在更大的代碼庫中所執行的探索實驗。這個部分代表值得花時間深入了解的技術，使架構師得以進行有效的取捨分析。

採納

採納代表架構師最感興趣的新事物，以及解決特定問題的最佳實務。

對技術組合採取自由放任的態度，可是很危險的。大部分技術人員挑技術時多少都是臨時起意——依據什麼夠酷或雇主的要求而定。打造技術雷達能夠協助架構師描述關於技術的想法，並且平衡互相對立的決策準則（例如做「更酷」的技術比較不容易找到新工作，對比於工作市場很大、但是沒那麼有趣的工作）。架構師應當把技術組合像財務投資組合那般對待：在很多方面，它們就是同一件事。財務規劃師會怎麼跟客戶講投資組合？多樣化！

架構師應當選擇一些廣泛需要的技術及 / 或技能，並追蹤需求的走向。但是他們可能也想試看看一些技術策略，像是開放原始碼或行動開發。有太多軼事傳聞與開發人員讓自己從待在隔間的奴役中解脫有關——透過晚上熬夜進行開源計畫，使其成為受人歡迎且可供販售的東西，最終成為個人的生涯目標。這是另一個專注在廣度而非深度的理由。

架構師應當撥出時間來拓廣其技術組合，而打造雷達則提供一個很好的支架。但是，練習比結果來得重要。創造一個視覺圖能為思考這些事物提供一個藉口。而且對忙碌的架構師來說，在忙碌的行程中找個藉口撥出時間，是能夠進行這類思考的唯一方法。

開源可視化的兩三事

應大眾要求，ThoughtWorks 在 2016 年 11 月發行一項工具，幫助技術人員建立自己的雷達圖。在 ThoughtWorks 幫許多公司進行這個演練的時候，他們是讀取試算表格式的會議輸出，每一頁代表一個象限。ThoughtWorks「打造自己的雷達工具」以 Google 的試算表做為輸入，並利用 HTML 5 畫布產生雷達圖。所以雖然演練裡面重要的是那些產生的會議對話，但是它也產出了很有用的圖表。

利用社交媒體

架構師可以從哪兒找到新的技術與技巧，好放到雷達的評估環帶？在 Andrew McAfee 的書《企業 2.0》（哈佛商業評論出版），他大致上觀察到社交媒體與社交網路一個有趣的現象。

在思考個人的人際接觸網路時，有三個範疇存在，如圖 24-3 所示。

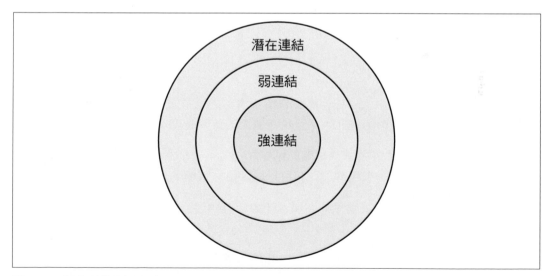

圖 24-3　個人關係的社交圈

在圖 24-3，強連結代表家庭成員、同事、及其他經常接觸的人。一種測試這些連接有多親近的方法是：他們願意告訴你在他們強連結圈中的某個人，上個禮拜至少有一天吃了什麼午餐。**弱連結**是那些偶然相識、遠方親戚、以及其他每年只見個幾次的人們。在社交媒體出現以前，很難跟這個圈子的朋友保持聯繫。最後，**潛在連結**代表尚未遇見的人們。

McAfee 對這些連結最有趣的觀察，是某人的下個工作更可能來自於弱連結，而非強連結。彼此有強連結的人們知道強連結群組裡的每件事——他們常常碰面。另一方面，弱連結給出的建議通常出乎某人的正常經驗之外，其中也包括新的工作邀約。

透過社交網路的特性，架構師可以利用社交媒體強化自己的技術廣度。專業地利用像 Twitter 這樣的社交媒體，架構師便可找到其建議的、令人看重的技術人員，並且在社交媒體上跟隨他們。這樣架構師便建立一個與新穎、有趣之技術相關的網路，以利評估並跟上技術領域的快速變化。

臨別忠告

> 「如何培育偉大的設計師？當然囉，偉大的設計師一直在設計。」
>
> —Fred Brooks

> 「所以怎麼找到偉大的架構師——如果在他們的職涯中做架構的機會還不到半打？」
>
> —Ted Neward

練習是建立技能、並精通生活中任何事（包括架構）之已被證明有效的方法。我們鼓勵新進及現役的架構師持續磨練技能，不管是在個人的技術廣度、或設計架構的技藝上。

要達到這樣的目的，嘗試去做本書相關網站（*https://oreil.ly/EPop7*）的架構套路。仿照這裡的套路範例，我們鼓勵架構師加以利用以練習建立架構方面的技能。

關於套路，我們會遇到一個很常見的問題：什麼地方找得到解答指引？可惜這種解答線索並不存在。引用作者 Neal 的話：

> 「架構上沒有什麼正確或錯誤的答案——只有取捨。」

當我們開始在現場訓練課程中使用架構套路練習時，最初我們保留了學生畫的圖，目標是想創造一個答案資料庫。但是我們很快就放棄了，因為了解到無法記錄所有的工件資訊。也就是說，上課的團隊記錄架構的拓撲，也在課堂上解釋他們的決策，但卻沒有時間撰寫架構決策的紀錄。雖然他們怎麼實作解決方案也很有趣，但是為什麼會更加有趣——因為裡面有為了做此決策而考量的各種取捨。只留下如何實作的資訊僅僅只是故事的一半。

所以，我們最後的臨別忠告是：一直學習、一直練習，然後**去做些架構**吧！

自我評估問題

第一章 介紹

1. 定義軟體架構的四個維度為何？

2. 架構決策與設計原理的差異是什麼？

3. 列出對於軟體架構師的 8 個核心期望。

4. 什麼是軟體架構的第一法則？

第二章 架構思維

1. 描述架構的傳統做法與開發的異同，並解釋為何此法不再奏效。

2. 列出知識三角形裡三種層次的知識，並對每一種提供例子。

3. 為什麼對架構師來說，專注在技術廣度比技術深度來得重要？

4. 架構師維持技術深度、及保有實踐經驗可以使用哪些方法？

第三章 模組化

1. 共生性這個詞的意義為何？

2. 靜態與動態共生性的差別何在？

3. 型態共生性的意思是什麼？是靜態或動態共生性？

4. 最強形式的共生性是什麼？

5. 最弱形式的共生性是什麼？

6. 代碼庫更偏好哪一種——靜態或動態共生性？

第四章 定義架構特性

1. 一個屬性必須滿足哪三個準則，才能被視為一個架構特性？

2. 隱性或外顯特性的差別為何？每一種給個例子。

3. 給一個運維特性的例子。

4. 給一個結構特性的例子。

5. 給一個跨領域特性的例子。

6. 哪種架構特性更重要——可用性或效能？

第五章 確認架構特性

1. 給個理由，說明為何限制架構應支援的特性數目（「各項能力」）是個好做法。

2. 此敘述為真或假：大部分架構來自於業務需求及使用者故事。

3. 如果有位業務利益相關方述說上市時間（盡快發行新功能或修正錯誤後的版本）是最重要的業務考量，那麼架構該支援哪個架構特性？

4. 可擴展性與彈性的差異何在？

5. 你發現公司將要進行好幾場主要的併購，來大幅增加客戶群。你該擔心哪些架構特性？

第六章 測量及管理架構特性

1. 在架構分析上，為什麼循環複雜性是這麼重要的指標？

2. 架構適應度函數是什麼？怎麼用它來分析架構？

3. 給個測量架構可擴展性之適應度函數的範例。

4. 為讓架構師與開發人員得以創造適應度函數，架構特性應滿足的最重要準則為何？

第七章 架構特性之範圍

1. 架構量子為何，為什麼對架構很重要？

2. 假設一個系統由單一使用者介面、及四個獨立部署的服務構成，每個服務有自己分開的資料庫。這個系統有一個或四個量子？為什麼？

3. 假設一個系統有個管理靜態參考資料（例如產品型錄、倉庫資訊）的管理部分，以及管理下單的面向客戶部分。這個系統的量子數是多少，為什麼？如果你預見有多個量子，那麼管理量子與面向客戶的量子會共享資料庫嗎？如果是，那麼資料庫該放在哪個量子？

第八章 以元件為基礎的思維

1. 我們把元件定義為應用的組件——應用該做的某些事。元件通常由一組類別或原始檔組成。通常元件在應用或服務中是如何體現的？

2. 技術分割與領域分割的區別為何？每一種都給個例子。

3. 領域分割的好處是什麼？

4. 什麼情況下技術分割會好過領域分割？

5. 實體陷阱是什麼？為什麼它在元件確認上不是個好做法？

6. 確認核心元件時，什麼情況你會選擇工作流程、而非行動者／動作的做法？

第九章 基礎

1. 列出分散式計算的 8 種謬誤

2. 列舉分散式架構會遇到、但單體架構不會遇到的三種挑戰。

3. 標記耦合是什麼？

4. 處理標記耦合有哪些方法？

第十章 分層式架構風格

1. 開放與封閉分層的區別為何？

2. 描述隔離層的概念及其好處。

3. 架構汙水池反模式為何？

4. 驅動你使用分層架構的主要架構特性有哪些？

5. 為什麼可測試性在分層架構的支援不佳？

6. 為什麼敏捷性在分層架構的支援不佳？

第十一章 管道架構風格

1. 管道架構的管道有可能是雙向嗎？

2. 列舉四種篩選器及其目的。

3. 篩選器可以透過多個管道送出資料嗎？

4. 管道架構是技術或領域分割？

5. 管道架構以何方式支援模組化？

6. 給出管道架構的兩個例子。

第十二章 微核心架構風格

1. 微核心架構的另一個名字為何？

2. 在什麼情況下，外掛元件依賴其他外掛元件是可接受的？

3. 可用來管理外掛的工具及框架有哪些？

4. 如果有個第三方外掛並不遵從核心系統的標準外掛合約，你會如何處理？

5. 給兩個微核心架構的例子。

6. 微核心架構是技術或領域分割？

7. 為什麼微核心架構總只有一個架構量子？

8. 什麼是領域 / 架構同構？

第十三章 服務式架構風格

1. 一個典型的服務式架構會有多少個服務？

2. 在服務式架構中必須把資料庫拆分嗎？

3. 什麼情況下你會把資料庫拆分？

4. 有什麼技巧可以在服務式架構中管理資料庫變更？

5. 領域服務需要跑在容器（例如 Docker）上嗎？

6. 哪些架構特性在服務式架構中得到良好的支援？

7. 為何彈性在服務式架構的支援不佳？

8. 如何在服務式架構中增加量子的數目？

第十四章 事件驅動架構風格

1. 代理者與調停者拓撲的主要差異何在？

2. 為實現更好的工作流程控制，你會使用調停者或代理者拓撲？

3. 代理者拓撲通常採用主題的發布 / 訂閱模式，或是佇列的點對點模式？

4. 列出非同步通信的主要好處。

5. 給出一個在請求式模型中，典型的請求範例。

6. 給出一個在事件式模型中，典型的請求範例。

7. 在事件驅動架構上，初始事件與處理事件的區別是什麼？

8. 從佇列傳送及接收訊息時，要避免資料遺失有些什麼技巧？

9. 有哪三個主要的架構特性會驅使採用事件驅動架構？

10. 事件驅動架構對哪些架構特性支援不佳？

第十五章 空間式架構風格

1. 空間式架構的名字來源為何？

2. 空間式架構與其他架構風格有所差異的主要面向為何？

3. 列出空間式架構中，構成虛擬中介軟體的四種元件。

4. 傳訊網格扮演什麼角色？

5. 空間式架構中，資料寫入器的角色為何？

6. 在何種情況下，服務得透過資料讀取器取得資料？

7. 小尺寸的快取會增加或減少資料衝突的機會嗎？

8. 複製快取與分散式快取有何區別？通常在空間式架構會使用哪一個？

9. 列出空間式架構支援最好的三種架構特性。

10. 為什麼空間式架構在可測試性上的評分這麼低？

第十六章 協作驅動的服務導向架構

1. 服務導向架構背後的主要驅動力為何？

2. 服務導向架構四種主要的服務型態為何？

3. 列出服務導向架構沒落的一些因素。

4. 服務導向架構是技術或領域分割？

5. SOA 如何處理領域復用的問題？如何處理運維復用？

第十七章 微服務架構

1. 有界背景的概念為何在微服務架構中如此重要？

2. 判定微服務之顆粒度是否適當有哪三種方法？

3. 什麼功能可能放在邊車上？

4. 協作與編排有何差異？微服務支援哪一種？有哪一種通信方式在微服務中更容易嗎？

5. 微服務中的傳奇是什麼？

6. 為什麼微服務對敏捷性、可測試性、可部署性的支援很好？

7. 微服務的效能常成為問題的兩個原因是什麼？

8. 微服務是領域分割或技術分割架構？

9. 描述一種拓撲，其中的微服務生態系可能只有單一量子。

10. 微服務如何處理領域復用？運維復用呢？

第十八章 選擇適當的架構風格

1. 資料架構（邏輯及實體資料模型的結構）如何影響採用哪種架構風格？

2. 它如何影響你選用的架構風格？

3. 描述架構師決定採用哪種架構、資料分割、以及通信方式的步驟。

4. 什麼因素讓架構師採用分散式架構？

第十九章 架構決策

1. 什麼是掩蓋資產反模式？

2. 有哪些技巧可以避開電子郵件驅動架構反模式？

3. 由 Michael Nygard 所定義、用來確認某事物在架構上是否重要的五個因素是什麼？

4. 一個架構決策紀錄的五個基本段落是什麼？

5. 通常把架構決策的理由放在 ADR 的哪個段落？

6. 假如不需要一個分開的替代方案段落，那麼你會把提議方案的替代方案列示在哪個段落？

7. 根據哪三個基本準則會讓人把 ADR 的狀態標記為已提議？

第二十章 分析架構風險

1. 風險評估矩陣的兩個維度是什麼？

2. 在風險評估中，有哪些方法可以顯示特定風險的方向？你能想到其他方法，來指示風險變得更好或更差嗎？

3. 為什麼風險激盪要共同進行？

4. 為什麼風險激盪中的確認活動，是屬於個人活動而非共同進行？

5. 如果有三個參與者認定架構特定區域的風險為高（6），但另一個參與者認定只是中度而已（3），此時你會怎麼做？

6. 對於未被證明或未知的技術，你會設定風險等級（1-9）為多少？

第二十一章 架構的圖解與簡報

1. 什麼是不理性的工件依戀，為什麼它對架構的記錄與圖解很重要？

2. 在 C4 建模技巧中，4 個 C 指的是什麼？

3. 圖解架構時，元件之間的點狀線表示什麼？

4. 什麼是佈滿子彈的屍體反模式？打造簡報時如何避免此種反模式？

5. 簡報者在簡報時有哪兩個主要的資訊通道？

第二十二章 打造有效的團隊

1. 架構師人格有哪三種？每種人格各創造什麼樣的邊界？

2. 決定該對團隊施行什麼層次的控制時，有哪五個因素要考慮？

3. 可以觀察哪三種徵兆，來判斷團隊是否已經變得太過龐大？

4. 列出對開發團隊有好處的三個基本檢查表。

第二十三章 交涉與領導技巧

1. 為什麼交涉對架構師如此重要？

2. 當業務利益相關方堅持要 5 個 9 的可用性，但實際只需要 3 個 9 時——列出一些可用的交涉技巧。

3. 如果業務利益相關方告訴你「我昨天就需要了」，你可以推論出什麼？

4. 為什麼在交涉中，把有關時程與費用的討論放在最後很重要？

5. 什麼是「分而治之」法則？如何應用在與業務利益相關方交涉架構特性的時候？給個例子。

6. 列出架構的 4 個 C。

7. 解釋為何既務實、卻又有遠見對架構師很重要？

8. 要管理並減少受邀會議的數目，有哪些技巧？

第二十四章 發展一條職涯路徑

1. 什麼是 20 分鐘法則？什麼時候用最好？

2. ThoughtWorks 技術雷達的四個環帶是什麼，其意義為何？如何套用到你自己的雷達上？

3. 描述對軟體架構師而言，知識深度與廣度的區別。架構師應當追求哪一個的最大化？

索引

S

W

Y

關於作者

Mark Richards 是有著實務經驗的軟體架構師，從事有關架構、設計、微服務及其他分散式架構的實作。他創建了 *DeveloperToArchitect.com*，該網站致力於協助程式開發人員走向成為軟體架構師的道路。

Neal Ford 是全球 IT 諮詢服務公司 ThoughtWorks 的董事、軟體架構師、迷音牧人（meme wrangler），該公司特別專注在端到端的軟體開發及交付。在加入 ThoughtWorks 之前，Neal 是全國知名訓練及發展機構 DSW Group 的技術長。

出版記事

本書封面的動物是南美原生種的紅冠鷹頭鸚鵡（*Deroptyus accipitrinus*），牠有許多名字，例如西班牙文的 *loro cacique*，葡萄牙文的 *anacã, papagaio-de-coleira, and vanaquiá*。此美洲鳥類在亞馬遜雨林的樹冠及樹洞築巢，以**號角樹**（也巧妙地被稱為「蛇指頭」）果實及各種棕櫚樹的硬果實為食。

作為 *Deroptyus* 屬的唯一成員，紅冠鷹頭鸚鵡以覆蓋頸背的深紅羽毛為其特徵。此鳥的命名來自於當牠受到刺激或威脅時，這些羽毛便會像扇子般展開，在其末端顯露鮮豔的藍色。其頭部上有白冠，眼睛是黃色的，兩頰則是棕色並有白色條紋。胸腹部覆蓋有同樣浸染於藍色的紅色羽毛，作為對比，背部則是層狀的亮綠色羽毛。

在 12 月到 1 月之間，紅冠鷹頭鸚鵡會尋找終身的伴侶，然後開始每年生下 2-4 顆蛋。在母鳥孵蛋的 28 天期間，雄鳥會為其提供照護與支援。經過 10 個禮拜後，雛鳥已準備好回到野外，也開始了牠們在全球最大熱帶雨林的 40 年生活。

雖然目前紅冠鷹頭鸚鵡的保育狀態被標記為非瀕危物種，但是許多 O'Reilly 封面上的動物正瀕臨絕種威脅。所有這些動物對這個世界都是重要的。

封面插圖由 Karen Montgomery 根據 *Lydekker* 的皇家自然史（*Royal Natural History*）中的黑白版畫完成。

軟體架構原理｜工程方法

作　　者：Mark Richards, Neal Ford

譯　　者：陳建宏

企劃編輯：蔡彤孟

文字編輯：江雅鈴

設計裝幀：陶相騰

發 行 人：廖文良

發 行 所：碁峰資訊股份有限公司

地　　址：台北市南港區三重路 66 號 7 樓之 6

電　　話：(02)2788-2408

傳　　真：(02)8192-4433

網　　站：www.gotop.com.tw

書　　號：A620

版　　次：2021 年 02 月初版

　　　　　2024 年 04 月初版十二刷

建議售價：NT$680

國家圖書館出版品預行編目資料

軟體架構原理：工程方法 / Mark Richards, Neal Ford 原著；陳建宏譯. -- 初版. -- 臺北市：碁峰資訊, 2021.02

　　面；　公分

譯自：Fundamentals of Software Architecture.

ISBN 978-986-502-661-5(平裝)

1.軟體研發　2.電腦程式設計

312.2　　　　　　　　　　　　　　　109017167